大数据与人工智能技术丛书

统计机器学习及R实现

孙德山　编著

清華大學出版社
北京

内 容 简 介

本书全面介绍了统计机器学习的主要算法，内容涉及多元线性回归、对数线性回归、逻辑斯蒂回归、岭回归、Lasso回归、判别分析和聚类分析等传统方法，也涉及支持向量机、深度神经网络以及集成学习等比较热门的算法，并给出相应算法的R语言实现。本书还给出了向量和矩阵函数求导以及拉格朗日对偶等数学基础，便于读者理解相关算法推导。

本书可以作为统计机器学习等相关专业的教材和参考书，也可供从事相关领域研究的人员参考。

图书在版编目(CIP)数据

统计机器学习及R实现/孙德山编著. —北京：清华大学出版社，2023.10
(大数据与人工智能技术丛书)
ISBN 978-7-302-63993-0

Ⅰ. ①统…　Ⅱ. ①孙…　Ⅲ. ①机器学习　Ⅳ. ①TP181

中国国家版本馆CIP数据核字(2023)第116099号

责任编辑：贾　斌
封面设计：刘　键
责任校对：胡伟民
责任印制：刘海龙

出版发行：清华大学出版社
网　　址：https://www.tup.com.cn，https://www.wqxuetang.com
地　　址：北京清华大学学研大厦A座　　**邮　　编**：100084
社 总 机：010-83470000　　**邮　　购**：010-62786544
投稿与读者服务：010-62776969，c-service@tup.tsinghua.edu.cn
质量反馈：010-62772015，zhiliang@tup.tsinghua.edu.cn
课件下载：https://www.tup.com.cn，010-83470236
印 装 者：三河市人民印务有限公司
经　　销：全国新华书店
开　　本：185mm×260mm　　**印　　张**：14.25　　**字　　数**：360千字
版　　次：2023年10月第1版　　**印　　次**：2023年10月第1次印刷
印　　数：1～1500
定　　价：49.80元

产品编号：091781-01

前 言

随着大数据时代的到来，统计机器学习近年来引起了人们的广泛关注。统计机器学习内容涵盖统计学、计算机科学、数学等多个学科，形成交叉学科研究，其应用范围越来越广。

本书的特点是均衡相关理论阐述和相关算法的具体实现，尽可能用最精简的语言阐明基本理论，用最简单的实例说明算法实现过程，使读者既能领会理论内涵又能学会算法的实际操作。书中数据几乎都由相关工具包提供，或者是模拟产生，这样会省去读者加载相关数据的麻烦，相关算法的代码也很容易推广到其他数据应用中。

本书共分 12 章和两个附录。第 1 章主要介绍 R 语言基本操作，是后面各章节算法实现的基础。第 2 章介绍多元分布，主要阐述多元分布的均值向量和协方差矩阵等基本内容及性质。第 3 章介绍线性回归、对数线性回归、岭回归和 Lasso 回归等线性模型。第 4 章阐述贝叶斯判别分析、Fisher 判别分析和基于距离的判别分析等内容。第 5 章给出支持向量机分类和回归等相关算法，并给出算法的详细推导。第 6 章内容是决策树理论及实现方法。第 7 章介绍提升算法、装袋算法和随机森林分类等集成学习方法。第 8 章介绍主成分分析和因子分析。第 9 章介绍多维缩放和等度量映射、局部线性嵌入、随机近邻嵌入等流形学习降维方法。第 10 章给出几种常用的聚类算法，包括 k 均值聚类、层次聚类和基于密度的聚类算法。第 11 章介绍一组因变量和一组自变量之间的偏最小二乘回归算法。第 12 章主要介绍前馈神经网络以及比较流行的卷积神经网络和 LSTM 等几种深度神经网络模型，并给出比较详细的算法推导。附录给出向量和矩阵函数的导数以及拉格朗日对偶性等相关数学基础，作为相关章节算法推导的理论基础。

R 是一款开源的免费统计软件，提供了广泛的统计计算和作图技术，并且随时在扩展更新，已经成为最常用的数据分析和数据处理工具。为了更方便地搭建深度神经网络模型，R 语言建立了与 Python 语言的接口，可以借助 Keras 和 TensorFlow 等技术实现复杂的神经网络。Keras 由纯 Python 语言编写而成，是神经网络的高层 API。为 R 语言安装 Keras 包之前，需要先安装 Python。本书安装的是 Python 的发行版 Anaconda 3.8 和 R 语言的 4.1.1 版本，书中的所有代码都可以在这个环境下实现。

本书除了参考文献中列出的文献外，还参考了许多网络资源，在此对所涉及的专家学者表示衷心的感谢。同时感谢辽宁省教育厅项目的资助(编号：LJKMZ20221424)。由于编者水平有限，书中难免存在疏漏和不妥之处，敬请广大读者不吝指正。

编　者

2023 年 1 月

目录

第 1 章

R语言基础

1.1 R 的下载与安装

R 有很多的版本，且版本更新频率也非常高，是一种使用方便的开源软件。R 支持目前主流的操作系统 MAC、Linux 和 Windows 系列。这里只介绍 Windows 下 R 的下载与安装。R 的下载网站为 https://cran.r-project.org/，选择 Windows 版本。R 的安装步骤如下：

(1) 双击 R-4.1.1-win.exe 文件(这是本书写作时最新版本)，进入安装画面；

(2) 在 Welcome to the R for Windows Setup Wizard 的画面中单击 NEXT 按钮；

(3) 在 License Agreement 的画面中，选择[I accept the agreement]，然后单击 NEXT 按钮；

(4) 在 Select Destination Location 的画面中，可以自行设定安装目录，默认为：[C:\Program Files\R\R-4.1.1]，单击 NEXT 按钮；

(5) 在接下来的过程中一律选择 NEXT 安装即可。

安装后启动界面如图 1.1 所示，其中 Console 为控制台窗口，可以交互式地输入单个命令，然后回车执行，并显示输出结果。

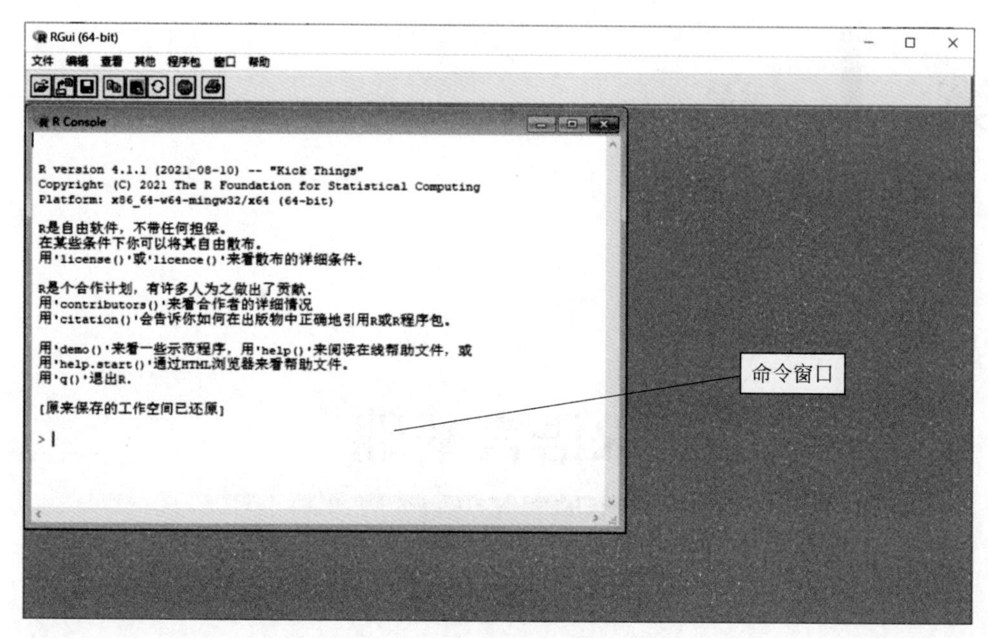

图 1.1　R运行界面

1.2　辅助性操作命令

R语言的命令输入标识为“>”,为了便于解释,后面以“>”开头的表示输入的命令,命令后面的“#”号表示命令的解释,没解释的命令可以根据运行结果了解命令含义。当给出多个命令和语句组成的程序时,有时不加“>”标识。

```
>q()                                    #退出R程序.
>ctrl+L                                 #清空窗口.
>ESC                                    #中断当前计算.
>help(solve) 或 >?solve                 #帮助命令.
>??solve                                #检索所有与solve相关的信息.
>help(package="rpart")                  #查看某个包.
>help.start()                           #得到html格式帮助.
>help.search()                          #允许以任何方式搜索帮助文档.
>example(topic)                         #查看某个帮助主题示例.
>setwd()                                #设置工作文件目录,如>setwd("C:/R").
>getwd()                                #获取当前工作文件目录.
>list.files()                           #查看当前文件目录中的文件.
>search()  #通过search()函数,可以查看到R启动时默认加载的7个核心包.
>(.packages())                          #列出当前包.
>(.packages(all.available=TRUE))        #列出有效包.
>install.packages("扩展包名")           #连网安装扩展包,只需首次安装,下次加载即可.
>install.packages("路径/文件.zip", contriburl=NULL)  #安装下载的扩展包.
>library()和require()                   #加载R包(package)至工作空间.
>data()  #列出可以被获取到的存在的数据集(base包的数据集).
>data(package="nls")                    #将nls包的datasets加载到数据库中.
>library(help="扩展包名")               #可以查看该扩展包的详细信息.
>detach("package:扩展包名")             #可以卸载某个扩展包.
```

```
> data(package = "扩展包名")          # 可以查看在该扩展包中的数据对象.
```

1.3　基本运算与赋值

R 语言的命令窗口可以作为一个超级计算器来使用。例如，计算 3^5，可输入命令：

```
> 3^5
[1] 243                              # 显示命令的运算结果.
```

计算$\sqrt{3}$并将结果赋给变量 x，可输入命令：

```
> x <- sqrt(3)                       # 运算结果存入变量 x 中，并不显示.
> x                                  # 要想显示运算结果，需要在命令窗口输入变量 x，并回车.
[1] 1.732051
```

其中，x 是变量名，不能与 R 的预设对象重名，例如 break、else、for、function、if、TRUE、in、next、repeat、return、while、FALSE 等；sqrt()为开根号函数；“<-”表示赋值符号，也可用“＝”代替。常用的数学运算命令及函数见表 1.1。

表 1.1　常用运算命令和函数

函　　数	描　　述
+，−，*，/，^	加，减，乘，除，幂
a%%b	余数
%/%	整数商
%*%	矩阵乘法
abs(x)	绝对值
sqrt(x)	平方根
ceiling(x)	不小于 x 的最小整数
floor(x)	不大于 x 的最小整数
trunc(x)	向 0 的方向截取的 x 中的整数部分
round(x，digits=n)	将 x 舍入为指定位的小数
signif(x，digits=n)	将 x 舍入为指定的有效数字位数
cos(x)\sin(x)\tan(x)	余弦\正弦\正切
acos(x)\asin(x)\atan(x)	反余弦\反正弦\反正切
cosh(x)\sinh(x)\tanh(x)	双曲余弦\双曲正弦\双曲正切
acosh(x)\asinh(x)\atanh(x)	反双曲余弦\反双曲正弦\反双曲正切
log(x)	自然对数
log(x，base=n)	对 x 取以 n 为底的对数
log10(x)	以 10 为底的对数
exp(x)	指数

1.4　向量

R 是一种“面向对象”的语言，常用的对象包括向量、矩阵、数组、数据框、列表等。本节给出向量的定义及相关运算。

1.4.1　向量定义

R 常使用 c()函数、seq()函数和 assign()来定义向量，例如：

```
> assign("x",c(1,2,3))
> x <- c(1,2,3)                     #数值型向量赋值.
> c(1,2,3) -> x                     #可以采用反方向赋值.
> x
[1] 1 2 3
> x <- c("a","b","c")               #字符型向量.
> x
[1] "a" "b" "c"
```

字符型向量经常使用 paste()函数生成，它将两个向量的各分量分别"粘贴"在一起（较短的向量会被再循环使用），并可指定粘贴的字符，例如：

```
> paste("x",1:3,seq = "")           # seq = ""表示不使用任何粘贴的字符.
[1] "x 1 " "x 2 " "x 3 "
> paste("x",1:3,seq = "g")          #使用字母"g"作为粘贴字符.
[1] "x 1 g" "x 2 g" "x 3 g"
```

函数 seq()可以生成任意的等间隔序列，例如：

```
> x = seq(from = 1,to = 10,by = 2)  #间距省略时默认值为 1.
```

该函数可以简写为

```
> x = seq(1,10,2)                   # 表示产生从 1～10 间隔为 2 的序列.
> x
[1] 1 3 5 7 9
```

也可以采用以下简化方式产生间隔为 1 的向量，例如：

```
> x = 1:5
> x
[1] 1 2 3 4 5
```

在使用函数 seq()时，不要求间隔必须为整数，例如：

```
> x = seq(from = 1.1,to = 2,length.out = 5)   #表示将 1.5～5 进行等分，输出长度为 5 的向量.
> x
[1] 1.100 1.325 1.550 1.775 2.000
```

也可以使用 rep()函数产生有规律的向量，例如：

```
> rep(1:3,1:3)                      #产生 1～3 分别重复 1、2、3 次的向量.
[1] 1 2 2 3 3 3
> rep(1:3, rep(2, 3))
[1] 1 1 2 2 3 3
> rep(1:3, length = 10)
[1] 1 2 3 1 2 3 1 2 3 1
```

1.4.2 向量运算

向量可以进行运算，一般是对应元素之间的运算，所以两个或多个向量运算时，要求它们包含的元素个数相同（或一个是另一个的整数倍）。例如：

```
> a = 1:3
> b = 4:6
> a * b
```

```
[1] 4 10 18
> b^a
[1] 4 25 216
```

基本运算可以扩充到向量，例如：

```
> x = c(1,2,3)
> x^2                          # 对各个元素进行求平方运算.
[1] 1 4 9
> sqrt(x)                      # 对各个元素进行开方运算.
[1] 1.000000 1.414214 1.732051
```

1.4.3 向量元素的获取

获取向量某一个或多个子集可采用“[]”实现，加负号“－”表示去除相应内容。例如：

```
> x <- c(3, 4, 5, 2, 6);
> x[1:2]                       # 取出 1 和 2 分量元素.
[1] 3 4
> x[ - (1:2)]                  # - 表示去除 1 和 2 分量元素.
[1] 5 2 6
> x <- c(3, 4, 5, 2, 6)
> x[c(1, 2, 4, 1)]             # 取出对应分量元素.
[1] 3 4 2 3
> x <- seq(1, by = 3, length = 10)
> x[x > 13]                    # 取出大于 13 的元素.
[1] 16 19 22 25 28
> x <- 1:20
> y <- -9:11
> x[y > 1]                     # 注意最后一个是"NA",表示缺失值.
[1] 12 13 14 15 16 17 18 19 20 NA
```

1.4.4 向量主要运算函数

```
> x <- c(2, 6, 10, 8, 4)
> sum(x)                     # 求向量元素的和.
> max(x)                     # 求向量的最大值.
> min(x)                     # 求向量的最小值.
> range(x)                   # 求向量的取值范围.
> mean(x, na.rm = TRUE)      # 求平均值, na.rm = TRUE 表示忽略缺失值.
> var(x)                     # 求向量的方差.
> sort(x)                    # 按照从小到大排序.
> rev(x)                     # 反排列,所以从大到小排序的命令是“rev(sort(x))”.
> rank(x)                    # 返回数组中各个元素从小到大排序后的位次.
> x = c(2,4,5,3,8)
> x
[1] 2 4 5 3 8
> rank(x)
[1] 1 3 4 2 5
> prod(x)                    # 求各元素乘积,所以阶乘可以用“prod(1:n)”实现.
> x <- seq(1, 15, 2)
> append(x, 20:30, after = 5)  # 从第 5 个元素后插入数据.
[1] 1 3 5 7 9 20 21 22 23 24 25 26 27 28 29 30 11 13 15
> append(x, 20:30)           # 参数 after 默认从向量的最后插入值.
```

```
>replace(x, c(2, 4, 6), -1)    #将2,4,6的分量替换成-1.
>!0                            #逻辑非运算,数字0代表假(FALSE),非零数字代表真(TRUE).
[1] TRUE
>!3
[1] FALSE
>x=c(FALSE,TRUE,FALSE)
>y=c(TRUE,FALSE,FALSE)
>x&y                           #对应元素逻辑与运算,逻辑运算符见表1.2.
[1] FALSE FALSE FALSE
>x|y                           #对应元素逻辑或运算.
[1] TRUE TRUE FALSE
>!x
[1] TRUE FALSE TRUE
>x&&y                          #只对第一个对应元素进行逻辑与运算.
[1] FALSE
>x||y                          #只对第一个对应元素进行逻辑或运算.
[1] TRUE
>y<- -9:10
>all(y>0)                      #判断所有是否大于0,返回逻辑值,比较运算符见表1.3.
>all(y>-10)
>any(y== 0)                    #判断部分分量是否等于0.
>any(y>0)
```

表1.2 逻辑运算符

符号	含义
&	逻辑与运算,将第一个向量的每个元素与第二个向量的相对应元素进行组合,如果两个元素都为TRUE,则结果为TRUE,否则为FALSE(全部)
|	逻辑或运算,将第一个向量的每个元素与第二个向量的相对应元素进行组合,如果两个元素中有一个为TRUE,则结果为TRUE;如果都为FALSE,则返回FALSE(全部)
!	逻辑非运算,返回向量每个元素相反的逻辑值,如果元素为TRUE,则返回FALSE;如果元素为FALSE,则返回TRUE
&&	逻辑与运算,只对两个向量对第一个元素进行判断,如果两个元素都为TRUE,则结果为TRUE,否则为FALSE(首项)
||	逻辑或运算符,只对两个向量对第一个元素进行判断,如果两个元素中有一个为TRUE,则结果为TRUE;如果都为FALSE,则返回FALSE(首项)

表1.3 比较运算符

符号	>	<	>=	<=	==	!=
含义	大于	小于	大于或等于	小于或等于	等于	不等于

1.5 矩阵

矩阵生成函数:matrix(data,nrow=,ncol=,byrow=F),其中,数据data是必须的,其他都是选择参数,可以不选。byrow=F默认为按列来排列数据,如果想要按行排列,令byrow=T。

1.5.1 生成对角矩阵和单位阵

```
>x<- 1:6;
```

```
> diag(x)                       # 生成对角矩阵.
> y <- rep(1, 5);
> diag(y)                       # 生成单位阵.
```

1.5.2 矩阵元素取出

```
> x <- matrix(1:20, nrow = 4)   # 与 x = matrix(1:20,4,5) 命令的结果一致.
> x[2, 2]
> x[2, 3:5]
> x[3:4, 3:4]
> x[2, ]
> a = x[ , 2]
> b = x[3, ]
> class(a)                      # 查看变量的类别.
[1] "integer"
```

这里需要注意，如果仅取出矩阵的某行或某列，则所得结果将失去矩阵的“身份”，而变为向量，因此命令 class(a)的结果是“integer”。若想保持取出的行或列为矩阵，可在索引时加入一个参数“drop=FALSE”，以防止“丢掉”矩阵的类。

```
> a = x[,2,drop = FALSE]
> class(a)
[1] "matrix" "array"
```

1.5.3 矩阵行和列的维数

```
> x <- matrix(1:20, 4, 5)
> dim(x)                        # 求矩阵行和列的维数.
> nrow(x)                       # 求矩阵的行数.
> ncol(x)                       # 求矩阵的列数.
> length(x)                     # 求矩阵的元素个数.
```

1.5.4 矩阵的主要运算函数

```
> x <- 1:6
> y <- as.matrix(x)             # 转换成矩阵.
> is.matrix(x)
> is.matrix(y)                  # 判断是否矩阵.
> x = c(1,2,3,4,5,6,7,8,9)
> y = matrix(x,3,3)             # 生成 3×3 维的矩阵.
> eigen(y)                      # 求特征值和特征向量,要求方阵.
> solve(y)                      # 求逆矩阵,要求方阵.
> chol(y)                       # Choleski 分解,要求方阵.
> svd(y)                        # 奇异值分解,不要求方阵.
> qr(y)                         # QR 分解,不要求方阵.
> det(y)                        # 求行列式,要求方阵.
> t(y)                          # 矩阵转置.
```

如果矩阵不满足运算条件，上面的个别命令将无解，请自行查看运行结果。

另外，基本运算也可以扩充到矩阵，例如：

```
> x = c(1,2,3,4)
> y = matrix(x,2,2)                 # 生成 2×2 阶的矩阵.
> y
     [,1] [,2]
[1,]    1    3
[2,]    2    4
> sqrt(y)                           # 对矩阵的每个元素进行开方运算.
         [,1]     [,2]
[1,] 1.000000 1.732051
[2,] 1.414214 2.000000
```

1.5.5 矩阵合并

```
> a <- matrix(1:6, 3, 2)
> b <- matrix(7:12, 3, 2)
> cbind(a, b)                       # 按列合并.
> rbind(a, b)                       # 按行合并.
```

1.5.6 矩阵 apply()运算函数

语法：apply(data, dim, function)，其中 dim 取 1 表示对行运用函数，取 2 表示对列运用函数。

```
> x <- matrix(1:20, 4, 5)
> colMeans(x)                       # 求列均值.
> colSums(x)                        # 求列和.
> apply(x,1,mean)                   # 参数 1 表示按行进行求均值.
> apply(x,2,mean)                   # 等同于 colMeans(x).
> apply(x,1,max)                    # 按行求最大值.
> apply(xx, 1, var)                 # 求行方差.
> apply(xx, 2, max)                 # 求每列最大值.
> apply(xx, 2, rev)                 # 每列的数反排列.
> head(dataframe)                   # 查看数据集前 6 行数据.
> tail(dataframe)                   # 查看数据集尾 6 行数据.
> summary(dataframe)                # 考察数据集的统计特征.
```

1.6 因子(factor)和有序因子(ordered factor)

因子用来存储类别变量(categorical variables)和有序变量，这类变量不能用来计算而只能用来分类或者计数。因子表示分类变量，有序因子表示有序变量。在 R 中，如果把数字作为因子，那么在导入数据之后，需要将向量转换为因子(factor)，而因子在整个计算过程中不再作为数值，而是一个“符号”而已。生成因子数据对象的函数是 factor()，语法是 factor(data,levels,labels,...)，其中 data 是数据，levels 是因子水平向量，labels 是因子的标签向量。

1.6.1 创建一个因子

```
> colour <- c('G', 'G', 'R', 'Y', 'G', 'Y', 'Y', 'R', 'Y')
```

```
>col <- factor(colour)
>str(col)                    #考察因子的结构特征.
>col1 <- factor(colour, levels = c('G', 'R', 'Y'), labels = c('Green', 'Red', 'Yellow'))
#labels 的内容替换 colour 相应位置对应 levels 的内容.
col2 <- factor(colour, levels = c('G', 'R', 'Y'), labels = c('1', '2', '3'))
col_vec <- as.vector(col2)     #转换成字符向量.
col_num <- as.numeric(col2)    #转换成数字向量.
col3 <- factor(colour, levels = c('G', 'R'))
```

1.6.2 创建一个有序因子

若因子需要有序，例如差、一般、好、很好、非常好，则可使用 order 参数：order＝TRUE。

```
>score <- c('A', 'B', 'A', 'C', 'B')
>score1 <- ordered(score, levels = c('C', 'B', 'A'))# 顺序为 C<B<A.
>score1
```

也可以采用命令：

```
>score2 = factor(score,levels = c('C','B','A'),ordered = TRUE)#可简写为 order.
>score2
```

1.6.3 用 cut()函数将一般的数据转换成因子或有序因子

```
>exam <- c(98, 97, 52, 88, 85, 75, 97, 92, 77, 74, 70, 63, 97, 71, 98, 65, 79, 74, 58, 59,
60, 63, 87, 82, 95, 75, 79, 96, 50, 88)
>exam1 <- cut(exam, breaks = 3) #切分成 3 组.
>exam2 <- cut(exam, breaks = c(0, 59, 69, 79, 89, 100)) #切分成自己设置的组.
>attr(exam1, 'levels')
>attr(exam2, 'levels')
>attr(exam2, 'class')
>ordered(exam2, labels = c('bad', 'ok', 'average', 'good', 'excellent')) #一个有序因子.
```

1.7 数组

一维数据是向量，也称一维张量；二维数据是矩阵，也称二维张量。数组是向量和矩阵的直接推广，由三维或三维以上的数据构成，分别称为三维张量或高维张量。

数组函数是 array()，语法是：array(data, dim)，其中 data 必须是同一类型的数据，dim 是各维的长度组成的向量。

1.7.1 产生一个三维和四维数组

```
>x <- array(1:24, c(3, 4, 2))     #生成一个三维数组.
>x[,,1]                           #取出一个分量矩阵.
>y <- array(1:36, c(2, 3, 3, 2)) #生成一个四维数组.
>y[,,,1]                          #取出一个分量三维数组.
```

1.7.2 dim()函数可将向量转化成数组或矩阵

```
>x <- 1:24
```

```
> dim(x) <- c(3, 4, 2)                # 效果同 array(1:24, c(3, 4, 2)).
> x
> z <- 1:10
> dim(z) <- c(2, 5)                   # 效果同 matrix(1:10, 2, 5).
> z
```

1.7.3 张量的三个关键属性

(1) 数轴(阶)：张量的维数称为轴，例如三维张量具有三个轴，二维矩阵具有两个轴。

(2) 格式：用于描述张量沿每个轴的维数的整型向量。例如，一个具有3行5列的矩阵格式是(3,5)；一个具有5个元素的向量格式为(5)；格式为(2,3,4)表示的是三维张量格式。

(3) 数据类型：张量中包含的数据类型，一般为 integer 或 double。character 型张量极少情况下使用。

下面以 MNIST 数据为例说明。

```
> library(keras)                      # 加载需要的工具包.
> mnist = dataset_mnist()             # 加载数据.
> str(mnist)                          # 查看数据的结构，该数据为列表形式，详见 1.8 节.
> train_images = mnist $ train $ x
> train_labels = mnist $ train $ y
> test_images = mnist $ test $ x
> test_labels = mnist $ test $ y
> dim(train_images)
[1] 60000    28    28
```

这是一个三维张量，包含 60 000 个 28×28 整数矩阵的数组。每个矩阵都是灰度图像，系数为 0~255。

```
> digit = train_images[6,,]           # 取出第六个数字图.
> plot(as.raster(digit,max = 255))
> digit = train_images[285,,]
> plot(as.raster(digit,max = 255))    # 图 1.2 显示结果.
> image(digit)                        # 图 1.3 显示结果.
```

图 1.2　数字黑白显示结果

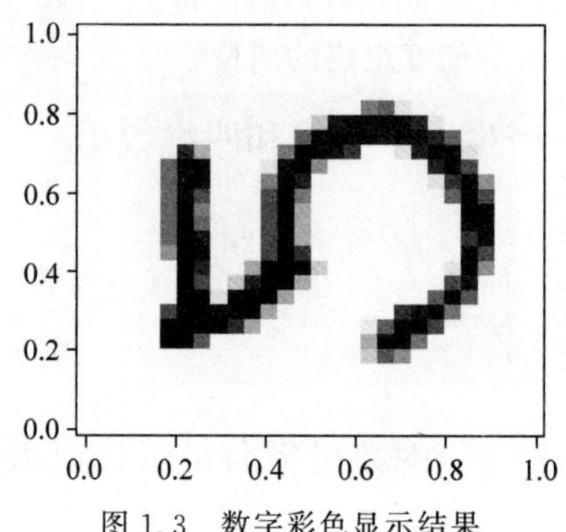

图 1.3　数字彩色显示结果

1.7.4 数据张量

后面处理的数据一般都以张量的形式存储，基本包含以下类型：

（1）向量数据

格式为(samples，features)的二维张量，其中第一个维度是样本，第二个维度是特征。

（2）时间序列数据或序列数据

格式为(samples，timesteps，features)的三维张量，其中第一维是样本，第二维是时间轴，第三维是特征。例如股票数据，需要存储每分钟当前的股票价格、过去一分钟的最高价和最低价。因此，每一分钟的数据被编码为包含三个元素的一维向量(即 features)，每个交易日有 390min(美股交易时间)，所以整个交易日的数据被编码为格式为(390，3)的二维张量，180 天的数据可以存储在格式为(180，390，3)的三维张量中。这里，每个样本都是一天的数据。

（3）图像数据

格式为(samples，height，width，channels)或(samples，channels，height，width)的四维张量。channels 是颜色通道，图像通常有三个维度：高度、宽度和颜色深度。尽管灰度图形(如 MNIST 数字)仅具有单个颜色通道并且可以存储在二维张量中，但是按照惯例，图像张量总是三维的，其中一维颜色通道用于灰度图像。因此，一批尺寸为 256×256 像素的 128 张灰度图像可以存储在格式为(128，256，256，1)的张量中，而一批 128 张彩色图像可以存储在格式为(128，256，256，3)的张量中。

图像张量的格式有两种惯例：通道最后惯例(由 TensorFlow 使用)和通道优先惯例(由 Theano 使用)。Keras 框架为两种格式都提供了支持。

（4）视频数据

格式为：

(samples，frames，height，width，channels)或(samples，frames，channels，height，width)。视频数据由五维张量表示，比图像数据增加了一维帧序列通道。

1.7.5 张量重塑

张量重塑意味着重新排列其行和列以匹配目标格式，且需要保持重塑后的张量与初始张量有相同的系数总数。

```
> x = matrix(c(0,1,2,3,4,5),nrow = 3,ncol = 2,byrow = TRUE)
> x
     [,1] [,2]
[1,]    0    1
[2,]    2    3
[3,]    4    5
> x = array_reshape(x,dim = c(6,1))
     [,1]
[1,]    0
[2,]    1
[3,]    2
[4,]    3
```

```
[5,]    4
[6,]    5
```

例如前面的灰度图像存储在(60000,28,28)格式中,在深度网络构造中需要转换为四维张量。

```
> dim(train_images)
[1] 60000    28    28
> train_images = array_reshape(train_images,c(60000,28,28,1))
> dim(train_images)
[1] 60000    28    28    1
```

1.8 列表

向量、矩阵和数组的元素必须是同一类型的数据。一个数据对象需要包含不同的数据类型,可以采用列表这种形式。

创建列表可用 list()函数,格式为:

```
list(name1 = component1, name2 = component2, ...).
> x <- rep(1:2, 3:4)
> y <- c('Mr A', 'Mr B', 'Mr C', 'Mr D', 'Mr E', 'Mr D', 'Mr F')
> z <- 'discussion group'
> name.list <- list(group = x,name = y,decription = z) #创建了一个名为“name.list”的列表,
#变量 x 命名为 group,y 命名为 name,z 命名为 decription.
> name.list $ group                  # $ 表示显示对应字段,也可简写为 name.list $ g.
> name.list[[1]]                     #双重括号[[]]与上一条命令效果相同,取出原始成分.
> name.list[1]                       #单引号[]则返回一个列表(相当于子列表).
> name.list $ name
> name.list $ decription
> name.list $ n[name.list $ g == 2] #显示组号为 2 的对应名字的记录.
> length(name.list)
> mode(name.list)
> names(name.list)
```

1.9 数据框

数据框是一种矩阵形式的数据,但数据框中各列可以是不同类型的数据。数据框每列是一个变量,每行是一个观测。数据框可以看成是矩阵的推广,也可看作一种特殊的列表对象,很多高级统计函数都会用到数据框。

数据框用函数 data.frame()生成,格式为 data.frame(data1, data2, ...)。

1.9.1 生成一个数据框

```
> name <- c('Mr A', 'Mr B', 'Mr C')
> group <- rep(1, 3)
> score <- c(69, 71, 92)
> d <- data.frame(name, group, score)
```

1.9.2 合并数据框

```
> name <- c('Ms C', 'Ms D')
```

```
> group <- c(2, 2)
> score <- c(93, 99)
> d1 <- data.frame(name, score, group) #注意这里排列顺序与 d 中不同.
> d2 <- rbind(d, d1)      #行合并结果与 d 排列顺序一致,说明其中有一个匹配过程.
> d3 <- rbind(d1, d)
> age <- c(14, 15, 14, 16, 13)
> d4 <- cbind(d2, age)                 #列合并.
> d4[2, 3]
> d4$score[2]
```

1.9.3 判断数据对象是否为数据框

命令:is.data.frame(数据对象名)。

```
> x = matrix(c(1,2,3,4),2,2)
> x
     [,1] [,2]
[1,]    1    3
[2,]    2    4
> is.data.frame(x)
[1] FALSE
> y = data.frame(x)                    #将 x 转换成数据框形式.
> y
  X1 X2
1  1  3
2  2  4
> is.data.frame(y)
[1] TRUE
```

1.9.4 数据框的行名和列名

```
> weight = c(150, 135, 210, 140)
> height = c(65, 61, 70, 65)
> gender = c("Fe","Fe","M","Fe")
> study = data.frame(weight,height,gender)
> study
weight height gender
1 150     65    Fe
2 135     61    Fe
3 210     70    M
4 140     65    Fe
```

数据框的列名依次是 weight、height、gender,行名依次是 1、2、3、4。关于列名,可以在构造数据框的时候指定。

```
> study = data.frame(w = weight,h = height,g = gender)
> study
    w   h  g
1 150  65  Fe
2 135  61  Fe
3 210  70  M
4 140  65  Fe
```

列名也可以在后期更改,用命令"names(数据框)<-c( )"修改。

```
> names(study) <- c("wei","hei","gen")
> study
 wei hei gen
1 150 65 Fe
2 135 61 Fe
3 210 70 M
4 140 65 Fe
```

行名可以用"row. names(数据框)<—c( )"修改,例如:

```
> row.names(study)<-c("Mary","Alice","Bob","Judy")
> study
      wei  hei  gen
Mary  150  65   Fe
Alice 135  61   Fe
Bob   210  70   M
Judy  140  65   Fe
```

1.9.5 连接函数

attach()和 detach()函数是应用数据框时很有用的工具。attach()函数将数据框连接到当前工作空间,detach()函数取消连接。

```
>a= c(150, 135, 210, 140)
>b = c(65, 61, 70, 65)
>c = c("Fe","Fe","M","Fe")
>study = data.frame(weight=a,height=b,gender=c)
>weight                  #显示错误,找不到变量 weight.
>attach(study)           #将数据框连接到当前工作空间后就可以识别其中的变量.
>weight                  #显示 weight 变量结果.
```

1.9.6 数据框的数据抽取

```
>study$height            #取出一列数据,结果失去数据框的身份,而变为更简单的向量.
>study[[2]]              #双括号失去数据框特征.
>study[,2]               #失去数据框特征.
>study[2]                #单括号保持数据框特征.
>study[,2,drop=FALSE)    #保持数据框特征.
```

1.10 数据读取

1.10.1 读取外部数据

R 可以从外部调入数据,可以先建立一个文本文件 shuju. txt,存于 R 的默认目录中,内容如下:

```
a b c
1 2 3
4 5 6
```

```
7 8 9
> s = read.table("shuju.txt",header = TRUE)
> s
  a b c
1 1 2 3
2 4 5 6
3 7 8 9
```

结果显示：从外部文本文件 shuju. txt 中读入数据并存入变量 s 中，为数据框形式，header 设置为文件中已经存在的表头名称，文本文件变量名和数据之间用空格隔开，每条记录用回车分隔，并且最后一条记录有回车，否则显示错误。

```
> read.csv("targets.csv")          # 表示读入 csv 格式的数据文件.
> read.csv(url(""))                # read.csv() 和 url()的合体，读存在网上的数据.
> x <- scan(file = "")             # 手动输入数据.
```

也可以用安装包 openxlsx 读取 xlsx 数据文件，假设有一文件 dat. xlsx 存于当前工作文件夹，可以采用下面的命令调入。

```
> install.packages("openxlsx") # 安装工具包.
> library(openxlsx)            # 工具包加载.
> da = read.xlsx("dat.xlsx")   # 数据读入.
```

1.10.2　数据保存

将内部数据输出到外部用如下命令：

```
> write.table(s, file = "bcsj.txt", row.names = FALSE, quote = FALSE).
```

该命令表示将变量 s 的数据存入文件 bcsj. txt 中，“row. names＝FALSE”表示不加行名，“col. names＝TRUE”表示加入列名，quote 为 FALSE 表示去掉字符串类型的双引号。更多参数设置可以通过“? write. table”命令查看。

1.11　数据类型查看及环境设置

1.11.1　数据类型

R 中包含的基本数据类型如表 1. 4 所示。

表 1. 4　基本数据类型

符号	NULL	NA	NaN	Inf	complex	character	logical
含义	空值	欠缺值	非数	无限大	复数	字符串	逻辑值

1.11.2　数据查看

R 是一种基于对象(object)的语言，对象具有很多属性(attribute)，其中一种重要的属性就是类(class)，最基本的类包括数值(numeric)、逻辑(logical)、字符(character)、列表(list)，符合类包括矩阵(matrix)、数组(array)、因子(factor)、数据框(dataframe)。

class()和 data. class(object)函数为查看对象 object 的类或类型，unclass()为消除对

象 object 的类。

在用 R 进行数据分析和计算的时候，将会用到很多变量、函数、数组等，而对象则是对所有这些变量、函数、数组等的总称。

```
> mode()                    # 查看基本数据类型.
> length()                  # 查看长度.
> as.<数据类型>             # 改变对象的数据类型.
> ls()和 objects()          # 查看当前工作空间中存在的对象(变量).
> rm(list = ls())           # 删除工作空间的所有对象.
> methods(x)                # 查看 x 函数的源码,有些自带函数输入名称 x 可以直接看到,
                              有一些需要调用 methods 方法才能查看 x 函数的源码.
> str()  # 查看数据(框)中的数据总体信息(如样本个数、变量个数、属性变量名称、类型).
```

1.11.3 环境设置函数 options()

用 options()命令可以设置一些环境变量。

```
> options(digits = 10)      # 整数表示能力设为 10 位.
> options(warn = - 1)       # 这个命令,可以忽视任何警告;warn = 1 时,为不放过任何警告.
> help(options)             # 可以查看详细的参数信息.
```

1.12 绘图

R 最常用的绘图命令是 plot，其中加入一些绘图参数可以绘制出比较复杂的图形。首先介绍一些绘图参数命令。

1.12.1 绘图参数命令

(1) 图中的逻辑命令

add = TRUE 表示所绘图在原图上加图，默认值为 add = FALSE，即新的图替换原图。

axes = FALSE 表示所绘图没有图形和坐标轴，默认值为 axes = TRUE。

(2) 数据取对数

log="x"表示 x 轴的数据取对数，log="y"表示 y 轴的数据取对数，log="xy"表示 x 轴与 y 轴的数据同时取对数。

(3) type 命令

```
type = "p"                 # 绘制散点图 (默认值);
type = "l"                 # 绘制实线;
type = "b"                 # 所有点被实线连接;
type = "o"                 # 实线通过所有的点;
type = "h"                 # 绘制点到 x 轴的竖线;
type = "s"                 # 绘制阶梯形曲线;
type = "n"                 # 不绘制任何点或曲线.
> x = seq(1,10,0.1)
> y = sin(x)
> plot(x,y,type = "b")
```

(4) 图中的字符串

xlab="字符串"，其字符串的内容是 x 轴的说明；ylab="字符串"，其字符串的内容

是 y 轴的说明；main="字符串"，其字符串的内容是图的说明；sub="字符串"，其字符串的内容是子图的说明。

```
> x = seq(0,2 * pi,0.1)
> y = sin(x)
> plot(x,y,xlab = "x 轴",ylab = "y 轴",main = "sin 图像")
```

1.12.2 常用的绘图命令

R 语言中的绘制图形函数 plot，它自带一些参数，专门用于设置图形的属性。这些属性分别为 lty、lwd、pch、cex 和 col 等，其中 lty 是指线条类型，1 即实线，2 为虚线，3 为点线，4 为点线段线；lwd 是指线条的宽度，1 是默认的线宽，2 是两倍的线宽；pch 是指绘制线条的点形状，3 是"+"，4 是"x"图形，7 是"☒"图形，10 是实心的正方形图形，19 是"●"图形，范围为 0～25，见图 1.4；cex 是指线条的连接点形状大小；col 是指线条颜色，取值范围为 1～17，其中 1 为黑色，2 为红色，3 为绿色，4 为蓝色，5 为浅蓝，6 为水粉色，7 为黄色，8 为灰色等，也可以用类似"col="red""的命令设置颜色。

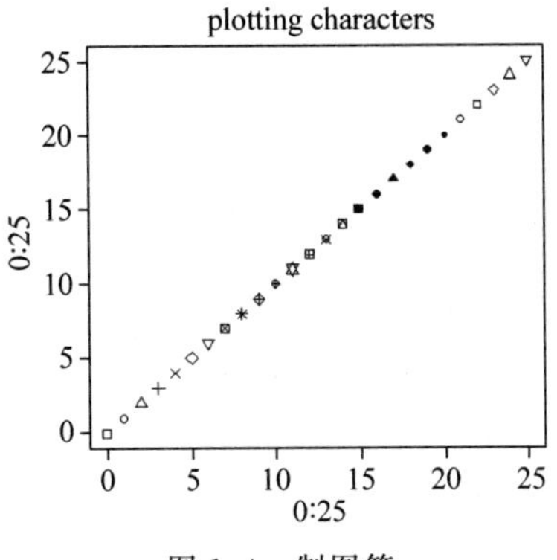

图 1.4 制图符

```
> plot(0:25,0:25,pch = 0:25,main = "plotting characters")
> x = seq(0,2 * pi,0.1)
> y = sin(x)
> plot(x,y,col = 2)    #> plot(x,y,col = "red")可以实现同样的效果,结果如图 1.5 所示.
```

命令"par(new=TRUE)"可以实现图形叠加，见图 1.6。

```
> x = seq(0,2 * pi,0.1)
> y = sin(x)
> z = cos(x)
> plot(x,y,col = "red")
> par(new = TRUE)
> plot(x,z)
```

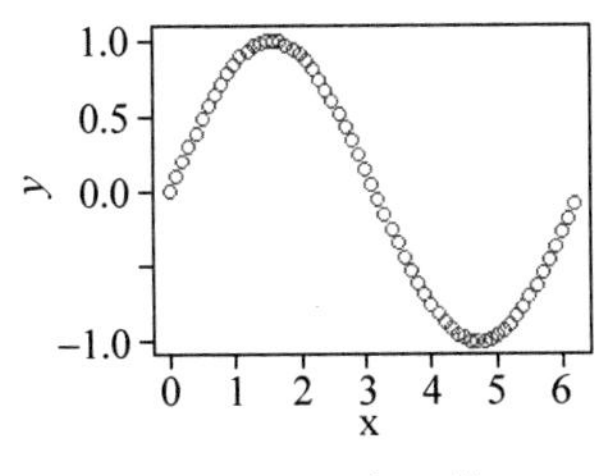

图 1.5 正弦函数

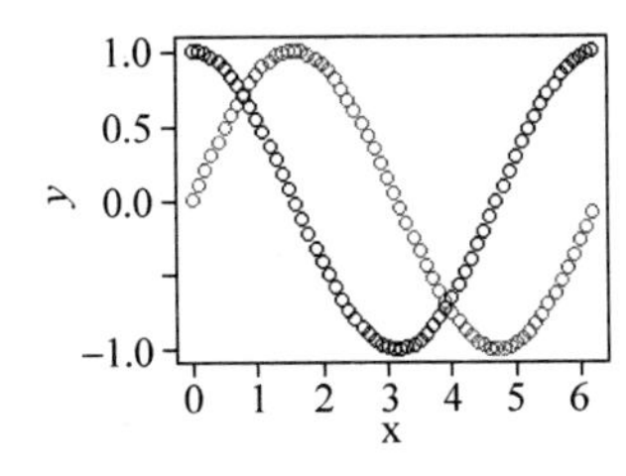

图 1.6 图形叠加

除了 plot 绘图命令外，还有直方图、箱线图、饼图等常用的绘图命令，下面几个绘图命令请读者执行后查看绘图效果。

```
> hist(iris $ Sepal.Length)     # iris 是自带数据,画出其中一个指标的直方图.
> m = density(iris[,1])         # 核密度估计.
```

```
> plot(m,main = names(iris)[1])
> boxplot(Sepal.Width~Species,data = iris)   #画箱线图.
```

其中,第一个参数"Sepal. Width ~ Species"为公式,也是一种 R 的对象,相当于指定 Sepal. Width 为响应变量,而 Species 为自变量;第二个参数"data=iris"指定所用数据框为 iris。

```
> attach(iris)               #连接数据框.
> pie(Sepal.Width)           #画饼图.
> pairs(iris[1:4])           #同时画出多个变量的两两散点图,构成散点图矩阵.
```

1.12.3 绘图函数辅助

有时高水平作图函数不能完全达到作图的指标,还需要低水平作图函数对图形予以补充。所有的低水平作图函数所作的图形必须在高水平作图函数所绘图形的基础之上增加新的图形。

低水平作图函数有 points(),lines(),text(),abline(),polygon(),legend(),title()和 axis()等。

(1) 加点与线等函数

加点函数是 points(),其作用是在已有的图上加点,命令 points(x, y)的功能相当于命令 plot(x, y)。

加线函数是 lines(),其作用是在已有图上加线,命令 lines(x, y)的功能相当于命令 plot(x, y, type="l")。

```
> x = seq(0,5,0.2)
> y = 1 + 2 * x
> plot(x,y,xlim = c(0,5.5),ylim = c(0,11.5),xlab = "x",ylab = "y")   #xlim = c(0,5.5)表示横轴取值范围,xlab = "x"表示横轴的标识.
> lines(c(0,5),c(1,11))   #c(0,1)和 c(1,11)表示要连接的点的坐标向量.所画图形如图 1.7 所示.
```

还有一个参数 getellipse()可以用于 plot 和 lines 等命令中,画出更复杂的椭圆等图形。需要安装 shape 工具包,其格式如下:

```
getellipse(rx = 1, ry = rx, mid = c(0, 0), angle = 0, from = -pi, to = pi)
```

其中,rx 表示椭圆的长半径;ry 表示椭圆的短半径;mid 表示椭圆的中心;angle 表示旋转的角度;from 表示起始位置。

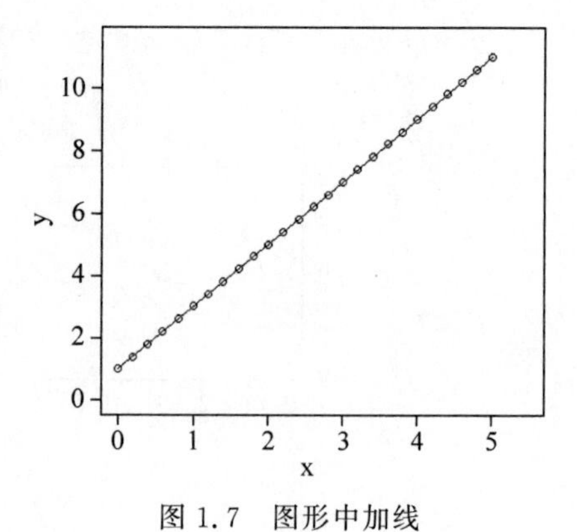

图 1.7 图形中加线

```
> library(shape)
> plot(getellipse(1, from = 0, to = pi/2), type = "l", col = "red",
       lwd = 2, main = "getellipse")
> lines(getellipse(0.5, 0.25, mid = c(0.5, 0.5)), type = "l",
       col = "blue", lwd = 2)
> lines(getellipse(0.5, 0.25, mid = c(0.5, 0.5), angle = 45),
```

```
      type = "l", col = "green", lwd = 2)
> lines(getellipse(0.2, 0.2, mid = c(0.5, 0.5), from = 0, to = pi/2),
      type = "l", col = "orange", lwd = 2)
> lines(getellipse(0.2, 0.2, mid = c(0.5, 0.5), from = pi/2, to = 0),
      type = "l", col = "black", lwd = 2)
> lines(getellipse(0.1, 0.1, mid = c(0.75, 0.5), from = - pi/2, to = pi/2),
      type = "l", col = "black", lwd = 2)
```

上述命令运行结果如图 1.8 所示。

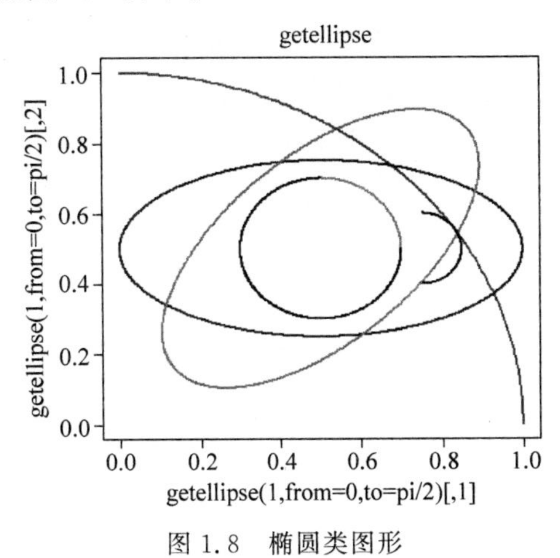

图 1.8　椭圆类图形

(2) 在点处加标记

函数 text()的作用是在图上加标记，命令格式为：text(x, y, labels, …)，其中，x, y 是数据向量，labels 可以是整数，也可以是字符串，在默认状态下，labels=1:length(x)。例如，要绘制出(x, y)的散点图，并将所有点用数字标记。

```
> x <- seq(0,2800,400)
> y <- seq(0,2800,400)
> plot(x, y, type = "n")
> text(x, y)                  # 点和线都取消只用数字代替.
```

(3) 在图上加直线

函数 abline()可以在图上加直线，其使用方法有以下四种格式。

① abline(a, b)。

表示画一条 y=a+bx 的直线。

```
> x = c(1,2,5,6,7,8,9)
> y = c(1.5,2.3,5.7,6.3,7.2,8.8,9.9)
> plot(x,y)
> abline(2,1)                 # 在图形上添加直线 y = 2 + x.
```

② abline(h=y)。

表示画一条过所有点的水平直线。

③ abline(v=x)。

表示画一条过所有点的竖直直线。

④ abline(lm.obj)。

表示绘制线性模型得到的线性方程。下面给出学生体重和身高的数据,并建立线性回归模型。

```
> a = c(1,2,5,6,7,8,9)
> b = c(1.5,2.3,5.7,6.3,7.2,8.8,9.9)
> da <- data.frame(x = a, y = b)
> hg <- lm(y~x, data = da)   # lm 是回归函数命令,后面将介绍.
> attach(da)
> plot(y~x)
> abline(hg)   # 得到学生体重与身高的散点图和线性回归直线图,见图 1.9.
```

函数 polygon()可以在图上加多边形,其使用方法为 polygon(x, y, …),以数据的(x, y)为坐标,依次连接所有的点,绘制出一个多边形。

```
> x = c(1,3,5)
> y = c(9,2,7)
> plot(x,y)
> polygon(x,y)                # 结果见图 1.10.
```

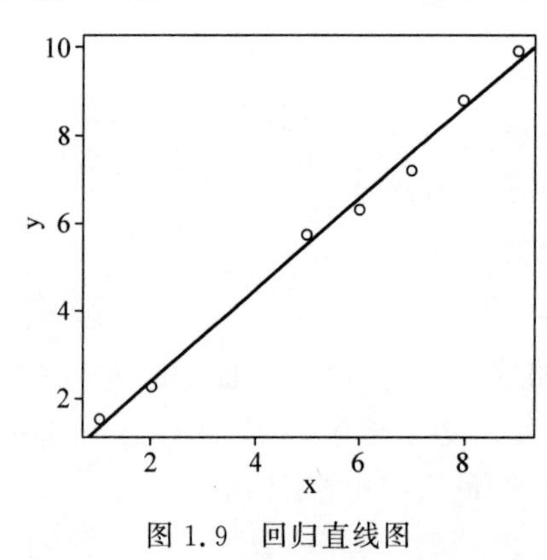

图 1.9 回归直线图

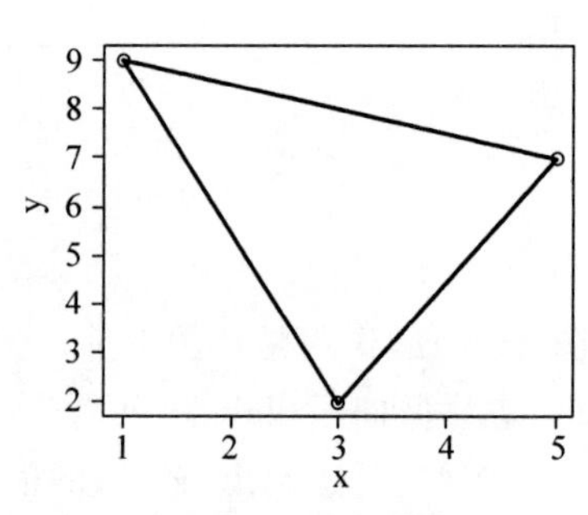

图 1.10 多边图形

(4) 在图上加标记、说明或其他内容

在图上加说明文字、标记或其他内容有两个函数。一个是加图的题目,用法是 title (main="Main Title", sub="sub title",...),其中主题目加在图的顶部,子题目加在图的底部。

另一个是在坐标轴上加标记、说明或其他内容,用法是 axis(side,...),其中 side 是边,side=1 表示所加内容放在图的底部,side=2 表示所加内容放在图的左侧,side=3 表示所加内容放在图的顶部,side=4 表示所加内容放在图的右侧。

legend()函数实现加入图例的功能。

```
> x = seq(1,2 * pi,0.1)
> y = sin(x)
> plot(x,y,type = 'l',lty = 1,col = 'red')
> points(x,cos(x),type = 'l',lty = 2,col = 'blue')
> legend(3.8,0.8, inset = .05, title = "正弦 - 余弦函数", c("正弦","余弦"),lty = c(1, 2), col = c("red", "blue"))                  # 绘图效果见图 1.11.
```

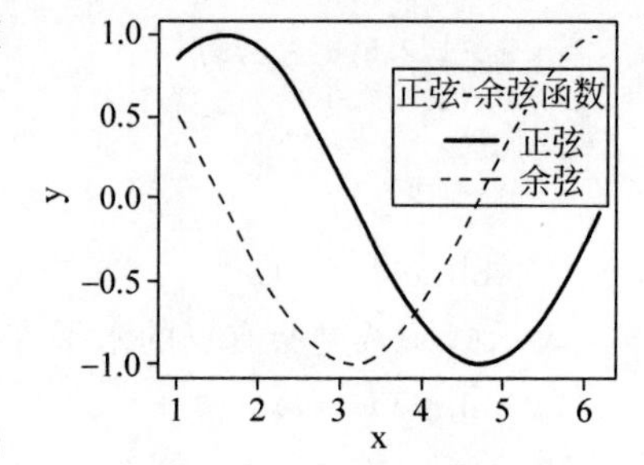

图 1.11 正余弦函数图像

1.12.4 三维绘图

```
> library(rgl)                  # 载入 rgl 包,用来画三维立体图形.
> x = seq( - 10,10,length = 300)
> y = x
> r = sqrt(x^2 + y^2)
> z = 10 * sin(r)/r
> plot3d(x,y,z)                 # 实现效果见图 1.12.
> scatterplot3d(x,y,z)          # 实现效果见图 1.13.
```

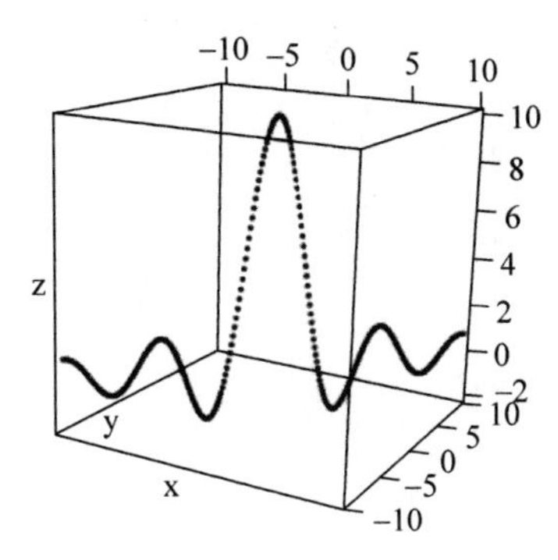

图 1.12 plot3d 实现的三维图形

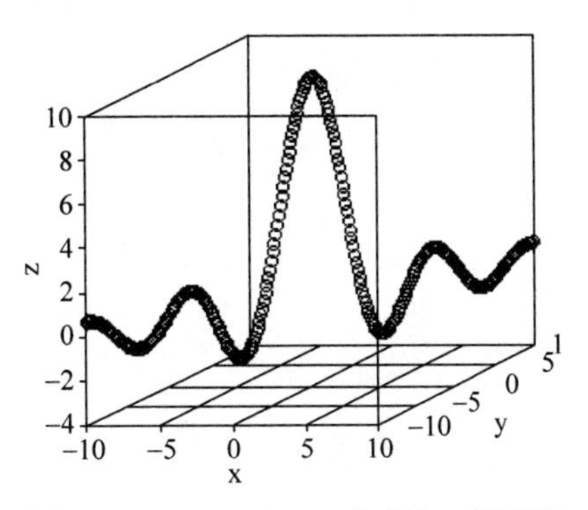

图 1.13 scatterplot3d 实现的三维图形

前面的一些辅助绘图参数也可以加入其中。plot3d 和 scatterplot3d 命令实现结果虽然是三维的,但直观看只是三维空间的一个切面。可以采用 outer 函数将数据扩到三维,然后采用 persp 函数画三维图,见图 1.14。

图 1.14 persp 函数实现的三维图形

```
> require ( grDevices )               # 调 入 需 要
的包.
> x <- seq( - 10, 10, length = 30)
> y <- x
> f <- function(x, y) { r <- sqrt(x^2 + y^2);
10 * sin(r)/r }
> z <- outer(x, y, f)                 # 根据函数 f 以网格形式生成函数值 z.
> persp(x, y, z, theta = 45, phi = 20,
        expand = 0.5, col = rainbow(1000),
        r = 180,
        ltheta = 120,
        shade = 0.75,
        ticktype = "detailed",
        )
```

outer 函数的作用见下列命令结果。

```
> x <- 1:9
> x %o% x                             # 将 x 中的所有元素分别与 x 的所有元素进行乘法运算,得到乘
法表.
     [,1]  [,2]  [,3]  [,4]  [,5]  [,6]  [,7]  [,8]  [,9]
```

```
[1,]    1    2    3    4    5    6    7    8    9
[2,]    2    4    6    8   10   12   14   16   18
[3,]    3    6    9   12   15   18   21   24   27
[4,]    4    8   12   16   20   24   28   32   36
[5,]    5   10   15   20   25   30   35   40   45
[6,]    6   12   18   24   30   36   42   48   54
[7,]    7   14   21   28   35   42   49   56   63
[8,]    8   16   24   32   40   48   56   64   72
[9,]    9   18   27   36   45   54   63   72   81
>y<- 2:8
>outer(y, x, "*")            #对y的所有元素和x的所有元素分别进行乘法运算,也可以使
                                用"^"等运算符.
     [,1] [,2] [,3] [,4] [,5] [,6] [,7] [,8] [,9]
[1,]    2    4    6    8   10   12   14   16   18
[2,]    3    6    9   12   15   18   21   24   27
[3,]    4    8   12   16   20   24   28   32   36
[4,]    5   10   15   20   25   30   35   40   45
[5,]    6   12   18   24   30   36   42   48   54
[6,]    7   14   21   28   35   42   49   56   63
[7,]    8   16   24   32   40   48   56   64   72
```

1.13 随机数产生

```
>x=runif(5)                    #产生[0,1]上均匀分布的5个随机数观测值.
>x=runif(5)                    #再次运行会产生不同的结果.
>set.seed(1)                   #为了每次抽样得到相同的结果,设定随机数的种子(seed).
>x=runif(5)                    #只要跟在种子设置后所得抽样结果就完全一致.
>x=rnorm(5)                    #标准正态分布的随机数.
>x=rnorm(5,mean=1,sd=2)        #从均值为1,标准差为2的正态分布中产生5个随机数.
>x=sample(1:10,5)              #从1~10这10个数中随机抽取5个数,且无放回.
>x=sample(1:10,5,replace=TRUE)    #有放回抽样.
```

1.14 编程基础

1.14.1 条件语句

一般情况下,R会依次执行R程序中的每行命令。若希望满足某种条件才执行命令,就需要用条件语句控制程序流程。条件语句的基本格式有以下几种。

(1) 只有一个条件的条件语句

格式:if(condition)expression

意味着只有条件"condition"满足,才会执行"expression"语句。例如下面语句的输出结果是1。

```
x=3
if (x>0) x=1
>x
[1] 1
```

(2) 具有两个互相排斥条件的条件语句

格式:if (condition) expression1 else expression2

例如下面语句输出结果是－1。

```
x = - 5
if (x > 0) x = 1 else x = - 1
> x
[1] - 1
```

(3) 复杂的条件语句

格式：

```
if (condition1) {
      expression1
} else if (conditon2) {
      expression2
} else {
      expression3
}
```

其中每个表达式用大括号{}括起来，请运行下面程序并理解各个条件。

```
x = 0
if (x > 0)
{
x = 1
} else if (x < 0)
{
x = - 1
} else
{
x = 0
}
```

运行结果为：

```
[1] 0
```

(4) ifelse()函数

根据向量的不同条件进行操作，可以使用函数 ifelse()。此函数可以看作 if-else 条件语句的向量化版本，可以嵌套使用，使用格式如下：

```
ifelse( condition, expression1, expression2)
```

如果条件 condition 成立，则执行 expression1，否则执行 expression2。例如下面命令：

```
> x = - 5:5
> x = ifelse(x > 0, 1, - 1)
> x
[1] - 1  - 1  - 1  - 1  - 1  - 1   1   1   1   1   1
```

结果显示将大于 0 的数变为 1，其他数变为－1。

1.14.2 循环语句

(1) for 循环语句

格式：for (var in vector) expression

下面语句是计算 1～100 的和。

```
s = 0
for (i in 1:100) s = s + i
> s
[1] 5050
```

（2）while 循环语句

格式：while (condition) expression

下面语句是采用 while 循环语句来计算 1～100 的和。

```
s = 0
i = 1
while (i < 101)
{s = s + i;i = i + 1}
> s
[1] 5050
```

1.14.3 自定义函数

```
格式：myfunction = function(arg1,arg2,...)
      {expression1
      expression2
      ....
      return (object)
      }
```

下面的自定义函数可以实现阶乘的计算。

```
jc = function(n)
{s = 1;
for (i in 1:n)
s = s * i;
return (s)
}
```

将上述函数保存为 jc.R 文件，然后通过 source()函数调用，例如：

```
> source("jc.R")                  # 预装函数.
> jc(5)
[1] 120
> jc(2)
[1] 2
```

1.15 R 语言的更新

R 语言经常会更新版本，为了避免手工卸载旧版，再安装新版的不便，可以使用 R 的自动更新包。

```
> install.packages("installr")
> library(installr)
> updateR()
```

第 2 章

多元分布

研究对象的全体所组成的集合称为总体,而组成总体的每个元素称为个体。研究总体时总是关心其一项(或者几项)数量指标,例如研究一批灯泡,关注的是灯泡寿命,寿命就是一个指标,用随机变量 X 表示。只研究一个指标的总体称为一元总体,多个指标的总体称为多元总体,总体是一个具有确定概率分布的随机向量。多元统计分析是运用数理统计的方法来研究多变量(多指标)问题的理论和方法。首先介绍一元分布的总体、样本及统计量的相关知识,其内容可以推广到多元分布。

2.1 一元分布

2.1.1 样本

为了研究总体的特性,从总体 X 中抽取一定数量的个体 $X_1,X_2,\cdots,X_n$,若满足条件:①X_i 间相互独立;②X_i 与总体 X 同分布,则称其为简单随机样本,简称样本。

2.1.2 常用统计量

不含任何未知参数的样本的函数称为统计量,构造统计量一般要体现总体的某方面特征,常用的统计量如下:

(1) 样本均值:$\overline{X}=\frac{1}{n}\sum_{i=1}^{n}X_i$;

(2) 样本方差:$S^2=\frac{1}{n-1}\sum_{i=1}^{n}(X_i-\overline{X})^2$;

(3) 样本 k 阶原点矩:$A_k=\frac{1}{n}\sum_{i=1}^{n}X_i^k,k=1,2,\cdots$;

(4) 样本 k 阶中心矩：$B_k=\frac{1}{n}\sum_{i=1}^{n}(X_i-\overline{X})^k, k=2,3,\cdots$；

(5) 样本的 $k+l$ 阶混合中心矩：$\frac{1}{n}\sum_{i=1}^{n}(X_i-\overline{X})^k(Y_i-\overline{Y})^l$。

样本均值是对总体均值的估计；样本方差是对总体方差的估计；样本的 $k+l$ 阶混合中心矩是对总体的 $k+l$ 阶混合中心矩 $E[X-E(X)]^k[Y-E(Y)]^l$ 的估计，若取 $k=1$，$l=1$ 时是对两总体协方差的估计。

2.1.3 常用分布

(1) 正态分布：$X\sim N(\mu,\sigma^2)$

密度函数为：$f(x)=\frac{1}{\sqrt{2\pi}\sigma}e^{-\frac{(x-\mu)^2}{2\sigma^2}}, -\infty<x<+\infty$。

(2) 卡方分布：$\chi^2=\sum_{i=1}^{n}X_i^2\sim\chi^2(n)$

其中，$X_i\sim N(0,1), i=1,2,\cdots,n$，且相互独立。

(3) t 分布：$\chi^2=\frac{X}{\sqrt{Y/n}}\sim t(n)$

其中，$X\sim N(0,1), Y\sim\chi^2(n)$，且 X,Y 独立。

(4) F 分布：$F=\frac{X/n_1}{Y/n_2}\sim F(n_1,n_2)$

其中，$X\sim\chi^2(n_1), Y\sim\chi^2(n_2)$，且 X,Y 独立。

2.1.4 重要定理

设 $X_1,X_2,\cdots,X_n$ 来自于正态总体 $N(\mu,\sigma^2)$，则

(1)$\overline{X}\sim N\left(\mu,\frac{\sigma^2}{n}\right)$；(2)$\frac{(n-1)S^2}{\sigma^2}\sim\chi^2(n-1)$；(3)$\overline{X}$ 与 S^2 独立。

2.2 多元分布

2.2.1 p 维总体

设总体为 p 维随机向量 $\boldsymbol{X}=(X_1,X_2,\cdots,X_p)^{\mathrm{T}}$，其联合分布函数为：$F(x_1,x_2,\cdots,x_p)=P(X_1\leqslant x_1,\cdots,X_p\leqslant x_p)$。

若联合密度函数为：

$$f(x_1,x_2,\cdots,x_p)=\frac{1}{(2\pi)^{p/2}\ |\boldsymbol{\Sigma}|^{1/2}}\exp\left[-\frac{1}{2}(\boldsymbol{x}-\boldsymbol{\mu})^{\mathrm{T}}\boldsymbol{\Sigma}^{-1}(\boldsymbol{x}-\boldsymbol{\mu})\right]$$

其中，$\boldsymbol{x}=(x_1,x_2,\cdots,x_p)^{\mathrm{T}}$，$\boldsymbol{\mu}$ 是 p 维列向量，$\boldsymbol{\Sigma}$ 是 $p\times p$ 阶正定阵，则称 $\boldsymbol{X}$ 服从 p 维正态分布，记为 $\boldsymbol{X}\sim N_p(\boldsymbol{\mu},\boldsymbol{\Sigma})$，当 $p=1$ 时，即为一元正态分布的密度函数。

2.2.2 随机向量 X 的数字特征

(1) 均值向量

$E(\boldsymbol{X})=[E(X_1),E(X_2),\cdots,E(X_p)]^{\mathrm{T}}=[\mu_1,\mu_2,\cdots,\mu_p]^{\mathrm{T}}=\boldsymbol{\mu}$

(2) 协方差矩阵

$$D(\boldsymbol{X})=\begin{bmatrix}\operatorname{cov}(X_1,X_1) & \operatorname{cov}(X_1,X_2) & \cdots & \operatorname{cov}(X_1,X_p)\\ \operatorname{cov}(X_2,X_1) & \operatorname{cov}(X_2,X_2) & \cdots & \operatorname{cov}(X_2,X_p)\\ \vdots & \vdots & & \vdots\\ \operatorname{cov}(X_p,X_1) & \operatorname{cov}(X_p,X_2) & \cdots & \operatorname{cov}(X_p,X_p)\end{bmatrix}$$

$$=(\sigma_{ij})_{p\times p}\overset{\text{def}}{=}\boldsymbol{\Sigma}$$

也可记为 $\operatorname{Var}(\boldsymbol{X})$,协方差矩阵也可以表示为:

$$D(\boldsymbol{X})=E[(\boldsymbol{X}-E(\boldsymbol{X}))(\boldsymbol{X}-E(\boldsymbol{X}))^{\mathrm{T}}]$$

(3) 随机向量 $\boldsymbol{X}$ 和 $\boldsymbol{Y}$ 的协方差矩阵

若 X_i 和 Y_j 的协方差 $\operatorname{cov}(X_i,Y_j)$存在,$i=1,2,\cdots,p;j=1,2,\cdots,q$,则称

$$\operatorname{cov}(\boldsymbol{X},\boldsymbol{Y})=E[(\boldsymbol{X}-E(\boldsymbol{X}))(\boldsymbol{Y}-E(\boldsymbol{Y}))^{\mathrm{T}}]$$

为 $\boldsymbol{X}$ 和 $\boldsymbol{Y}$ 的协方差矩阵。若 $\operatorname{cov}(\boldsymbol{X},\boldsymbol{Y})=\boldsymbol{0}$($\boldsymbol{0}$ 表示零矩阵),称 $\boldsymbol{X}$ 和 $\boldsymbol{Y}$ 不相关。

(4) 随机向量 $\boldsymbol{X}$ 的相关矩阵

称 $\boldsymbol{R}=(r_{ij})_{p\times p}$ 为 $\boldsymbol{X}$ 的相关矩阵,其中

$$r_{ij}=\frac{\operatorname{cov}(X_i,X_j)}{\sqrt{D(X_i)}\sqrt{D(X_j)}}=\frac{\sigma_{ij}}{\sqrt{\sigma_{ii}}\sqrt{\sigma_{jj}}},\quad i,j=1,2,\cdots,p$$

若记 $\boldsymbol{C}=\operatorname{diag}(\sqrt{\sigma_{11}},\sqrt{\sigma_{22}},\cdots,\sqrt{\sigma_{pp}})$为标准差矩阵,则$\boldsymbol{\Sigma}=\boldsymbol{CRC}$ 或者 $\boldsymbol{R}=\boldsymbol{C}^{-1}\boldsymbol{\Sigma}\boldsymbol{C}^{-1}$。

(5) 随机向量的标准化

令 $X_i^*=\dfrac{X_i-E(X_i)}{\sqrt{D(X_i)}}$,$i=1,2,\cdots,p$,记 $\boldsymbol{X}^*=(X_1^*,X_2^*,\cdots,X_p^*)^{\mathrm{T}}$ 为 $\boldsymbol{X}$ 的标准化。

此时有 $\boldsymbol{X}^*=\boldsymbol{C}^{-1}(\boldsymbol{X}-E(\boldsymbol{X}))$,则有

$E(\boldsymbol{X}^*)=\boldsymbol{0},D(\boldsymbol{X}^*)=D[\boldsymbol{C}^{-1}(\boldsymbol{X}-E(\boldsymbol{X}))]=\boldsymbol{C}^{-1}D[\boldsymbol{X}-E(\boldsymbol{X})]\boldsymbol{C}^{-1}=\boldsymbol{C}^{-1}\boldsymbol{\Sigma}\boldsymbol{C}^{-1}=\boldsymbol{R}$

这表明,标准化后的随机向量的协方差矩阵和相关矩阵相同。

(6) 均值向量和协方差矩阵的性质

①设 $\boldsymbol{X},\boldsymbol{Y}$ 为随机向量,$\boldsymbol{A},\boldsymbol{B}$ 是满足矩阵运算的常数矩阵或者向量,则

* $E(\boldsymbol{AX})=\boldsymbol{A}E(\boldsymbol{X})$;$E(\boldsymbol{AXB})=\boldsymbol{A}E(\boldsymbol{X})\boldsymbol{B}$;

* $\operatorname{cov}(\boldsymbol{AX},\boldsymbol{BY})=\boldsymbol{A}\operatorname{cov}(\boldsymbol{X},\boldsymbol{Y})\boldsymbol{B}^{\mathrm{T}}$

证明:
$$\begin{aligned}\operatorname{cov}(\boldsymbol{AX},\boldsymbol{BY})&=E[(\boldsymbol{AX}-E(\boldsymbol{AX}))(\boldsymbol{BY}-E(\boldsymbol{BY}))^{\mathrm{T}}]\\&=\boldsymbol{A}[E(\boldsymbol{X}-E(\boldsymbol{X}))(\boldsymbol{Y}-E(\boldsymbol{Y}))^{\mathrm{T}}]\boldsymbol{B}^{\mathrm{T}}\\&=\boldsymbol{A}\operatorname{cov}(\boldsymbol{X},\boldsymbol{Y})\boldsymbol{B}^{\mathrm{T}}\end{aligned}$$

* $D(\boldsymbol{AX})=\boldsymbol{A}D(\boldsymbol{X})\boldsymbol{A}^{\mathrm{T}}$

② 随机向量 $\boldsymbol{X}$ 的协方差矩阵 $D(\boldsymbol{X})=\boldsymbol{\Sigma}$ 是对称非负定矩阵。

证明:对任意$\boldsymbol{\alpha}=(\alpha_1,\alpha_2,\cdots,\alpha_p)^{\mathrm{T}}$,有

$$\boldsymbol{\alpha}^{\mathrm{T}}\Sigma\boldsymbol{\alpha}=\boldsymbol{\alpha}^{\mathrm{T}}E[(\boldsymbol{X}-E(\boldsymbol{X}))(\boldsymbol{X}-E(\boldsymbol{X}))^{\mathrm{T}}]\boldsymbol{\alpha}$$

$$=E[\boldsymbol{\alpha}^{\mathrm{T}}(\boldsymbol{X}-E(\boldsymbol{X}))(\boldsymbol{X}-E(\boldsymbol{X}))^{\mathrm{T}}\boldsymbol{\alpha}]$$
$$=E[\boldsymbol{\alpha}^{\mathrm{T}}(\boldsymbol{X}-E(\boldsymbol{X}))]^2 \geqslant 0$$

2.2.3 多元分布的参数估计

总体为 p 维随机向量 $\boldsymbol{X}=(X_1,X_2,\cdots,X_p)^{\mathrm{T}}$，取容量为 n 的样本：

$$\boldsymbol{X}_{(1)},\boldsymbol{X}_{(2)},\cdots,\boldsymbol{X}_{(n)}$$

其中，$\boldsymbol{X}_{(i)}=(X_{i1},X_{i2},\cdots,X_{ip})^{\mathrm{T}}$ 与总体 $\boldsymbol{X}$ 同分布，观测值为 $\boldsymbol{x}_{(i)}=(x_{i1},x_{i2},\cdots,x_{ip})^{\mathrm{T}}$，$i=1,2,\cdots,n$，于是样本可以用矩阵表示如下：

$$\boldsymbol{X}=\begin{bmatrix} X_{11} & X_{12} & \cdots & X_{1p} \\ X_{21} & X_{22} & \cdots & X_{2p} \\ \vdots & \vdots & & \vdots \\ X_{n1} & X_{n2} & \cdots & X_{np} \end{bmatrix}=\begin{bmatrix} \boldsymbol{X}_{(1)}^{\mathrm{T}} \\ \vdots \\ \boldsymbol{X}_{(n)}^{\mathrm{T}} \end{bmatrix}$$

其中，X_{ij} 与 X_j 同分布，$i=1,2,\cdots,n$；$j=1,2,\cdots,p$。其观测值也用 $\boldsymbol{X}$ 表示：

$$\boldsymbol{X}=\begin{bmatrix} x_{11} & x_{12} & \cdots & x_{1p} \\ x_{21} & x_{22} & \cdots & x_{2p} \\ \vdots & \vdots & & \vdots \\ x_{n1} & x_{n2} & \cdots & x_{np} \end{bmatrix}$$

(1) 样本均值向量

$$\bar{\boldsymbol{X}}=\frac{1}{n}\sum_{i=1}^{n}\boldsymbol{X}_{(i)}=\frac{1}{n}\sum_{i=1}^{n}\begin{bmatrix} X_{i1} \\ X_{i2} \\ \vdots \\ X_{ip} \end{bmatrix}=\frac{1}{n}\begin{bmatrix} \sum_{i=1}^{n}X_{i1} \\ \sum_{i=1}^{n}X_{i2} \\ \vdots \\ \sum_{i=1}^{n}X_{ip} \end{bmatrix}=\begin{bmatrix} \bar{X}_1 \\ \bar{X}_2 \\ \vdots \\ \bar{X}_p \end{bmatrix}$$

因为

$$E(\bar{\boldsymbol{X}})=[E(\bar{X}_1),E(\bar{X}_2),\cdots,E(\bar{X}_p)]^{\mathrm{T}}=[E(X_1),E(X_2),\cdots,E(X_p)]^{\mathrm{T}}=E(\boldsymbol{X})$$

所以样本均值向量可作为总体均值向量的无偏估计。

(2) 样本离差阵

$$\boldsymbol{A}=\begin{bmatrix} \sum_{i=1}^{n}(X_{i1}-\bar{X}_1)^2 & \cdots & \sum_{i=1}^{n}(X_{i1}-\bar{X}_1)(X_{ip}-\bar{X}_p) \\ \vdots & & \vdots \\ \sum_{i=1}^{n}(X_{ip}-\bar{X})(X_{i1}-\bar{X}_1) & \cdots & \sum_{i=1}^{n}(X_{ip}-\bar{X}_p)^2 \end{bmatrix}$$ 称为样本离差。

也可以如下表示：

$$A=\sum_{i=1}^{n}\begin{bmatrix}X_{i1}-\bar{X}_1\\ \vdots\\ X_{ip}-\bar{X}_p\end{bmatrix}[X_{i1}-\bar{X}_1,\cdots,X_{ip}-\bar{X}_p]=\sum_{i=1}^{n}(\boldsymbol{X}_{(i)}-\bar{\boldsymbol{X}})(\boldsymbol{X}_{(i)}-\bar{\boldsymbol{X}})^{\mathrm{T}}$$

$$=\sum_{i=1}^{n}(\boldsymbol{X}_{(i)}\boldsymbol{X}_{(i)}^{\mathrm{T}}-\boldsymbol{X}_{(i)}\bar{\boldsymbol{X}}^{\mathrm{T}}-\bar{\boldsymbol{X}}\boldsymbol{X}_{(i)}^{\mathrm{T}}+\bar{\boldsymbol{X}}\bar{\boldsymbol{X}}^{\mathrm{T}})$$

$$=\sum_{i=1}^{n}\boldsymbol{X}_{(i)}\boldsymbol{X}_{(i)}^{\mathrm{T}}-n\bar{\boldsymbol{X}}\bar{\boldsymbol{X}}^{\mathrm{T}}=\boldsymbol{X}^{\mathrm{T}}\boldsymbol{X}-n\bar{\boldsymbol{X}}\bar{\boldsymbol{X}}^{\mathrm{T}},$$

其中

$$\sum_{i=1}^{n}\boldsymbol{X}_{(i)}\boldsymbol{X}_{(i)}^{\mathrm{T}}=\sum_{i=1}^{n}\begin{bmatrix}X_{i1}\\ \vdots\\ X_{ip}\end{bmatrix}[X_{i1}\ \cdots\ X_{ip}]$$

$$=\sum_{i=1}^{n}\begin{bmatrix}X_{i1}^2 & X_{i1}x_{i2} & \cdots & X_{i1}x_{ip}\\ X_{i2}x_{i1} & X_{i2}^2 & \cdots & X_{i2}x_{ip}\\ \vdots & \vdots & & \vdots\\ X_{ip}x_{i1} & X_{ip}x_{i2} & \cdots & X_{ip}^2\end{bmatrix}$$

$$=\begin{bmatrix}\sum_{i=1}^{n}X_{i1}^2 & \sum_{i=1}^{n}X_{i1}X_{i2} & \cdots & \sum_{i=1}^{n}X_{i1}X_{ip}\\ \sum_{i=1}^{n}X_{i2}X_{i1} & \sum_{i=1}^{n}X_{i2}^2 & \cdots & \sum_{i=1}^{n}X_{i2}X_{ip}\\ \vdots & \vdots & & \vdots\\ \sum_{i=1}^{n}X_{ip}X_{i1} & \sum_{i=1}^{n}X_{ip}X_{i2} & \cdots & \sum_{i=1}^{n}X_{ip}^2\end{bmatrix}$$

$$=\begin{bmatrix}X_{11} & X_{21} & \cdots & X_{n1}\\ X_{12} & X_{22} & \cdots & X_{n2}\\ \vdots & \vdots & & \vdots\\ X_{1p} & X_{2p} & \cdots & X_{np}\end{bmatrix}\begin{bmatrix}X_{11} & X_{12} & \cdots & X_{1p}\\ X_{21} & X_{22} & \cdots & X_{2p}\\ \vdots & \vdots & & \vdots\\ X_{n1} & X_{n2} & \cdots & X_{np}\end{bmatrix}=\boldsymbol{X}^{\mathrm{T}}\boldsymbol{X}$$

(3) 样本协方差阵

$\boldsymbol{S}=\dfrac{1}{n-1}\boldsymbol{A}=(S_{ij})_{p\times p}$ 称为样本协方差阵,可以证明 $E(\boldsymbol{S})=\boldsymbol{\Sigma}$ 。

证明:$E(\boldsymbol{A})=E\left[\sum(\boldsymbol{X}_{(i)}-\bar{\boldsymbol{X}})(\boldsymbol{X}_{(i)}-\bar{\boldsymbol{X}})^{\mathrm{T}}\right]$

$$=E\left[\sum_{i=1}^{n}(\boldsymbol{X}_{(i)}-\boldsymbol{\mu}+\boldsymbol{\mu}-\bar{\boldsymbol{X}})(\boldsymbol{X}_{(i)}-\boldsymbol{\mu}+\boldsymbol{\mu}-\bar{\boldsymbol{X}})^{\mathrm{T}}\right]$$

$$=E\left[\sum_{i=1}^{n}(\boldsymbol{X}_{(i)}-\boldsymbol{\mu})(\boldsymbol{X}_{(i)}-\boldsymbol{\mu})^{\mathrm{T}}-n(\bar{\boldsymbol{X}}-\boldsymbol{\mu})(\bar{\boldsymbol{X}}-\boldsymbol{\mu})^{\mathrm{T}}\right]$$

$$= \sum_{i=1}^{n} D(\boldsymbol{X}_{(i)}) - nD(\bar{\boldsymbol{X}})$$

$$= n\boldsymbol{\Sigma} - nD\left(\frac{1}{n}\sum_{i=1}^{n}\boldsymbol{X}_{(i)}\right) = n\boldsymbol{\Sigma} - \frac{1}{n}\sum_{i=1}^{n} D(\boldsymbol{X}_{(i)}) = (n-1)\boldsymbol{\Sigma}。$$

因此,$E(\boldsymbol{S})=\boldsymbol{\Sigma}$。由此可知样本协方差矩阵是总体协方差矩阵的无偏估计。

(4) 样本相关矩阵

$$\hat{\boldsymbol{R}} = (r_{ij})_{p\times p},\text{其中 } r_{ij} = \frac{s_{ij}}{\sqrt{s_{ii}}\sqrt{s_{jj}}}, i,j=1,2,\cdots,p$$

若数据 $\boldsymbol{X}$ 已经标准化,则$\hat{\boldsymbol{R}} = \frac{1}{n-1}\boldsymbol{X}^{\mathrm{T}}\boldsymbol{X}$。

2.3 R 语言相关操作

2.3.1 一元正态随机数

```
> x = rnorm(1000,mean = 1,sd = 2)  # 产生均值维 1,方差为 4 的 1000 个正态分布样本.
> mean(x)                # 样本均值.
[1] 0.9634625
> var(x)                 # 样本方差.
[1] 4.100809
```

2.3.2 多元正态随机数

```
> library(MASS)          # 加载包.
> mu = c(1,2,3)          # 均值向量.
> sigma = matrix(c(3,2,1,2,2,2,1,2,4),3,3)  # 协方差矩阵.
> sigma
     [,1] [,2] [,3]
[1,]    3    2    1
[2,]    2    2    2
[3,]    1    2    4
> mydata = mvrnorm(n = 1000,mu,sigma)  # 产生 1000 个 3 维正态分布数据.
> apply(mydata,2,mean)  # 按列求样本均值向量.
[1] 1.009699 1.952224 2.871895
> var(mydata)            # 样本协方差阵.
         [,1]     [,2]     [,3]
[1,] 2.931129 1.950578 1.057450
[2,] 1.950578 1.958552 2.050371
[3,] 1.057450 2.050371 4.105934
> cor(mydata)            # 样本相关矩阵.
          [,1]      [,2]      [,3]
[1,] 1.0000000 0.8141011 0.3048151
[2,] 0.8141011 1.0000000 0.7230342
[3,] 0.3048151 0.7230342 1.0000000
> y = scale(mydata)      # 标准化.
> var(y)                 # 标准化数据的协方差阵.
> cor(y)                 # 标准化数据的相关矩阵,与协方差阵相同.
```

第 3 章

线性模型

3.1 线性回归

线性回归模型简单且理论成熟,实际中有广泛应用,下面首先介绍该模型。

3.1.1 基本形式

设由 d 个属性描述的示例 $\boldsymbol{x}=(x_1,x_2,\cdots,x_d)^{\mathrm{T}}$,其中 x_i 是 $\boldsymbol{x}$ 在第 i 个属性上的取值,给定训练数据集 $D=\{(\boldsymbol{x}_1,y_1),(\boldsymbol{x}_2,y_2),\cdots,(\boldsymbol{x}_n,y_n)\}$,其中 $\boldsymbol{x}_i=(x_{i1},x_{i2},\cdots,x_{id})^{\mathrm{T}}$ 表示输入,$y_i\in\mathbf{R}$ 表示输出。

线性回归就是要求得一个线性模型以尽可能准确地预测实值输出,线性模型采用属性的线性组合来表示,即

$$f(\boldsymbol{x})=w_1x_1+w_2x_2+\cdots+w_dx_d+b \tag{3.1}$$

一般用向量的形式写成

$$f(\boldsymbol{x})=\boldsymbol{w}^{\mathrm{T}}\boldsymbol{x}+b \tag{3.2}$$

其中 $\boldsymbol{w}=(w_1,w_2,\cdots,w_d)^{\mathrm{T}}$,参数 $\boldsymbol{w}$ 和 b 估计后,模型就确定了。

3.1.2 一元线性回归

先考虑一元的情形:输入属性的数目只有一个。给定训练数据集 $D=\{(x_i,y_i)\}$,$i=1,2,\cdots,n$,其中 $x_i\in\mathbf{R}$。线性回归模型为:

$$f(x_i)=wx_i+b, \tag{3.3}$$

确定参数 w 和 b 后,使得 $f(x_i)$成为 y_i 的预测,记为 $\hat{y}_i=f(x_i)$。

$y_i-\hat{y}_i=\varepsilon_i$ 称为残差,假设 $\varepsilon_i\sim N(0,\sigma^2)$,$i=1,2,\cdots,n$,且 ε_i 间相互独立。

求解 w 和 b，使得残差平方和 $E_{(w,b)}=\sum_{i=1}^{n}(y_i-f(x_i))^2=\sum_{i=1}^{n}(y_i-wx_i-b)^2$ 达到最小，称为线性回归模型的最小二乘参数估计。

$$\frac{\partial E}{\partial w}=-2\sum_{i=1}^{n}(y_i-wx_i-b)x_i=2\left(w\sum_{i=1}^{n}x_i^2-\sum_{i=1}^{n}(y_i-b)x_i\right) \tag{3.4}$$

$$\frac{\partial E}{\partial b}=-2\sum_{i=1}^{n}(y_i-wx_i-b)=2\left(nb-\sum_{i=1}^{n}(y_i-wx_i)\right) \tag{3.5}$$

令式(3.4)和式(3.5)为零，可得到 w 和 b 的最优解，并加符号“^”表示参数的估计值：

$$\hat{w}=\frac{\sum_{i=1}^{n}y_i(x_i-\bar{x})}{\sum_{i=1}^{n}x_i^2-\frac{1}{n}\left(\sum_{i=1}^{n}x_i\right)^2}=\frac{l_{xy}}{l_{xx}} \tag{3.6}$$

$$\hat{b}=\frac{1}{n}\sum_{i=1}^{n}(y_i-\hat{w}x_i)=\bar{y}-\hat{w}\bar{x} \tag{3.7}$$

其中，$l_{xy}=\sum_{i=1}^{n}(x_i-\bar{x})(y_i-\bar{y})=\sum_{i=1}^{n}x_iy_i-n\bar{x}\bar{y}=\sum_{i=1}^{n}x_iy_i-\bar{x}\sum_{i=1}^{n}y_i=\sum_{i=1}^{n}y_i(x_i-\bar{x})$，

$l_{xx}=\sum_{i=1}^{n}(x_i-\bar{x})^2=\sum_{i=1}^{n}x_i^2-n\bar{x}^2=\sum_{i=1}^{n}x_i^2-\frac{1}{n}\left(\sum_{i=1}^{n}x_i\right)^2$。

3.1.3 多元线性回归

将 $\boldsymbol{w}$ 扩充并且仍然用 $\boldsymbol{w}$ 表示，$\boldsymbol{w}=(w_1,w_2,\cdots,w_d,b)^{\mathrm{T}}$，相应地，将 $\boldsymbol{x}_i$ 扩充，仍用 $\boldsymbol{x}_i=(x_{i1},x_{i2},\cdots,x_{id},1)^{\mathrm{T}}$ 表示，把数据集 D 的自变量表示为一个 $n\times(d+1)$ 维的矩阵 $\boldsymbol{X}$，即

$$\boldsymbol{X}=\begin{bmatrix}x_{11} & x_{12} & \cdots & x_{1d} & 1\\ x_{21} & x_{22} & \cdots & x_{2d} & 1\\ \vdots & \vdots & & \vdots & \vdots\\ x_{n1} & x_{n2} & \cdots & x_{nd} & 1\end{bmatrix}=\begin{bmatrix}\boldsymbol{x}_1^{\mathrm{T}}\\ \boldsymbol{x}_2^{\mathrm{T}}\\ \vdots\\ \boldsymbol{x}_n^{\mathrm{T}}\end{bmatrix} \tag{3.8}$$

此时，$f(\boldsymbol{x}_i)=\boldsymbol{w}^{\mathrm{T}}\boldsymbol{x}_i$，$y_i-f(\boldsymbol{x}_i)=\varepsilon_i$，由 $\hat{y}_i=f(\boldsymbol{x}_i)$，于是 $y_i-\hat{y}_i=\varepsilon_i$，即 $y_i=\boldsymbol{w}^{\mathrm{T}}\boldsymbol{x}_i+\varepsilon_i$。把标记写成向量的形式 $\boldsymbol{y}=(y_1,y_2,\cdots,y_n)^{\mathrm{T}}$，则此时 $\boldsymbol{y}=\boldsymbol{X}\boldsymbol{w}+\varepsilon$，其中 $\varepsilon=(\varepsilon_1,\varepsilon_2,\cdots,\varepsilon_n)^{\mathrm{T}}$。则此时的残差平方和为：

$$\begin{aligned}E_{\boldsymbol{w}}&=\sum_{i=1}^{n}[y_i-(w_1x_{i1}+w_2x_{i2}+\cdots+w_dx_{id}+b)]^2\\&=(\boldsymbol{y}-\boldsymbol{X}\boldsymbol{w})^{\mathrm{T}}(\boldsymbol{y}-\boldsymbol{X}\boldsymbol{w})\end{aligned}$$

对参数求导并令其等于零求解：

$$\frac{\partial E_{\boldsymbol{w}}}{\partial w_j}=-2\sum_{i=1}^{n}[y_i-(w_1x_{i1}+\cdots+w_dx_{id}+b)]x_{ij}=0,\quad j=1,2,\cdots,d \tag{3.9}$$

$$\frac{\partial E_w}{\partial b}=-2\sum_{i=1}^{n}[y_i-(w_i x_{i1}+\cdots+w_d x_{id}+b)]=0 \tag{3.10}$$

或者用向量求导的形式表示(见附录 A):

$$\frac{\partial E_w}{\partial \boldsymbol{w}}=2\boldsymbol{X}^{\mathrm{T}}(\boldsymbol{X}\boldsymbol{w}-\boldsymbol{y})=0$$

解得

$$\hat{\boldsymbol{w}}=(\boldsymbol{X}^{\mathrm{T}}\boldsymbol{X})^{-1}\boldsymbol{X}^{\mathrm{T}}\boldsymbol{y}$$

性质 3.1：$\hat{\boldsymbol{w}}$ 是 $\boldsymbol{w}$ 的无偏估计。

证明：$E(\hat{\boldsymbol{w}})=E((\boldsymbol{X}^{\mathrm{T}}\boldsymbol{X})^{-1}\boldsymbol{X}^{\mathrm{T}}\boldsymbol{y})=(\boldsymbol{X}^{\mathrm{T}}\boldsymbol{X})^{-1}\boldsymbol{X}^{\mathrm{T}}E(\boldsymbol{y})$

$$=(\boldsymbol{X}^{\mathrm{T}}\boldsymbol{X})^{-1}\boldsymbol{X}^{\mathrm{T}}E(\boldsymbol{X}\boldsymbol{w}+\boldsymbol{\varepsilon})=(\boldsymbol{X}^{\mathrm{T}}\boldsymbol{X})^{-1}\boldsymbol{X}^{\mathrm{T}}\boldsymbol{X}\boldsymbol{w}=\boldsymbol{w}$$

性质 3.2：$D(\hat{\boldsymbol{w}})=\sigma^2(\boldsymbol{X}^{\mathrm{T}}\boldsymbol{X})^{-1}$。

证明：
$$\begin{aligned}D(\hat{\boldsymbol{w}})&=\mathrm{cov}(\hat{\boldsymbol{w}},\hat{\boldsymbol{w}})=E[(\hat{\boldsymbol{w}}-E(\hat{\boldsymbol{w}}))(\hat{\boldsymbol{w}}-E(\hat{\boldsymbol{w}}))^{\mathrm{T}}]\\
&=E[(\hat{\boldsymbol{w}}-\boldsymbol{w})(\hat{\boldsymbol{w}}-\boldsymbol{w})^{\mathrm{T}}]\\
&=E[(\boldsymbol{X}^{\mathrm{T}}\boldsymbol{X})^{-1}\boldsymbol{X}^{\mathrm{T}}\boldsymbol{y}-\boldsymbol{w}][(\boldsymbol{X}^{\mathrm{T}}\boldsymbol{X})^{-1}\boldsymbol{X}^{\mathrm{T}}\boldsymbol{y}-\boldsymbol{w}]^{\mathrm{T}}\\
&=E[(\boldsymbol{X}^{\mathrm{T}}\boldsymbol{X})^{-1}\boldsymbol{X}^{\mathrm{T}}(\boldsymbol{X}\boldsymbol{w}+\boldsymbol{\varepsilon})-\boldsymbol{w}][(\boldsymbol{X}^{\mathrm{T}}\boldsymbol{X})^{-1}\boldsymbol{X}^{\mathrm{T}}(\boldsymbol{X}\boldsymbol{w}+\boldsymbol{\varepsilon})-\boldsymbol{w}]^{\mathrm{T}}\\
&=E[(\boldsymbol{X}^{\mathrm{T}}\boldsymbol{X})^{-1}\boldsymbol{X}^{\mathrm{T}}\varepsilon][(\boldsymbol{X}^{\mathrm{T}}\boldsymbol{X})^{-1}\boldsymbol{X}^{\mathrm{T}}\boldsymbol{\varepsilon}]^{\mathrm{T}}=\sigma^2(\boldsymbol{X}^{\mathrm{T}}\boldsymbol{X})^{-1}\end{aligned}$$

由性质 3.1 和 3.2 得 $\hat{\boldsymbol{w}}\sim N(\boldsymbol{w},\sigma^2(\boldsymbol{X}^{\mathrm{T}}\boldsymbol{X})^{-1})$，记 $(\boldsymbol{X}^{\mathrm{T}}\boldsymbol{X})^{-1}=[c_{ij}]$，$i,j=1,2,\cdots,d+1$，则

$$\hat{w}_j\sim N(w_j,c_{jj}\sigma^2),\quad j=1,2,\cdots,d$$

3.1.4 多重共线对回归模型的影响

若式(3.8)的矩阵 $\boldsymbol{X}$ 的列向量存在不全为零的一组数，使得

$$c_1x_{i1}+c_2x_{i2}+\cdots c_dx_{id}+c_0=0,\quad i=1,2,\cdots,n$$

则自变量 $x_1,x_2,\cdots,x_d$ 存在完全共线性，即

$$\begin{bmatrix}x_{11} & x_{12} & \cdots & x_{1d} & 1\\ x_{21} & x_{22} & \cdots & x_{2d} & 1\\ \vdots & \vdots & & \vdots & \vdots\\ x_{n1} & x_{n2} & \cdots & x_{nd} & 1\end{bmatrix}\begin{bmatrix}c_1\\ c_2\\ \vdots\\ c_0\end{bmatrix}=\boldsymbol{0}$$

于是

$$\begin{bmatrix}x_{11} & x_{12} & \cdots & x_{1d} & 1\\ x_{21} & x_{22} & \cdots & x_{2d} & 1\\ \vdots & \vdots & & \vdots & \vdots\\ x_{n1} & x_{n2} & \cdots & x_{nd} & 1\end{bmatrix}^{\mathrm{T}}\begin{bmatrix}x_{11} & x_{12} & \cdots & x_{1d} & 1\\ x_{21} & x_{22} & \cdots & x_{2d} & 1\\ \vdots & \vdots & & \vdots & \vdots\\ x_{n1} & x_{n2} & \cdots & x_{nd} & 1\end{bmatrix}\begin{bmatrix}c_1\\ c_2\\ \vdots\\ c_0\end{bmatrix}=\boldsymbol{0}$$

此时有 $|\boldsymbol{X}^{\mathrm{T}}\boldsymbol{X}|=0$，$(\boldsymbol{X}^{\mathrm{T}}\boldsymbol{X})^{-1}$ 不存在，最小二乘法估计不成立。实际中完全共线性并不多见，常见的是等式近似成立，即

$$c_1x_{i1}+c_2x_{i2}+\cdots c_dx_{id}+c_0\approx 0,\quad i=1,2,\cdots,n$$

即 $|\boldsymbol{X}^{\mathrm{T}}\boldsymbol{X}|\approx 0$，此时参数 $\boldsymbol{w}$ 估计的方差趋于无穷大，不可靠。

3.1.5 回归模型检验

设总的偏差平方和 $SST=\sum_{i=1}^{n}(y_i-\bar{y})^2$，也记 $l_{yy}=\sum_{i=1}^{n}(y_i-\bar{y})^2$。将 SST 进行以下分解：

$$
\begin{aligned}
SST &= \sum_{i=1}^{n}(y_i-\hat{y}_i+\hat{y}_i-\bar{y})^2 \\
&= \sum_{i=1}^{n}(y_i-\hat{y}_i)^2+2\sum_{i=1}^{n}(y_i-\hat{y}_i)(\hat{y}_i-\bar{y})+\sum_{i=1}^{n}(\hat{y}_i-\bar{y})^2
\end{aligned}
$$

根据式(3.9)和式(3.10)可知

$$
\begin{aligned}
&\sum_{i=1}^{n}(y_i-\hat{y}_i)(\hat{y}_i-\bar{y}) \\
&=\sum_{i=1}^{n}[y_i-(\hat{w}_1x_{i1}+\cdots+\hat{w}_dx_{id}+\hat{b})][(\hat{w}_1x_{i1}+\cdots\hat{w}_dx_{id}+\hat{b})-\bar{y}] \\
&=\sum_{i=1}^{n}[y_i-(\hat{w}_1x_{i1}+\cdots+\hat{w}_dx_{id}+\hat{b})](\hat{b}-\bar{y})+ \\
&\quad\sum_{j=1}^{d}\hat{w}_j\sum_{i=1}^{n}[y_i-(\hat{w}_1x_{i1}+\cdots\hat{w}_dx_{id}+\hat{b})]x_{ij} \\
&=0
\end{aligned}
$$

所以，$SST=\sum_{i=1}^{n}(y_i-\bar{y})^2=\sum_{i=1}^{n}(y_i-\hat{y}_i)^2+\sum_{i=1}^{n}(\hat{y}_i-\bar{y})^2$，记 $SSR=\sum_{i=1}^{n}(\hat{y}_i-\bar{y})^2$（称为回归平方和），$SSE=\sum_{i=1}^{n}(y_i-\hat{y}_i)^2$（称为残差平方和或者剩余平方和），即

$$SST=SSR+SSE$$

可以证明 $\frac{1}{n}\sum_{i=1}^{n}\hat{y}_i=\bar{y}=\frac{1}{n}\sum_{i=1}^{n}y_i$，以一元情况证明。

证明：由式(3.5)知 $nb-\sum_{i=1}^{n}(y_i-wx_i)=0\Rightarrow n\hat{b}+\hat{w}\left(\sum_{i=1}^{n}x_i\right)=\sum_{i=1}^{n}y_i$，

由于 $\hat{y}_i=\hat{b}+\hat{w}x_i$，并根据式(3.7)得 $\frac{1}{n}\sum_{i=1}^{n}\hat{y}_i=\frac{1}{n}\sum_{i=1}^{n}(\hat{b}+\hat{w}x_i)=\hat{b}+\hat{w}\frac{1}{n}\sum_{i=1}^{n}x_i=\bar{y}$。

可知 SSR 反映了线性拟合值与它们平均值的总偏差，即由自变量的变化引起因变量的波动，因此指标 SSR 越大表示自变量与因变量的关系越显著，回归效果越好。指标 SSE 用来衡量预测值和真实值的偏差，越小表示拟合效果越好。

1. *F* 检验（回归方程的显著性检验）

原假设 $H_0: w_1=w_2=\cdots=w_d=0$，（检验自变量从整体上对 y 的影响是否显著）。先给出定理 3.1。

定理 3.1 在线性模型假设下,(1)$\frac{\text{SSE}}{\sigma^2}\sim\chi^2(n-d-1)$;(2)$H_0$ 成立下,$\frac{\text{SSR}}{\sigma^2}\sim\chi^2(d)$;(3)SSR 与 SSE,$\bar{y}$ 独立。

证明:下面在一元情况下证明该定理,此时 $d=1$,即

$$y_i=b+w_1x_i+\varepsilon_i,\quad i=1,2,\cdots,n$$

此时原假设为:$H_0:w_1=0$。在线性模型正态分布的假设下,$y_1,y_2,\cdots,y_n$ 相互独立,且 $y_i\sim N(b+w_1x_i,\sigma^2),i=1,2,\cdots,n$,记 $\boldsymbol{y}=(y_1,y_2,\cdots,y_n)^{\mathrm{T}}$,则

$$D(\boldsymbol{y})=\sigma^2\boldsymbol{I}_n$$

取 $n\times n$ 正交矩阵 $\boldsymbol{A}$ 的形式如下:

$$\boldsymbol{A}=\begin{bmatrix} a_{11} & a_{12} & \cdots & a_{1n} \\ \vdots & \vdots & & \vdots \\ a_{n-2,1} & a_{n-2,2} & \cdots & a_{n-2,n} \\ \frac{x_1-\bar{x}}{\sqrt{l_{xx}}} & \frac{x_2-\bar{x}}{\sqrt{l_{xx}}} & \cdots & \frac{x_n-\bar{x}}{\sqrt{l_{xx}}} \\ \frac{1}{\sqrt{n}} & \frac{1}{\sqrt{n}} & \cdots & \frac{1}{\sqrt{n}} \end{bmatrix}$$

由矩阵 $\boldsymbol{A}$ 的正交性可得如下约束条件:

$$\sum_j a_{ij}=0,\sum_j a_{ij}x_j=0,\sum_j a_{ij}^2=1,\quad i=1,2,\cdots,n-2,$$
$$\sum_k a_{ik}a_{jk}=0,\quad 1\leqslant i<j\leqslant n-2$$

当 $n\geqslant 3$ 时,未知参数个数不少于约束条件数,因此正交矩阵必存在。令

$$\boldsymbol{z}=\begin{bmatrix} z_1 \\ z_2 \\ \vdots \\ z_n \end{bmatrix}=\boldsymbol{A}\boldsymbol{y}=\boldsymbol{A}\begin{bmatrix} y_1 \\ y_2 \\ \vdots \\ y_n \end{bmatrix}=\begin{bmatrix} \sum_j a_{1j}y_j \\ \vdots \\ \sum_j a_{n-2,j}y_j \\ \sum_j \frac{x_j-\bar{x}}{\sqrt{l_{xx}}}y_j \\ \sum_j \frac{1}{\sqrt{n}}y_j \end{bmatrix}$$

其中

$$z_{n-1}=\frac{\sum_i(x_i-\bar{x})y_i}{\sqrt{l_{xx}}}=\frac{\sum_i(x_i-\bar{x})(y_i-\bar{y})}{\sqrt{l_{xx}}}=\frac{l_{xy}}{\sqrt{l_{xx}}}=\sqrt{l_{xx}}\hat{w}_1,$$

$$z_n=\frac{1}{\sqrt{n}}\sum_i y_i=\sqrt{n}\,\bar{y}$$

则 $\boldsymbol{z}$ 仍然服从 n 维正态分布,且其期望与协方差阵分别为

$$E(\boldsymbol{z})=\begin{bmatrix}0\\ \vdots\\ 0\\ w_1\sqrt{l_{xx}}\\ \sqrt{n}(b+w_1\bar{x})\end{bmatrix},\quad D(\boldsymbol{z})=\boldsymbol{A}D(\boldsymbol{y})\boldsymbol{A}^{\mathrm{T}}=\sigma^2\boldsymbol{I}_n$$

这表明 $z_1,z_2,\cdots,z_n$ 相互独立，$z_i\sim N(0,\sigma^2)$，$i=1,2,\cdots,n-2$，$z_{n-1}\sim N(w_1\sqrt{l_{xx}},\sigma^2)$，$z_n\sim N(\sqrt{n}(b+w_1\bar{x}),\sigma^2)$。

由于 $\sum_i z_i^2=\sum_i y_i^2=\mathrm{SST}+n\bar{y}^2=\mathrm{SSR}+\mathrm{SSE}+n\bar{y}^2$，而 $z_n=\sqrt{n}\bar{y}$，又由于

$$\begin{aligned}\mathrm{SSR}&=\sum_{i=1}^{n}(\hat{y}_i-\bar{y})^2=\sum_{i=1}^{n}(\hat{b}+\hat{w}_1x_i-\bar{y})^2\\&=\sum_{i=1}^{n}(\hat{b}+\hat{w}_1\bar{x}+\hat{w}_1(x_i-\bar{x})-\bar{y})^2\\&=\sum_{i=1}^{n}(\bar{y}+\hat{w}_1(x_i-\bar{x})-\bar{y})^2\\&=\hat{w}_1^2\sum_{i=1}^{n}(x_i-\bar{x})^2=\hat{w}_1^2l_{xx}\end{aligned}$$

所以 $z_{n-1}=\sqrt{l_{xx}}\hat{w}_1=\sqrt{\mathrm{SSR}}$，于是有 $z_1^2+z_2^2+\cdots+z_{n-2}^2=\mathrm{SSE}$，所以 SSE，SSR，$\bar{y}$ 三者相互独立，并有

$$\frac{\mathrm{SSE}}{\sigma^2}=\sum_{i=1}^{n-2}\left(\frac{z_i}{\sigma}\right)^2\sim\chi^2(n-2)$$

在 $w_1=0$ 时，有

$$\frac{\mathrm{SSR}}{\sigma^2}=\left(\frac{z_{n-1}}{\sigma}\right)^2\sim\chi^2(1)$$

由定理 3.1 可以构造检验统计量 $F=\dfrac{\mathrm{SSR}/d}{\mathrm{SSE}/(n-d-1)}\sim F(d,n-d-1)$。由于回归方程显著时，指标 SSR 越大越好，指标 SSE 越小越好，因此得到单侧的检验拒绝域为：$W=\{F\geqslant F_{1-\alpha}(d,n-d-1)\}$。这里采用下侧分位点表示。

2. 拟合优度(整个回归方程)

定义 $R^2=\dfrac{\mathrm{SSR}}{\mathrm{SST}}=1-\dfrac{\mathrm{SSE}}{\mathrm{SST}}$，$R^2$ 越接近 1，拟合优度越好。

3. 回归系数的检验

$H_{0j}:w_j=0,j=1,2,\cdots,d$

由于，$\hat{w}_j\sim N(w_j,c_{jj}\sigma^2)$，$j=1,2,\cdots,d$，在 H_{0j} 成立时，$\dfrac{\hat{w}_j}{\sqrt{c_{jj}}\sigma}\sim N(0,1)$，又由定理 3.1 得

$$t_j=\frac{\hat{w}_j/\sqrt{c_{jj}}\sigma}{\sqrt{\dfrac{\mathrm{SSE}}{\sigma^2(n-d-1)}}}=\frac{\hat{w}_j}{\sqrt{c_{jj}}\sqrt{\dfrac{\mathrm{SSE}}{(n-d-1)}}}\sim t(n-d-1)\text{，若}|t_j|>t_{1-\frac{\alpha}{2}}(n-d-1)\text{，}$$

则拒绝 H_{0j}，认为 w_j 显著不为零。

4. 回归模型残差的自相关性诊断

在回归模型建立时，假定随机误差项是不相关的，即 $\mathrm{cov}(\varepsilon_i,\varepsilon_j)=0,i\neq j$。例如正确模型为 $y=b_0\exp(b_1x+\varepsilon)$，而误用模型 $y=b_0+b_1x+\varepsilon'$ 拟合，而此时残差就不是不相关的。模型建立后用 $e_t=y_t-\hat{y}_t$ 估计残差 $\varepsilon_t,t=1,2,\cdots,n$，然后根据残差可以诊断模型的适应性。

(1) 图示法

可以绘制 (e_t,e_{t-1}) 的散点图，然后根据数据分布来观测两者相关程度，如图 3.1 和图 3.2 所示。

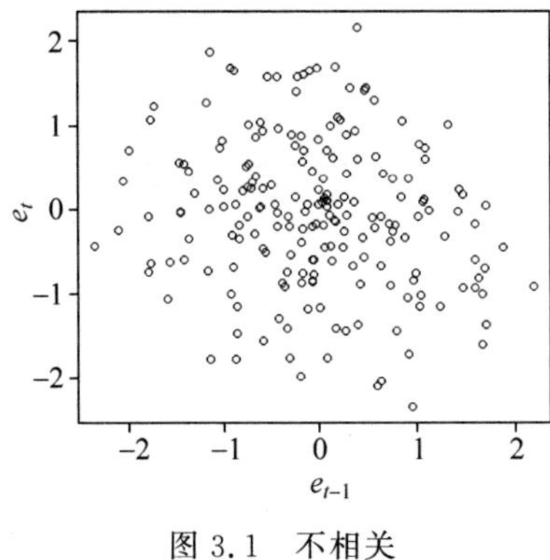

图 3.1　不相关

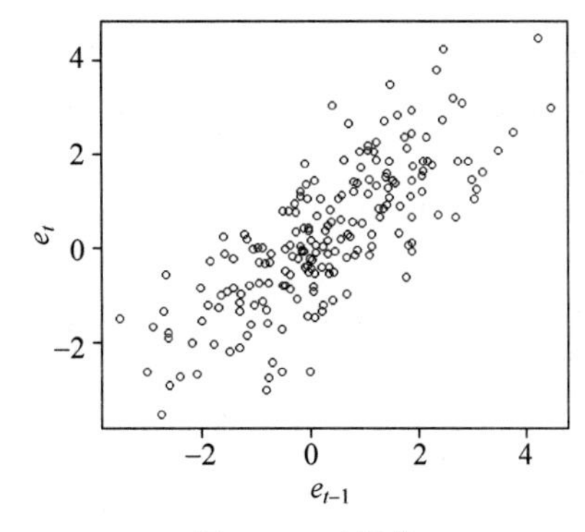

图 3.2　正相关

(2) 自相关系数法

定义残差的自相关系数：$\rho=\dfrac{\sum\limits_{t=2}^{n}e_te_{t-1}}{\sqrt{\sum\limits_{t=2}^{n}e_t^2}\sqrt{\sum\limits_{t=2}^{n}e_{t-1}^2}},-1\leqslant\rho\leqslant 1$，

当 ρ 接近 1 时，表明正相关，接近 −1 时，表明负相关。

(3) DW 检验(J. Durbin 和 G. S. Waston)

只能用于检验扰动项一阶自回归形式的序列相关问题。设随机扰动项的一阶自回归形式为：

$$e_t=\rho e_{t-1}+u_t$$

假设检验为：$H_0:\rho=0;H_1:\rho\neq 0$，定义 DW 统计量：

$$\mathrm{DW}=\frac{\sum\limits_{t=2}^{n}(e_t-e_{t-1})^2}{\sum\limits_{t=2}^{n}e_t^2}$$

将平方项展开，有 $DW=\frac{\sum_{t=2}^{n}e_t^2-2\sum_{t=2}^{n}e_te_{t-1}+\sum_{t=2}^{n}e_{t-1}^2}{\sum_{t=2}^{n}e_t^2}$，若认为 $\sum_{t=2}^{n}e_t^2$ 和 $\sum_{t=2}^{n}e_{t-1}^2$ 近似相等，则 $DW\approx 2\left[1-\frac{\sum_{t=2}^{n}e_te_{t-1}}{\sum_{t=2}^{n}e_t^2}\right]$，即 $DW\approx 2(1-\rho)$，ρ 和 DW 统计量的关系见表 3.1。

表 3.1 自相关系数和 DW 之间的关系

ρ	DW	自相关性
−1	4	完全负相关
(−1,0)	(2,4)	负相关
0	2	无自相关
(0,1)	(0,2)	正相关
1	0	完全正相关

可以查 DW 检验表判断是否具有自相关性：

① $0\leqslant DW\leqslant dl$，正相关；

② $dl<DW\leqslant du$，不能判断是否自相关；

③ $du<DW<4-du$，无自相关；

④ $4-du\leqslant DW<4-dl$，不能判断是否相关；

⑤ $4-dl\leqslant DW\leqslant 4$，负相关。

通常 DW 的值在 2 左右时，无须查表。

3.2 对数线性回归

线性模型虽然简单，却有丰富的变化。例如，对于样例 $(\boldsymbol{x},y)$，$y\in\mathbf{R}$，当希望线性模型(3.2)的预测值逼近真实值 y 时，就得到了线性回归模型。线性模型简写为

$$y=\boldsymbol{w}^{\mathrm{T}}\boldsymbol{x}+b$$

假设 $\boldsymbol{x}$ 对于对应的输出 y 是在指数尺度上变化，那就可将输出的对数作为线性模型逼近的目标，即

$$\ln y=\boldsymbol{w}^{\mathrm{T}}\boldsymbol{x}+b$$

这就是对数线性回归。

更一般地，考虑单调可微函数 $g(\cdot)$，令

$$y=g^{-1}(\boldsymbol{w}^{\mathrm{T}}\boldsymbol{x}+b)$$

这样得到的模型称为“广义线性模型”，其中函数 $g(\cdot)$ 称为联系函数。显然，对数线性回归是广义线性模型在 $g(\cdot)=\ln(\cdot)$ 时的特例。

3.3 逻辑斯蒂回归

前面讨论的是如何利用线性模型进行回归学习，若要做分类任务该怎么办？只需找一个单调可微函数将分类任务的真实值 y 与线性回归模型的预测值联系起来。考虑二分类任务，其输出值为 $y \in \{0,1\}$，而线性回归模型产生的预测值 $z=\boldsymbol{w}^{\mathrm{T}}\boldsymbol{x}+b$ 是实值，需要将实值转化为 0/1 值。最理想的是单位阶跃函数

$$y=\begin{cases}0, & z<0\\ 0.5, & z=0\\ 1, & z>0\end{cases}$$

但该函数不连续，因此不能直接作为联系函数。于是希望找到一个能够近似单位阶跃函数的替代函数，并希望它可微。对数几率函数(logistic function)满足这个条件：

$$y=\frac{1}{1+e^{-z}}$$

$$y=\frac{1}{1+e^{-(\boldsymbol{w}^{\mathrm{T}}\boldsymbol{x}+b)}}$$

于是

$$\ln\frac{y}{1-y}=\boldsymbol{w}^{\mathrm{T}}\boldsymbol{x}+b$$

若将 y 视为样本 $\boldsymbol{x}$ 作为正例的可能性，即 $P(y=1|\boldsymbol{x})=\dfrac{1}{1+e^{-(\boldsymbol{w}^{\mathrm{T}}\boldsymbol{x}+b)}}$，则 $1-y$ 是其反例的可能性，两者的比值为：

$$\frac{y}{1-y}$$

称为“几率”，反映了作为正例的相对可能性，对数几率为 $\ln\dfrac{y}{1-y}$。此时的回归模型称为对数几率回归，也称为逻辑斯蒂回归。

由于逻辑斯蒂回归本质上是非线性模型，所以一般采用最大似然估计。设 n 组观测值为：$(\boldsymbol{x}_i,y_i)$，$i=1,2,\cdots,n$，其中 $\boldsymbol{x}_i=(x_{i1},x_{i2},\cdots,x_{ip})^{\mathrm{T}}$，$i=1,2,\cdots,n$，$y_i$ 是 0-1 变量，令 $p_i=P(y_i=1|\boldsymbol{x}_i)$表示 $y_i=1$ 概率，则

$$p_i=\frac{1}{1+e^{-(w_0+w_1x_{i1}+\cdots+w_px_{ip})}}$$

所以因变量 y 的概率函数为：$P(y=y_i)=p_i^{y_i}(1-p_i)^{1-y_i}$，$i=1,2,\cdots,n$，于是样本 y_1，y_2，$\cdots$，y_n 的似然函数为：

$$L=\prod_{i=1}^{n}P(y=y_i)=\prod_{i=1}^{n}p_i^{y_i}(1-p_i)^{1-y_i}$$

对数似然函数为：

$$\ln L=\sum_{i=1}^{n}[y_i\ln p_i+(1-y_i)\ln(1-p_i)]=\sum_{i=1}^{n}\left[y_i\ln\left(\frac{p_i}{1-p_i}\right)+\ln(1-p_i)\right]$$

将 p_i 代入上式得

$$\ln L = \sum_{i=1}^{n}[y_i(w_0 + w_1 x_{i1} + \cdots + w_p x_{ip}) - \ln(1 + \exp(w_0 + w_1 x_{i1} + \cdots + w_p x_{ip}))]$$

通过求解对数似然函数的最大值可以解出参数$\hat{\boldsymbol{w}}$。

得到逻辑斯蒂回归模型的估计参数后，即可预测"$y_i = 1$"的条件概率：

$$\hat{p}_i = \frac{1}{1 + \mathrm{e}^{-\hat{\boldsymbol{w}}^{\mathrm{T}} \boldsymbol{x}_i}}$$

其中，$\hat{\boldsymbol{w}} = (\hat{w}_0, \hat{w}_1, \hat{w}_2, \cdots, \hat{w}_p)^{\mathrm{T}}$，$\boldsymbol{x}_i = (1, x_{i1}, x_{i2}, \cdots, x_{ip})^{\mathrm{T}}$ 为 $\boldsymbol{x}_i$ 的扩充向量。

二分类的逻辑斯蒂回归同样可以推广到多分类问题，从而得到多项逻辑回归。

3.4 多项逻辑回归

设响应变量 y 的取值为多类，即 $y \in \{1, 2, \cdots, K\}$。常见的处理方法是将逻辑回归推广到多项逻辑回归。设在 $\boldsymbol{x}_i$ 条件下，事件"$y_i = k$"的条件概率为

$$P(y_i = k \mid \boldsymbol{x}_i) = \frac{\exp(\boldsymbol{w}_k^{\mathrm{T}} \boldsymbol{x}_i)}{\sum_{l=1}^{K} \exp(\boldsymbol{w}_l^{\mathrm{T}} \boldsymbol{x}_i)}, \quad k = 1, 2, \cdots, K$$

其中，参数向量 $\boldsymbol{w}_k$ 是对应于第 k 类的回归系数。在上述条件概率方程中，如果将 $\boldsymbol{w}_k$ 变为 $\boldsymbol{w}_k + \boldsymbol{\alpha}$（$\boldsymbol{\alpha}$ 为常数向量）并不影响条件概率的结果，因此无法同时确定所有的系数 $\boldsymbol{w}_k$。通常将第一类作为"参照类别"，令其相应的系数 $\boldsymbol{w}_1 = \boldsymbol{0}$（$\boldsymbol{0}$ 表示零向量），此时条件概率可以写为

$$P(y_i = k \mid \boldsymbol{x}_i) = \begin{cases} \dfrac{1}{1 + \sum_{l=2}^{K} \exp(\boldsymbol{w}_l^{\mathrm{T}} \boldsymbol{x}_i)}, & k = 1 \\ \dfrac{\exp(\boldsymbol{w}_k^{\mathrm{T}} \boldsymbol{x}_i)}{1 + \sum_{l=2}^{K} \exp(\boldsymbol{w}_l^{\mathrm{T}} \boldsymbol{x}_i)}, & k = 2, 3, \cdots, K \end{cases}$$

显然，当 $K = 2$ 时，多项逻辑回归变为逻辑斯蒂回归：

$$P(y_i = k \mid \boldsymbol{x}_i) = \begin{cases} \dfrac{1}{1 + \exp(\boldsymbol{w}_2^{\mathrm{T}} \boldsymbol{x}_i)}, & k = 1 \\ \dfrac{\exp(\boldsymbol{w}_2^{\mathrm{T}} \boldsymbol{x}_i)}{1 + \exp(\boldsymbol{w}_2^{\mathrm{T}} \boldsymbol{x}_i)}, & k = 2 \end{cases}$$

与前面的逻辑斯蒂回归一致。

对于多项逻辑回归模型，仍然可以采用极大似然法进行参数估计。

3.5 岭回归

为了解决多重共线性，Hoerl 和 Kennard 提出了岭回归。前面介绍多元线性回归时，

若自变量间存在多重共线性，导致$(\boldsymbol{X}^{\mathrm{T}}\boldsymbol{X})^{-1}$变得很大，使得最小二乘估计量的方差也变得很大，从而估计不可靠。岭回归的解决方案是在$\boldsymbol{X}^{\mathrm{T}}\boldsymbol{X}$的主对角线上都加上一个常数$\lambda>0$(调节参数)，以缓解多重共线性，使得矩阵$(\boldsymbol{X}^{\mathrm{T}}\boldsymbol{X}+\lambda\boldsymbol{I})$变得“正常”。于是可得岭回归的估计量为：

$$\hat{\boldsymbol{w}}=(\boldsymbol{X}^{\mathrm{T}}\boldsymbol{X}+\lambda I)^{-1}\boldsymbol{X}^{\mathrm{T}}\boldsymbol{y}$$

岭回归虽然不再是无偏估计，但可达到均方误差最小化，牺牲了无偏性。岭回归的理论基础实际上是在目标函数中加入参数“惩罚项”的正则化方法：

$$E_{w}=(\boldsymbol{y}-\boldsymbol{X}\boldsymbol{w})^{\mathrm{T}}(\boldsymbol{y}-\boldsymbol{X}\boldsymbol{w})+\lambda\|\boldsymbol{w}\|_2^2$$

其中，$\|\boldsymbol{w}\|_2=\sqrt{w_0^2+w_1^2+\cdots+w_d^2}$，称为“$\mathrm{L}_2$-范数”。目标函数也可以写为：

$$E_{\boldsymbol{w}}=(\boldsymbol{y}-\boldsymbol{X}\boldsymbol{w})^{\mathrm{T}}(\boldsymbol{y}-\boldsymbol{X}\boldsymbol{w})+\lambda\boldsymbol{w}^{\mathrm{T}}\boldsymbol{w}$$

对损失函数求导并令其为零，得到：

$$\frac{\partial E_{\boldsymbol{w}}}{\partial \boldsymbol{w}}=-2\boldsymbol{X}^{\mathrm{T}}(\boldsymbol{y}-\boldsymbol{X}\boldsymbol{w})+2\lambda\boldsymbol{w}=0$$

经移项整理得：

$$(\boldsymbol{X}^{\mathrm{T}}\boldsymbol{X}+\lambda\boldsymbol{I})\boldsymbol{w}=\boldsymbol{X}^{\mathrm{T}}\boldsymbol{y}$$

于是得到岭回归估计量：

$$\hat{\boldsymbol{w}}_{\mathrm{ridge}}(\lambda)=(\boldsymbol{X}^{\mathrm{T}}\boldsymbol{X}+\lambda\boldsymbol{I})^{-1}\boldsymbol{X}^{\mathrm{T}}\boldsymbol{y}$$

岭回归的目标函数也可以等价地写为以下约束的极值问题：

$$\min_{\boldsymbol{w}}(\boldsymbol{y}-\boldsymbol{X}\boldsymbol{w})^{\mathrm{T}}(\boldsymbol{y}-\boldsymbol{X}\boldsymbol{w})$$

$$\text{s. t.}\ \|\boldsymbol{w}\|_2^2\leqslant t$$

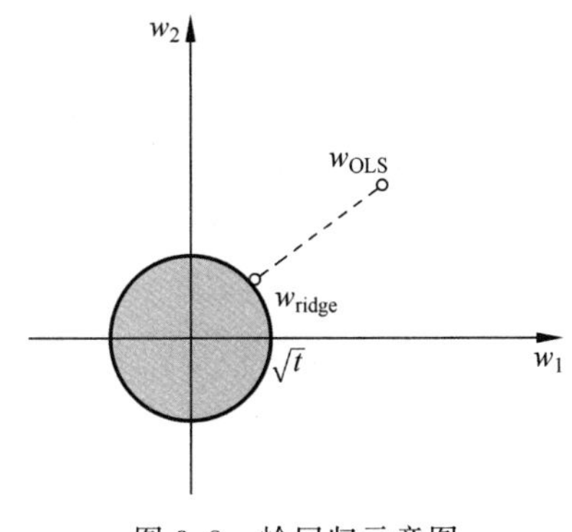

图 3.3　岭回归示意图

其中，$t\geqslant0$为某常数。对于此约束极值问题，可引入拉格朗日乘子函数，然后通过对函数求导令其为零得到同样的解。

$$L(\boldsymbol{w})=(\boldsymbol{y}-\boldsymbol{X}\boldsymbol{w})^{\mathrm{T}}(\boldsymbol{y}-\boldsymbol{X}\boldsymbol{w})+\lambda(\|\boldsymbol{w}\|_2^2-t)$$

$$\frac{\partial L(\boldsymbol{w})}{\partial \boldsymbol{w}}=-2\boldsymbol{X}^{\mathrm{T}}(\boldsymbol{y}-\boldsymbol{X}\boldsymbol{w})+2\lambda\boldsymbol{w}$$

$$=\boldsymbol{0}\Rightarrow\hat{\boldsymbol{w}}=(\boldsymbol{X}^{\mathrm{T}}\boldsymbol{X}+\lambda\boldsymbol{I})^{-1}\boldsymbol{X}^{\mathrm{T}}\boldsymbol{y}$$

根据约束在一个圆内，岭回归估计量更向原点收缩，如图 3.3 所示，其中点$\boldsymbol{w}_{\mathrm{OLS}}$为最小二乘解，$\boldsymbol{w}_{\mathrm{ridge}}$为岭回归解。

3.6　Lasso 回归

Lasso 方法最早由 Robert Tibshiran 提出，目前依然有着广泛的应用，由其发展出的方法层出不穷。

对于具有N对的数据集$\{(\boldsymbol{x}_i,y_i)\}_{i=1}^N$，其中，$\boldsymbol{x}_i=(x_{i1},x_{i2},\cdots,x_{ip})$是一个$p$维的特征向量(因变量)，$y_i\in\mathbf{R}$是相应的响应变量。考虑线性模型：

$$y_i = \beta_0 + \sum_{j=1}^{p} x_{ij}\beta_j + \varepsilon_i$$

Lasso 给出了下面优化问题的解：

$$\min_{\beta}\left\{\frac{1}{2N}\sum_{i=1}^{N}(y_i - \beta_0 - \sum_{j=1}^{p} x_{ij}\beta_j)^2\right\}$$

$$\text{s. t.} \quad \sum_{j=1}^{p} |\beta_j| \leqslant t$$

为方便起见，可用拉格朗日形式改写 Lasso 问题：

$$\min_{\boldsymbol{\beta}}\left\{\frac{1}{2N}\|\boldsymbol{y} - \boldsymbol{X}\boldsymbol{\beta}\|_2^2 + \lambda\|\boldsymbol{\beta}\|_1\right\}$$

其中，$\|\boldsymbol{\beta}\|_1 = \sum_{j=1}^{p}|\beta_j|$ 为$\boldsymbol{\beta}$ 的 L_1 范数，假设数据已经中心化，所以可以去掉截距项，$\boldsymbol{\beta} = (\beta_1, \cdots, \beta_p)^{\mathrm{T}}$，$\boldsymbol{y} = (y_1, \cdots, y_N)^{\mathrm{T}}$，

$$\boldsymbol{X} = \begin{bmatrix} x_{11} & x_{12} & \cdots & x_{1p} \\ x_{21} & x_{22} & \cdots & x_{2p} \\ \vdots & \vdots & & \vdots \\ x_{N1} & x_{N2} & \cdots & x_{Np} \end{bmatrix}$$

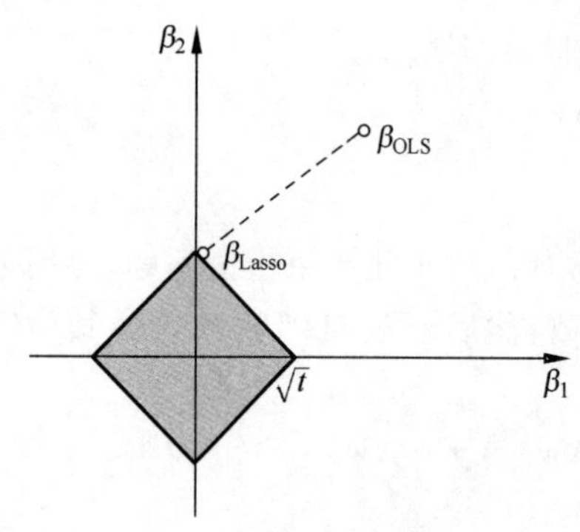

图 3.4 Lasso 回归示意图

由于 Lasso 回归的约束是绝对值的形式，如图 3.4 所示，因此回归的结果容易收缩到部分坐标轴，从而使得部分系数为零，可以稀疏化参数。Lasso 回归和岭回归都是惩罚回归，也称为弹性回归。

无论是岭回归，还是 Lasso 回归，其最优解都是调节参数 λ 的函数。变动调节参数 λ，可得到“解的路径”或者“系数路径”。如何选择最优参数 λ，常见的方法为 K 折交叉验证（Cross-Validation，简记 CV）。首先将全样本随机分为大致相等的 K 类，然后将其中的 $K-1$ 折作为训练集，其余 1 折作为测试集，并得到该折的均方误差。如此重复，可得到每一折的均方误差：

$$\mathrm{MSE}_k(\lambda) = \frac{1}{n_k}\sum_{i=1}^{n_k}[y_i - \hat{y}_i(\lambda)]^2, \quad k = 1, 2, \cdots, K$$

其中，n_k 是第 k 折的样本容量，y_i 为第 k 折测试样本中的第 i 个样本，$\hat{y}_i(\lambda)$为对应的预测值。将 K 折的均方误差进行平均，得到交叉验证误差（Cross-validation Error，简记 CV Error）：

$$\mathrm{CV}(\lambda) = \frac{1}{K}\sum_{k=1}^{K}\mathrm{MSE}_k(\lambda)$$

选择最优的参数 λ，使得 $\mathrm{CV}(\lambda)$ 最小。

3.7 模型的评估标准

3.7.1 分类模型的评估

1. 混淆矩阵

对于分类问题常用预测准确率来衡量模型的性能，设测试样本的实际值为 y_i，预测值为 $\hat{y}_i$，准确率如下计算：

$$准确率=\frac{\sum_{i=1}^{n} I(\hat{y}_i = y_i)}{n}$$

其中，$I(\cdot)$为示性函数，括号内的表达式为真，则取值为 1，否则取值为 0，n 为测试样本的容量。同样可以定义错误率：

$$错误率=\frac{\sum_{i=1}^{n} I(\hat{y}_i \neq y_i)}{n}$$

如果数据的类别不平衡，这时采用准确率和错误率进行评价就不合适了。例如，某种罕见病的发病率为 1%，导致两类样本高度不平衡。只要预测不发病，也能达到 99%的准确率(1%的错误率)。此时的准确率意义不大，我们更关注的是能否准确地预测那些发病的个体。通常称发病个体为“正例”(也称“阳性”)，不发病个体为“反例”(也称“阴性”)。将样本分成四类，用一个矩阵来表示，即混淆矩阵，如表 3.2 所示。

表 3.2 两类分类结果的混淆矩阵

		实际值	
		正例	反例
预测值	正例	TP(真阳性)	FP(假阳性)
	反例	FN(假阴性)	TN(真阴性)

根据混淆矩阵的信息，可以定义预测真阳性的比例，也称为灵敏度或者真阳率：

$$灵敏度(真阳率)=\frac{\mathrm{TP}}{\mathrm{TP}+\mathrm{FN}}$$

灵敏度也称为“查准率”，反映了在实际为正例的样本中正确预测的比例，灵敏度对上文罕见病的预测尤为重要。

同样可以定义特异度(也称真阴率)：

$$特异度(真阴率)=\frac{\mathrm{TN}}{\mathrm{FP}+\mathrm{TN}}$$

特异度是指在实际为反例的样本中正确预测的比例。

还可以定义假阳率和查全率(召回率)：

$$假阳率=\frac{\mathrm{FP}}{\mathrm{FP}+\mathrm{TN}}$$

表示实际为反例的样本中,错误预测为正例的比例。

$$查全率(召回率)=\frac{TP}{TP+FP}$$

查全率是预测为正例的样本中的预测正确比例。

2. ROC 曲线

在分类任务中,门槛值一般设定为 $\hat{p}=0.5$。在有些场合这种设定未必最优。例如,前面的疾病诊断中,将健康人误判为病人的成本比病人误判为健康人的成本要小很多。因为将病人判断为健康者,则会耽误病情,后果更为严重。实际中为了将病人筛查出来,一般要降低门槛值,如设定 $\hat{p}=0.2$,认为如果有 20%及以上的可能性就判定为病人。因此,在实际中应根据成本进行"门槛值"设定 $\hat{p}=c$。

显然,使用越低的门槛值,将预测更多的正例,而预测更少的反例。此时,在实际为正例的样本中,预测准确率将上升,即灵敏度上升。而实际为反例的样本中,预测准确率将下降,即特异度下降,而假阳率上升。因此,灵敏度和假阳率均为门槛值 $\hat{p}=c$ 的函数,以假阳率为横坐标,灵敏度(真阳率)为纵坐标,门槛值从 0 连续地变为 1,则可以得到一条曲线,即所谓接收器工作特征曲线(Receiver Operating Characteristic Curve,简记 ROC 曲线)。

当 $c=0$ 时,则"草木皆兵",将所有样例都预测为正例,设测试样本数为 m,其中正例数为 m_1,反例数为 m_2,此时有:

$$灵敏度(真阳率)=\frac{TP}{TP+FN}=\frac{m_1}{m_1+0}=1$$

$$假阳率=\frac{FP}{FP+TN}=\frac{m_2}{m_2+0}=1$$

此时,ROC 曲线位于坐标(1,1)。

当 $c=1$ 时,所有样例都被预测为反例,此时有:

$$灵敏度(真阳率)=\frac{TP}{TP+FN}=\frac{0}{0+FN}=0$$

$$假阳率=\frac{FP}{FP+TN}=\frac{0}{0+TN}=0$$

此时,ROC 曲线位于坐标(0,0)。这是一种"老好人"的做法,无法捕捉真正的正例。

当门槛值为 $0\leqslant c\leqslant 1$ 时,可以得到整条 ROC 曲线。由于纵轴为灵敏度(实际正例中的准确率),而横轴为假阳率(实际反例中的错误率),所以希望 ROC 曲线越靠近左上角越好。因此,衡量 ROC 曲线的优良程度可以使用 ROC 曲线下面积(Area Under the Curve,简记 AUC)来度量。

AUC 一般介于 0.5~1。若 AUC=1,则意味着对所有正例和反例都预测正确;若 ROC 曲线与点(0,0)~(1,1)的对角线重合,则 AUC=0.5,意味着模型的预测结果与随机猜测相仿。因此,AUC 越接近于 1,模型的预测效果越好。

3.7.2 回归模型的评估

1. 均方误差(Mean Squared Error,MSE)

$$\mathrm{MSE}=\frac{1}{n}\sum_{i=1}^{n}(\hat{y}_i-y_i)^2$$

2. 均方根误差(Root Mean Squared Error,RMSE)

$$\mathrm{RMSE}=\sqrt{\frac{1}{n}\sum_{i=1}^{n}(\hat{y}_i-y_i)^2}$$

3. 平均绝对误差(Mean Absolute Error,MAE)

$$\mathrm{MAE}=\frac{1}{n}\sum_{i=1}^{n}|\hat{y}_i-y_i|$$

4. $\mathbf{R}^2$

$$R^2=1-\frac{\sum_{i=1}^{n}(\hat{y}_i-y_i)^2}{\sum_{i=1}^{n}(\bar{y}-y_i)^2}$$

其中,分式部分的分子是训练出的模型预测的误差和,分母是随机猜测的误差和(取观测值的平均值作为预测值)。如果 $\mathbf{R}^2=0$,则 $\frac{\sum_{i=1}^{n}(\hat{y}_i-y_i)^2}{\sum_{i=1}^{n}(\bar{y}-y_i)^2}=1$,说明模型跟随机猜测差不多;如果 $R^2=1$,说明模型完美拟合。R^2 越接近1,回归拟合效果越好,一般认为超过0.8的模型拟合优度比较高。

需要注意的是,过高的 $\mathbf{R}^2$ 有时可能意味着在训练样本内过度拟合,反而导致其样本外预测能力的下降,也就是泛化能力下降。

3.8 R语言实现

3.8.1 线性回归

为了便于说明,这里采用一个构造数据进行回归估计。

```
> x = seq(0,5,0.3)
> n = length(x)
> set.seed(123)
> y = 0.5 + 0.7 * x + rnorm(n,mean = 0,sd = 0.1)     # 产生一元线性数据,并加入噪声.
> reg1 = lm(y~x + 1)                                  # lm 是最小二乘回归函数.
> reg1                                                # 回归结果显示.
```

```
Call:
lm(formula = y ~ x + 1)
Coefficients:
(Intercept)          x
     0.5083     0.7077
```

回归方程的估计结果为：$\hat{y}=0.5083+0.7077x$，其中参数估计的结果比较接近真实值。

```
> summary(reg1)                                    # 回归检验结果显示.
Call:
lm(formula = y ~ x + 1)
Residuals:
    Min          1Q        Median        3Q          Max
-0.151072  -0.064373  -0.004677  0.023846  0.151581
Coefficients:
              Estimate Std. Error t value Pr(>|t|)
(Intercept)  0.50833    0.04213    12.06 4.01e-09 ***
x            0.70773    0.01497    47.27  < 2e-16 ***
---
Signif. codes:  0 '***' 0.001 '**' 0.01 '*' 0.05 '.' 0.1 ' ' 1
Residual standard error: 0.09072 on 15 degrees of freedom
Multiple R-squared:  0.9933,    Adjusted R-squared:  0.9929
F-statistic:  2235 on 1 and 15 DF,  p-value: < 2.2e-16
```

其中，回归方程的显著性检验和各个参数的显著性检验的 p 值均小于0.05，通过检验。也可以应用car包进行残差的DW检验。

```
> install.packages("car")
> library(car)
> durbinWatsonTest(reg1)
  lag  Autocorrelation   D-W Statistic   p-value
   1    0.004571407        1.957138       0.654
Alternative hypothesis: rho != 0
```

检验结果DW=1.957138，接近2，p 值远远大于0.05，因此接受原假设，即序列间不存在自相关性。

模型检验都通过后就可以进行预测了。若给定 $x_0=3.75$，直接代入回归方程中得预测值为：$\hat{y}_0=3.162326$。也可以采用下面的函数进行预测，便于预测多个数据。

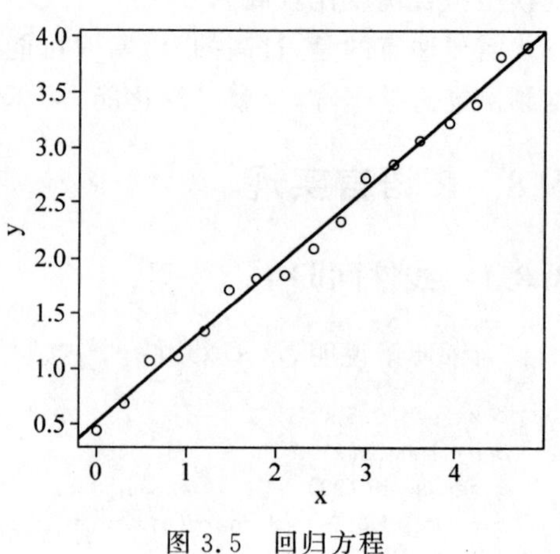

图3.5　回归方程

```
> new = data.frame(x = 3.75)   # 即使是一个
#点，也要写成数据框的形式.
> pred = predict ( reg1, new, interval = "
prediction",level = 0.95)
> pred
       fit       lwr       upr
1 3.162326 2.958744 3.365907
> x0 = data.frame(x)            #采用训练样本
#进行拟合预测，转换成数据框格式.
> regp = predict ( reg1, x0, interval = "
```

```
prediction",level = 0.95)
> plot(x,y)
> abline(reg1)                                # 回归方程见图 3.5 中的直线.
```

3.8.2 逻辑斯蒂回归

例 3.1 表 3.3 给出了某城市 48 个家庭的调查数据,其中 y 是因变量(是否购买住房,1 表示有,代表正例,0 表示没有,代表反例),x_1 是家庭年收入,x_2 是家庭中是否有孩子(1 表示有,0 表示没有)。根据这个数据集建立逻辑斯蒂回归模型。

表 3.3 调查数据(数据来源于文献[8])

x_1	x_2	y	x_1	x_2	y	x_1	x_2	y
20	1	1	25	0	1	12	1	0
30	1	1	12	0	0	35	0	1
10	0	0	30	1	1	9	1	0
22	0	1	15	0	1	38	1	1
8	0	0	47	1	1	10	1	0
30	1	1	22	0	1	22	0	1
16	0	0	9	0	0	24	0	1
26	0	1	26	0	1	9	0	0
42	1	1	28	1	1	15	1	0
36	0	1	31	0	1	28	1	1
7	0	0	8	0	0	30	0	1
54	1	1	19	1	0	6	0	0
60	0	1	66	1	1	23	0	0
21	1	1	25	0	1	26	1	1
18	0	1	16	1	1	10	0	0
50	1	1	33	1	1	36	1	1

```
> d31 = read.csv("eg31.csv",head = T)    # 数据调入变量 d31 中,设数据存于文件 eg31.csv 中,且文件存于 R 默认目录中.
> glm.logit = glm(y~x1 + x2,family = binomial(link = logit),data = d31)    # (link = logit)是默认值,表示连接函数是逻辑斯蒂函数,可以省略.
> summary(glm.logit)         # 查看模型结果.
Call:
glm(formula = y ~ x1 + x2, family = binomial(link = logit), data = d31)
Deviance Residuals:
    Min        1Q     Median       3Q       Max
-2.30297  -0.19832  0.02283  0.20251  1.59258
Coefficients:
            Estimate Std. Error z value Pr(>|z|)
(Intercept) -7.53115    2.56352  -2.938  0.00331 **
x1           0.43956    0.13864   3.170  0.00152 **
x2          -0.08103    1.24747  -0.065  0.94821
---
Signif. codes:  0 '***' 0.001 '**' 0.01 '*' 0.05 '.' 0.1 ' ' 1
(Dispersion parameter for binomial family taken to be 1)
    Null deviance: 61.105  on 47  degrees of freedom
```

```
Residual deviance: 17.643  on 45  degrees of freedom
AIC: 23.643
Number of Fisher Scoring iterations: 8
```

结果显示，x_1 对应的 p 值(0.00152)较小，通过检验；x_2 对应的 p 值(0.94821)较大，即 x_2 不显著。于是可以剔除变量 x_2，只用 x_1 进行回归。

```
> glm.logit = glm(y~x1,family = binomial(link = logit),data = d31)
> summary(glm.logit)
Call:
glm(formula = y ~ x1, family = binomial(link = logit), data = d31)
Deviance Residuals:
     Min        1Q      Median      3Q        Max
 - 2.28859  - 0.19703  0.02276  0.20400  1.60887
Coefficients:
              Estimate Std. Error z value Pr(>|z|)
(Intercept)  - 7.5682     2.5101   - 3.015  0.00257 **
x1              0.4396     0.1387    3.169  0.00153 **
---
Signif. codes:  0 '***' 0.001 '**' 0.01 '*' 0.05 '.' 0.1 ' ' 1
(Dispersion parameter for binomial family taken to be 1)
    Null deviance: 61.105  on 47  degrees of freedom
Residual deviance: 17.647  on 46  degrees of freedom
AIC: 21.647
Number of Fisher Scoring iterations: 8
```

各项检验都通过，可以用 coef()函数提取参数估计结果。

```
> coef(glm.logit)              # 显示参数估计结果.
(Intercept)          x1
- 7.5682478   0.4396254
```

于是回归模型为：$\hat{p}=\frac{1}{1+e^{-(-7.568+0.4396x_1)}}$。下面用训练样本进行测试。

```
> test = d31[, - 2]                # 去掉第二列样本.
> prob_test = predict(glm.logit,type = "response",newdata = test)  # 预测结果以条件概率形式表示.
> preb_test = ifelse(prob_test > 0.5,1,0)  # 根据预测结果的概率值是否大于 0.5 将其转化类别.
> table = table(Predicted = preb_test,Actual = d31[,3])  # 计算混淆矩阵.
> table
         Actual
Predicted  0  1
        0 14  2
        1  2 30
>(accuray = (table[1,1] + table[2,2])/sum(table))     # 计算准确率.
[1] 0.9166667
>(error_rate = (table[2,1] + table[1,2])/sum(table))  # 计算错误率.
[1] 0.08333333
>(sensitivity = table[2,2]/(table[1,2] + table[2,2])) # 计算灵敏度.
[1] 0.9375
>(specificity = table[1,1]/(table[1,1] + table[2,1])) # 计算特异度.
[1] 0.875
```

```
>(recall = table[2,2]/(table[2,1] + table[2,2]))      # 计算召回率.
[1] 0.9375
> library(ROCR)  # 加载扩展包 ROCR 画 ROC 曲线图.
> pred_object = prediction(prob_test,test[,2])  # 函数 prediction()用于建立"预测对象".
> perf = performance(pred_object,measure = "tpr",x.measure = "fpr")  # 函数 performance()用来建立一个"性能对象",其参数"measure = tpr"表示 y 轴为"真阳率"(true positive rate),即灵敏度;参数"x.measure = fpr"表示 x 轴为"假阳率"(false positive rate),即 1 - 特异度.
> plot(perf,main = "ROC Curve(Test)", lwd = 2, col = "blue", xlab = "1 - specificity", ylab = "sensitivity")
> abline(0,1)                                       # 加 45°对角线.
> auc_test = performance(pred_object,measure = "auc")
> auc_test@y.values  # 此处根据 S 语言编写,需要用符号@提取列表成分.
[1] 0.9746094
```

ROC 曲线见图 3.6,AUC=0.9746094。如果要预测年收入 x_1=25 万的家庭购买住房的可能性,采用如下命令:

```
> predict(glm.logit,data.frame(x1 = 20),type = "response")
        1
0.7728122
```

结果是购买住房的概率为 0.77。

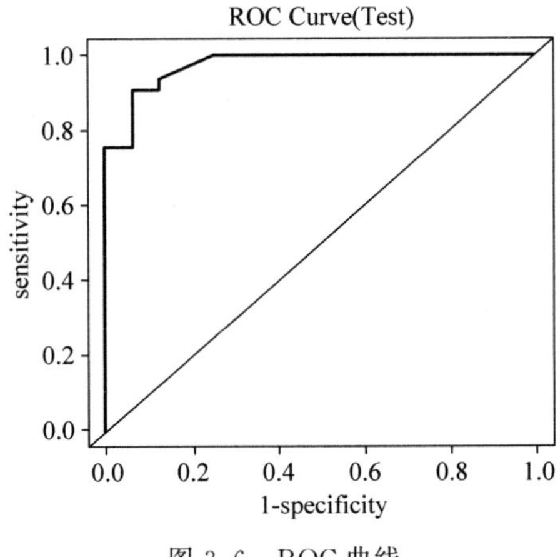

图 3.6　ROC 曲线

3.8.3　岭回归

```
> install.packages("glmnet")
> library(glmnet)                              # 加载包.
> library(MASS)                                # 加载包.
> mu = c(1,2,3)                                # 均值向量.
> sigma = matrix(c(3,2,1,2,2,2,1,2,4),3,3)     # 协方差矩阵.
> set.seed(1)
> mydata = mvrnorm(n = 1000,mu,sigma)          # 产生 1000 个 3 维正态分布数据.
> x1 = mydata[,1]
> x2 = mydata[,2]
> x3 = mydata[,3]
> x4 = 0.2 * x1 + 0.3 * x2 + 0.4 * x3
> y = 0.9 + 0.3 * x1 + 0.5 * x2 + 0.6 * x3 + 0.8 * x4 # 构造自变量具有线性关系的回归数据.
```

```
> x = data.frame(x1,x2,x3,x4)
> x = as.matrix(x)                              # 将数据格式转换成矩阵形式.
> y = matrix(y)
> fit1 = glmnet(x,y,alpha = 0)                  # 参数 alpha = 0 表示岭回归.
> plot(fit1,xvar = "lambda",label = TRUE)
```

其中,参数“xvar="lambda"”表示画图是以 $\log(\lambda)$ 为横轴变量,结果显示见图 3.7,回归系数向原点收缩,但并不使任何回归系数严格等于零。

```
> set.seed(1)
> cv.fit1 = cv.glmnet(x,y,alpha = 0)            # 默认进行 10 折交叉验证的岭回归.
> plot(cvfit)          # 画交叉验证误差图,如图 3.8 所示.垂直虚线处为误差最小参数取值.
> cv.fit1 $ lambda.min
[1] 0.3282769
```

表明 $\hat{\lambda}=0.3282769$ 可使 $\mathrm{CV}(\lambda)$ 最小化。

```
> coef(cv.fit1,s = "lambda.min")                # 提取交叉验证误差最小的系数.
5 x 1 sparse Matrix of class "dgCMatrix"
                    s1
(Intercept)   1.0494048
x1             0.2681002
x2             0.5699599
x3             0.5453344
x4             0.7544752
```

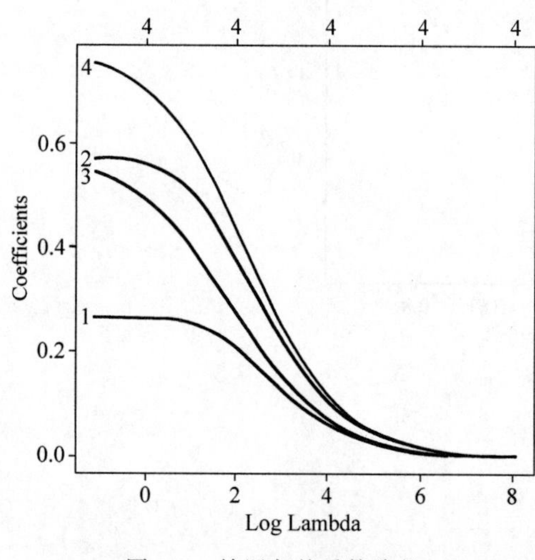

图 3.7 岭回归的系数路径

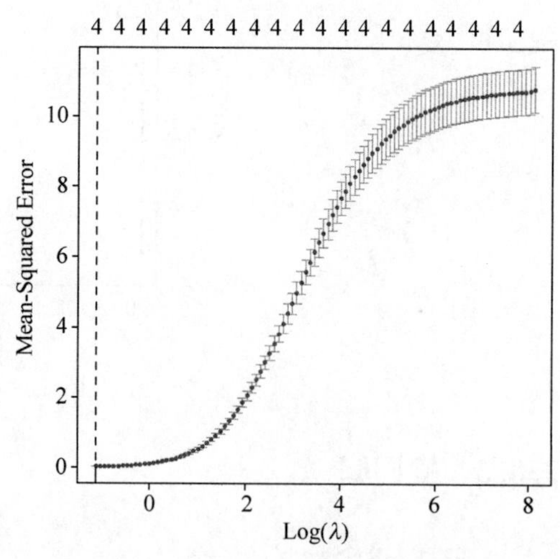

图 3.8 岭回归的交叉验证误差

下面采用普通最小二乘法对上面数据进行实验。

```
> reg = lm(y~1 + x1 + x2 + x3 + x4)
> summary(reg)
Call:
lm(formula = y ~ 1 + x1 + x2 + x3 + x4)
Residuals:
     Min          1Q          Median       3Q          Max
-2.330e-14  -4.020e-16  -5.700e-17  2.800e-16   9.437e-14
```

```
Coefficients: (1 not defined because of singularities)
             Estimate Std. Error  t value Pr(>|t|)
(Intercept) 9.000e-01  1.914e-16 4.701e+15  <2e-16 ***
x1          4.600e-01  1.364e-16 3.372e+15  <2e-16 ***
x2          7.400e-01  2.256e-16 3.280e+15  <2e-16 ***
x3          9.200e-01  9.816e-17 9.373e+15  <2e-16 ***
x4                 NA         NA        NA      NA
---
Signif. codes:  0 '***' 0.001 '**' 0.01 '*' 0.05 '.' 0.1 ' ' 1
Residual standard error: 3.142e-15 on 996 degrees of freedom
Multiple R-squared:      1,    Adjusted R-squared:      1
F-statistic: 3.638e+32 on 3 and 996 DF,  p-value: < 2.2e-16
```

结果显示参数 x_4 的系数估计不可靠，因此该例不能用最小二乘法求解。

3.8.4 Lasso 回归

```
> fit2 = glmnet(x,y,alpha = 1)                   #alpha = 1 表示 Lasso 回归.
> plot(fit2,xvar = "lambda",label = TRUE)
> set.seed(1)
> cvfit2 = cv.glmnet(x,y,alpha = 1)
> plot(cvfit2)                                   #画交叉验证误差图，见图 3.9.
> cvfit2$lambda.min
[1] 0.09569447
> coef(cvfit2,s = "lambda.min")
5 x 1 sparse Matrix of class "dgCMatrix"
                    s1
(Intercept) 1.03804919
x1          .
x2          0.02148913
x3          .
x4          2.25994310
```

其中，$\hat{\lambda}=0.09569447$ 时达到交叉验证误差最小，且 x_1 和 x_3 的回归系数收缩到零。

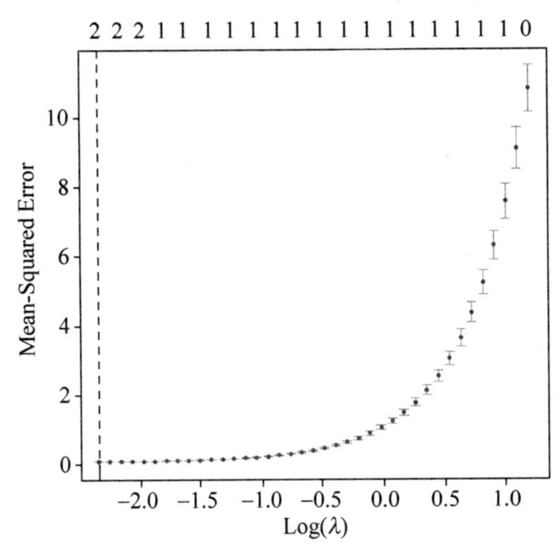

图 3.9 Lasso 回归的交叉验证误差

下面将数据集分成训练样本和测试样本进行实验。

```
> set.seed(1)
> train = sample(1000,700)
> cvfit = cv.glmnet(x[train, ],y[train],alpha = 1)
> bestlam = cvfit $ lambda.min                                  #提取最优参数值.
> bestlam
[1] 0.09649852
> fit = glmnet(x[train, ],y[train],alpha = 1)
> pred_train = predict(fit,newx = x[train, ],s = bestlam)
> mean((pred_train - y[train])^2)                               #训练样本均方误差.
[1] 0.009484982
> pred_test = predict(fit,newx = x[ - train, ],s = bestlam) #用最优参数值进行预测.
> mean((pred_test - y[ - train])^2)                             #测试样本均方误差.
[1] 0.008832789
```

第 4 章

判别分析

判别分析是用于判断样品所属类型的一种统计分析方法，常用有距离判别法、贝叶斯判别法和 Fisher 判别法等。

4.1 距离判别法

根据计算待判样本到各类中心距离，判定距离最近的为该样本类别。

4.1.1 常用距离

设两点 $\boldsymbol{x}=(x_1,x_2,\cdots,x_p)^{\mathrm{T}}$ 和 $\boldsymbol{y}=(y_1,y_2,\cdots,y_p)^{\mathrm{T}}$，则常用的距离有以下几种：

(1) 欧氏距离

$$d(\boldsymbol{x},\boldsymbol{y})=\sqrt{\sum_{i=1}^{p}(x_i-y_i)^2}=\|\boldsymbol{x}-\boldsymbol{y}\|_2$$

欧氏距离是最常用的距离，但在研究多元数据分析时，存在不足之处。

① 没有考虑总体的分布。

设两类数据：第一类 G_1 总体服从 $X\sim N(2,4)$，第二类 G_2 总体服从 $Y\sim N(5,0.25)$，给定 $x_0=4$，根据欧氏距离判定 x_0 属于哪类？这里涉及点到类的距离求法，通常采用点到类中心的距离作为点到该类的距离，这里求 x_0 分别到 2 和 5 的欧氏距离，分别为：

$$d(x_0,G_1)=\sqrt{(4-2)^2}=2 \quad 和 \quad d(x_0,G_2)=\sqrt{(4-5)^2}=1$$

根据近距离原则，则判断 x_0 属于 G_2 类。

考虑到两类总体的分布，见图 4.1，可以计算：

$$P(X\geqslant 4)=1-P(X<4)=1-P\left(\frac{X-2}{2}<\frac{4-2}{2}\right)=1-\Phi(1)=0.1587,$$

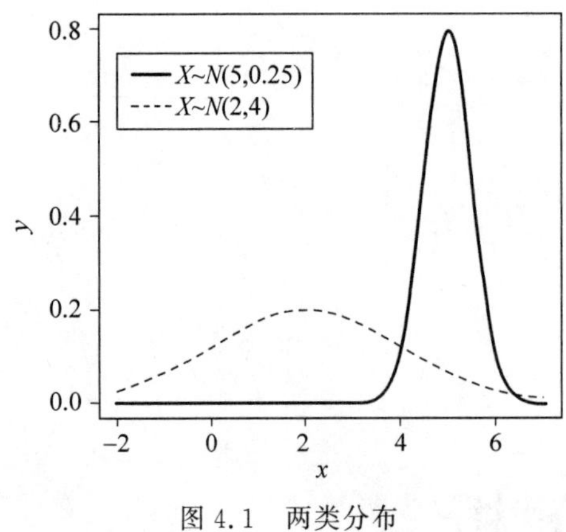

图 4.1 两类分布

$$P(Y \leqslant 4)=P\left(\frac{Y-5}{0.5}<\frac{4-5}{0.5}\right)$$
$$=1-\Phi(2)=0.0228,$$

其中,$\Phi(x)$是标准正态分布的分布函数。从计算的概率结果可以看出 G_1 产生 x_0 的可能性更大,因此将其判断为来自 G_1 类更合理。

② 欧氏距离容易受量纲的影响。

例如有度量重量和长度的两个变量 x 和 y,以单位 kg 和 cm 得到样本:

$A(0,5)$,$B(10,0)$,$C(1,0)$,$D(0,10)$,则根据欧氏距离求得:$AB=\sqrt{125}$,$CD=\sqrt{101}$。若将长度单位变为 mm,则 $AB=\sqrt{2600}$,$CD=\sqrt{10001}$。不同量纲对欧氏距离的计算有影响。

(2) 绝对距离

$$d(\boldsymbol{x},\boldsymbol{y})=\sum_{i=1}^{p}|x_i-y_i|$$

(3) 切比雪夫距离

$$d(\boldsymbol{x},\boldsymbol{y})=\max_{1\leqslant i\leqslant p}|x_i-y_i|$$

(4) 马氏距离

定义 4.1:设 $\boldsymbol{x}$ 和 $\boldsymbol{y}$ 是来自均值向量为 $\boldsymbol{\mu}$,协方差阵为 $\boldsymbol{\Sigma}$ 的总体 G 中的两个 p 维样本,则两点之间的马氏距离定义为:

$$D^2(\boldsymbol{x},\boldsymbol{y})=(\boldsymbol{x}-\boldsymbol{y})^{\mathrm{T}}\boldsymbol{\Sigma}^{-1}(\boldsymbol{x}-\boldsymbol{y})$$

定义 4.2:点 $\boldsymbol{x}$ 到均值为 $\boldsymbol{\mu}$,协方差阵为 $\boldsymbol{\Sigma}$ 的总体 G 的马氏距离为:

$$D^2(\boldsymbol{x},G)=(\boldsymbol{x}-\boldsymbol{\mu})^{\mathrm{T}}\boldsymbol{\Sigma}^{-1}(\boldsymbol{x}-\boldsymbol{\mu})$$

当 $p=1$ 时,$D^2(x,G)=\dfrac{(x-\mu)^2}{\sigma^2}$。

如果采用马氏距离计算①中点 x_0 到两类的距离分别为:

$$D^2(x_0,G_1)=\frac{(4-2)^2}{4}=1 \quad 和 \quad D^2(x_0,G_2)=\frac{(4-5)^2}{0.25}=4,$$

因此判断 x_0 来自 G_1 类。

4.1.2 判别方法

设有 k 个 p 元总体:$G_1,G_2,\cdots,G_k(k\geqslant 2)$,它们的均值向量和协方差阵分别为:$\boldsymbol{\mu}_i$,$\boldsymbol{\Sigma}_i$,$i=1,2,\cdots,k$,对于任意给定的 p 元样品 $\boldsymbol{x}=(x_1,x_2,\cdots,x_p)^{\mathrm{T}}$,判别它来自哪个总体。

计算 $\boldsymbol{x}$ 分别到 k 个总体的马氏距离:$d_i^2(\boldsymbol{x})=(\boldsymbol{x}-\boldsymbol{\mu}_i)^{\mathrm{T}}\boldsymbol{\Sigma}_i^{-1}(\boldsymbol{x}-\boldsymbol{\mu}_i)$,$i=1,2,\cdots,k$,若

$$d_l^2(\boldsymbol{x}) = \min_{i=1,2,\cdots,k} \{d_i^2(\boldsymbol{x})\}$$

则 $\boldsymbol{x} \in G_l$。

实际中总体均值和协方差矩阵一般是未知的，可由样本均值和样本协方差阵进行估计。

4.2 贝叶斯判别法

4.2.1 贝叶斯公式

设输入是 d 维随机向量 $\boldsymbol{X}=(X^{(1)},X^{(2)},\cdots,X^{(d)})^{\mathrm{T}}$，输出是随机变量 Y，Y 的类标记集合为 $C=\{c_1,c_2,\cdots,c_K\}$，因此 Y 是一个离散型随机变量，而 $\boldsymbol{X}$ 可以是离散型随机变量，也可以是连续型随机变量，设 $F(\boldsymbol{x},y)$ 是 $\boldsymbol{X}$ 和 Y 的联合分布函数，当 $\boldsymbol{X}$ 是离散型随机变量时，可以考虑其联合概率分布，记为 $P(\boldsymbol{X},Y)$；当 $\boldsymbol{X}$ 是连续型随机变量时，可以考虑联合密度函数，记为 $f(\boldsymbol{x},y)$。贝叶斯公式为：

$$P(c_i \mid \boldsymbol{x}) = \frac{P(c_i)P(\boldsymbol{x} \mid c_i)}{P(\boldsymbol{x})} = \frac{P(c_i)P(\boldsymbol{x} \mid c_i)}{\sum_{j=1}^{k} P(\boldsymbol{x} \mid c_j)P(c_j)}, \quad i=1,2,\cdots,K \tag{4.1}$$

其中，$P(c_i)$ 称为先验概率，$P(\boldsymbol{x}|c_i)$ 称为类条件概率，$P(c_i|\boldsymbol{x})$ 称为后验概率。当 $\boldsymbol{X}$ 为离散型随机变量时，$P(\boldsymbol{x}|c_i)$ 可以看作概率分布；当 $\boldsymbol{X}$ 为连续型随机变量时，可以看作密度函数，可以用 $p(\boldsymbol{x}|c_i)$ 来表示。

为了和离散场合下的贝叶斯公式对比，这里给出常见的离散场合贝叶斯公式。

若事件 $B_1,B_2,\cdots,B_n$ 是样本空间 Ω 的一个划分，且 $P(B_i)>0$，$i=1,2,\cdots,n$，则对于任意事件 A 有

$$P(A) = \sum_{i=1}^{n} P(AB_i) = \sum_{i=1}^{n} P(B_i)P(A \mid B_i) \qquad \text{(全概率公式)}$$

$$P(B_i \mid A) = \frac{P(AB_i)}{P(A)} = \frac{P(B_i)P(A \mid B_i)}{\sum_{j=1}^{n} P(B_j)P(A \mid B_j)}, \quad i=1,2,\cdots,n \qquad \text{(贝叶斯公式)}$$

应用中的难点在于先验概率和类条件概率的确定。

4.2.2 基于最小错误率的贝叶斯决策

根据公式(4.1)的最大后验概率判别法有：

$$P(c_i \mid \boldsymbol{x}) = \max_j P(c_j \mid \boldsymbol{x})，则\ \boldsymbol{x} \in c_i$$

由于公式(4.1)的分母相同，所以只考虑分子即可。

$$P(c_i)P(\boldsymbol{x} \mid c_i) = \max_j P(\boldsymbol{x} \mid c_j)P(c_j)，则\ \boldsymbol{x} \in c_i$$

下面在一维连续型随机变量场合下证明贝叶斯决策所犯的错误率最小，如图 4.2 所示。

$$P(e) = P(X \in R_2, c_1) + P(X \in R_1, c_2)$$

$$=P(X \in R_2 \mid c_1)P(c_1)+P(X \in R_1 \mid c_2)P(c_2)$$
$$=\int_{R_2} p(x \mid c_1)P(c_1)\mathrm{d}x+\int_{R_1} p(x \mid c_2)P(c_2)\mathrm{d}x$$

图 4.2 中的阴影部分为犯错误的概率，如果改变 x_0 的分界点位置，都会增加错误率。

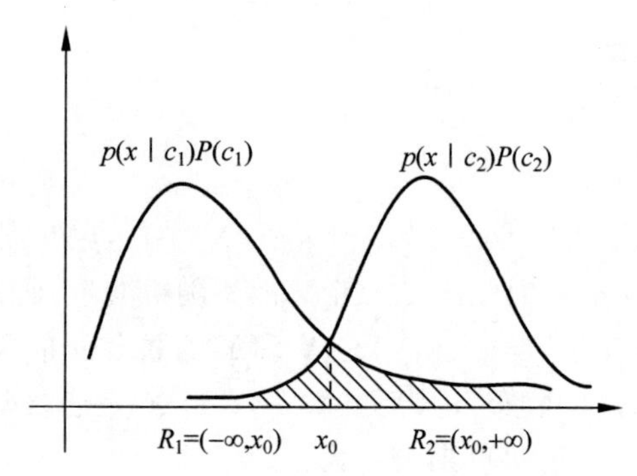

图 4.2　最小错误率的贝叶斯决策

4.2.3　朴素贝叶斯法的学习与分类

1. 基本方法

设训练数据集

$$T=\{(\boldsymbol{x}_1,y_1),(\boldsymbol{x}_2,y_2),\cdots,(\boldsymbol{x}_n,y_n)\}$$

由 $F(\boldsymbol{x},y)$独立同分布产生。下面以离散型情况讨论，设先验概率分布为：

$$P(c_k)=P(Y=c_k),\quad k=1,2,\cdots,K$$

类条件概率分布为：

$$P(\boldsymbol{X}=\boldsymbol{x} \mid Y=c_k)=P(X^{(1)}=x^{(1)},\cdots,X^{(d)}=x^{(d)} \mid Y=c_k),\quad k=1,2,\cdots,K$$

朴素贝叶斯法对条件概率分布做了条件独立性的假设，由于这是一个较强的假设，朴素贝叶斯法也由此得名。具体地，条件独立性假设是：

$$\begin{aligned}P(\boldsymbol{X}=\boldsymbol{x} \mid Y=c_k)&=P(X^{(1)}=x^{(1)},\cdots,X^{(d)}=x^{(d)} \mid Y=c_k)\\&=\prod_{j=1}^{d} P(X^{(j)}=x^{(j)} \mid Y=c_k)\end{aligned}$$

此时的贝叶斯公式为：

$$\begin{aligned}P(Y=c_k \mid \boldsymbol{X}=\boldsymbol{x})&=\frac{P(\boldsymbol{X}=\boldsymbol{x} \mid Y=c_k)P(Y=c_k)}{\sum_{k=1}^{K} P(\boldsymbol{X}=\boldsymbol{x} \mid Y=c_k)P(Y=c_k)}\\&=\frac{\prod_{j=1}^{d} P(X^{(j)}=x^{(j)} \mid Y=c_k)P(Y=c_k)}{\sum_{k=1}^{K} P(Y=c_k)\prod_{j=1}^{d} P(X^{(j)}=x^{(j)} \mid Y=c_k)}\end{aligned}$$

2. 离散场合下朴素贝叶斯方法的参数估计

在朴素贝叶斯法中，学习意味着估计 $P(Y=c_k)$ 和 $P(X^{(j)}=x^{(j)}|Y=c_k)$。可以应用极大似然估计法估计相应的概率。先验概率 $P(Y=c_k)$ 的极大似然估计是：

$$P(Y=c_k)=\frac{\sum_{i=1}^{n} I(y_i=c_k)}{n},\quad k=1,2,\cdots,K$$

设第 j 个特征 $x^{(j)}$ 可能取值的集合为 $\{a_{j1},a_{j2},\cdots,a_{jS_j}\}$，$j=1,2,\cdots,d$，则条件概率的极大似然估计为：

$$P(X^{(j)}=a_{jl}\mid Y=c_k)=\frac{\sum_{i=1}^{n} I(x_i^{(j)}=a_{jl},y_i=c_k)}{\sum_{i=1}^{n} I(y_i=c_k)}$$

其中，$j=1,2,\cdots,d$；$l=1,2,\cdots,S_j$；$k=1,2,\cdots,K$，$x_i^{(j)}$ 是第 i 个样本的第 j 个特征；a_{jl} 是第 j 个特征可能取值的第 l 个值。

例 4.1 试由表 4.1 的训练数据学习一个朴素贝叶斯分类器，并确定 $\boldsymbol{x}=(2,S)^{\mathrm{T}}$ 的类别标记 y。

表 4.1 训练数据(取自文献[10])

	1	2	3	4	5	6	7	8	9	10	11	12	13	14	15
$X^{(1)}$	1	1	1	1	1	2	2	2	2	2	3	3	3	3	3
$X^{(2)}$	S	M	M	S	S	S	M	M	L	L	L	M	M	L	L
Y	−1	−1	1	1	−1	−1	−1	1	1	1	1	1	1	1	−1

表中 $X^{(1)}$，$X^{(2)}$ 为特征，取值的集合分别为 $A_1=\{1,2,3\}$，$A_2=\{S,M,L\}$，Y 为类别标记，$Y\in C=\{1,-1\}$。

解：计算先验概率和类条件概率：

$$P(Y=1)=\frac{9}{15},P(Y=-1)=\frac{6}{15}$$

$$P(X^{(1)}=1\mid Y=1)=\frac{2}{9},P(X^{(1)}=2\mid Y=1)=\frac{3}{9},P(X^{(1)}=3\mid Y=1)=\frac{4}{9}$$

$$P(X^{(2)}=S\mid Y=1)=\frac{1}{9},P(X^{(2)}=M\mid Y=1)=\frac{4}{9},P(X^{(2)}=L\mid Y=1)=\frac{4}{9}$$

$$P(X^{(1)}=1\mid Y=-1)=\frac{3}{6},P(X^{(1)}=2\mid Y=-1)=\frac{2}{6},P(X^{(1)}=3\mid Y=-1)=\frac{1}{6}$$

$$P(X^{(2)}=S\mid Y=-1)=\frac{3}{6},P(X^{(2)}=M\mid Y=-1)=\frac{2}{6},P(X^{(2)}=L\mid Y=-1)=\frac{1}{6}$$

对于给定的 $\boldsymbol{x}=(2,S)^{\mathrm{T}}$ 计算：

$$\begin{aligned}P(Y=1\mid \boldsymbol{x})&=P(Y=1)P(X^{(1)}=2\mid Y=1)P(X^{(2)}=S\mid Y=1)/P(\boldsymbol{X}=\boldsymbol{x})\\&=P(Y=1)P(X^{(1)}=2\mid Y=1)P(X^{(2)}=S\mid Y=1)=\frac{9}{15}\times\frac{3}{9}\times\frac{1}{9}=\frac{1}{45}\end{aligned}$$

$$P(Y=-1 \mid \boldsymbol{x})=P(Y=-1)P(X^{(1)}=2 \mid Y=-1)P(X^{(2)}=S \mid Y=-1)$$
$$=\frac{6}{15}\times\frac{2}{6}\times\frac{3}{6}=\frac{1}{15}。$$

所以 $y=-1$。由于各项分母相同，所以计算中略去。

4.2.4 连续场合下贝叶斯决策的参数估计

1. 朴素贝叶斯法的参数估计

在大多数情况下，类条件密度可采用正态分布来模拟，假定：

$$p(x_i \mid c) \sim N(\mu_{c,i},\sigma_{c,i}^2)$$

其中 $\mu_{c,i}$ 和 $\sigma_{c,i}^2$ 分别是第 c 类样本在第 i 个属性上取值的均值和方差，则有

$$p(x_i \mid c)=\frac{1}{\sqrt{2\pi}\sigma_{c,i}}\exp\left(-\frac{(x_i-\mu_{c,i})^2}{2\sigma_{c,i}^2}\right)$$

均值和方差可以用样本均值和样本方差来估计。于是，在朴素贝叶斯的独立性假设下，类条件密度估计为：$P(\boldsymbol{x}|c)=\prod_{i=1}^{d}p(x_i \mid c)$。

2. 一般场合下的参数估计

如果没有朴素贝叶斯法的独立性假设，类条件密度可以采用多维正态分布来模拟，此时

$$p(\boldsymbol{x} \mid c_i)=\frac{1}{(2\pi)^{\frac{d}{2}} \mid \boldsymbol{\Sigma}_i \mid^{\frac{1}{2}}}\exp\left[-\frac{1}{2}(\boldsymbol{x}-\boldsymbol{\mu}_i)^{\mathrm{T}}\boldsymbol{\Sigma}_i^{-1}(\boldsymbol{x}-\boldsymbol{\mu}_i)\right], \quad i=1,2,\cdots,K \tag{4.2}$$

其中，$\boldsymbol{\Sigma}_i$ 用第 i 类的样本协方差估计，即 $\hat{\boldsymbol{\Sigma}}_i=\frac{1}{n_i-1}\boldsymbol{A}_i$，$i=1,2,\cdots,K$，$\boldsymbol{A}_i$ 是第 i 类的样本离差阵，n_i 第 i 类的样本数；$\boldsymbol{\mu}_i$ 用第 i 类的样本均值向量估计，即 $\hat{\boldsymbol{\mu}}_i=\frac{1}{n_i}\sum_{j=1}^{n_i}\boldsymbol{x}_j^{(i)}$，$i=1,2,\cdots,K$，$\boldsymbol{x}_j^{(i)}$ 表示第 i 类的第 j 个样本。然后根据下式

$$P(c_i)P(\boldsymbol{x} \mid c_i)=\max_j P(\boldsymbol{x} \mid c_j)P(c_j)$$

确定所属类别。

(1) 线性判别分析

实际中经常假设所有类别的协方差矩阵相等，即

$$\boldsymbol{\Sigma}_1=\boldsymbol{\Sigma}_2=\cdots=\boldsymbol{\Sigma}_K=\boldsymbol{\Sigma}$$

此时 $\boldsymbol{\Sigma}$ 的联合无偏估计为：

$$\hat{\boldsymbol{\Sigma}}=\frac{1}{n-K}\sum_{i=1}^{K}\boldsymbol{A}_i$$

因为，$E(\hat{\boldsymbol{\Sigma}})=\frac{1}{n-K}\sum_{i=1}^{K}E(\boldsymbol{A}_i)=\frac{1}{n-K}\sum_{i=1}^{K}(n_i-1)\boldsymbol{\Sigma}=\boldsymbol{\Sigma}$，其中 $n=\sum_{i=1}^{K}n_i$。

为了比较第 k 类和第 l 类的后验概率，可以将二者相除，得到“后验几率”：

$$\frac{p(c_k)p(\boldsymbol{x} \mid c_k)}{p(c_l)p(\boldsymbol{x} \mid c_l)}=\frac{p(c_k)\dfrac{1}{(2\pi)^{\frac{d}{2}}\mid\boldsymbol{\Sigma}\mid^{\frac{1}{2}}}\exp\left[-\dfrac{1}{2}(\boldsymbol{x}-\boldsymbol{\mu}_k)^{\mathrm{T}}\boldsymbol{\Sigma}^{-1}(\boldsymbol{x}-\boldsymbol{\mu}_k)\right]}{p(c_l)\dfrac{1}{(2\pi)^{\frac{d}{2}}\mid\boldsymbol{\Sigma}\mid^{\frac{1}{2}}}\exp\left[-\dfrac{1}{2}(\boldsymbol{x}-\boldsymbol{\mu}_l)^{\mathrm{T}}\boldsymbol{\Sigma}^{-1}(\boldsymbol{x}-\boldsymbol{\mu}_l)\right]} \tag{4.3}$$

将式(4.3)取对数，得到“对数后验概率”：

$$\begin{aligned}\ln\frac{p(c_k)p(\boldsymbol{x} \mid c_k)}{p(c_l)p(\boldsymbol{x} \mid c_l)}&=\ln p(c_k)-\ln p(c_l)-\frac{1}{2}(\boldsymbol{x}-\boldsymbol{\mu}_k)^{\mathrm{T}}\boldsymbol{\Sigma}^{-1}(\boldsymbol{x}-\boldsymbol{\mu}_k)+\frac{1}{2}(\boldsymbol{x}-\boldsymbol{\mu}_l)^{\mathrm{T}}\boldsymbol{\Sigma}^{-1}(\boldsymbol{x}-\boldsymbol{\mu}_l)\\&=\left[\ln p(c_k)-\frac{1}{2}\boldsymbol{\mu}_k^{\mathrm{T}}\boldsymbol{\Sigma}^{-1}\boldsymbol{\mu}_k+\boldsymbol{x}^{\mathrm{T}}\boldsymbol{\Sigma}^{-1}\boldsymbol{\mu}_k\right]-\left[\ln p(c_l)-\frac{1}{2}\boldsymbol{\mu}_l^{\mathrm{T}}\boldsymbol{\Sigma}^{-1}\boldsymbol{\mu}_l+\boldsymbol{x}^{\mathrm{T}}\boldsymbol{\Sigma}^{-1}\boldsymbol{\mu}_l\right]\\&=\delta_k(\boldsymbol{x})-\delta_l(\boldsymbol{x})\end{aligned} \tag{4.4}$$

其中，$\delta_k(\boldsymbol{x})=\ln p(c_k)-\frac{1}{2}\boldsymbol{\mu}_k^{\mathrm{T}}\boldsymbol{\Sigma}^{-1}\boldsymbol{\mu}_k+\boldsymbol{x}^{\mathrm{T}}\boldsymbol{\Sigma}^{-1}\boldsymbol{\mu}_k$ 称为线性判别函数。最优决策规则为：选择类别 k，使得线性判别函数最大：

$$\max_k \delta_k(\boldsymbol{x}) \tag{4.5}$$

如果令 $\delta_k(\boldsymbol{x})-\delta_l(\boldsymbol{x})=0$，即得到两类之间的“决策边界”，此决策边界为线性函数，也称线性判别分析(Linear Discriminant Analysisi，LDA)。

(2) 二次判别分析

如果不假设所有类别的协方差矩阵相等，此时的对数概率为：

$$\begin{aligned}\ln\frac{p(c_k)p(\boldsymbol{x} \mid c_k)}{p(c_l)p(\boldsymbol{x} \mid c_l)}&=\ln\frac{p(c_k)\dfrac{1}{(2\pi)^{\frac{d}{2}}\mid\boldsymbol{\Sigma}_k\mid^{\frac{1}{2}}}\exp\left[-\dfrac{1}{2}(\boldsymbol{x}-\boldsymbol{\mu}_k)^{\mathrm{T}}\boldsymbol{\Sigma}_k^{-1}(\boldsymbol{x}-\boldsymbol{\mu}_k)\right]}{p(c_l)\dfrac{1}{(2\pi)^{\frac{d}{2}}\mid\boldsymbol{\Sigma}_l\mid^{\frac{1}{2}}}\exp\left[-\dfrac{1}{2}(\boldsymbol{x}-\boldsymbol{\mu}_l)^{\mathrm{T}}\boldsymbol{\Sigma}_l^{-1}(\boldsymbol{x}-\boldsymbol{\mu}_l)\right]}\\&=\left[\ln p(c_k)-\frac{1}{2}\ln\mid\boldsymbol{\Sigma}_k\mid-\frac{1}{2}(\boldsymbol{x}-\boldsymbol{\mu}_k)^{\mathrm{T}}\boldsymbol{\Sigma}_k^{-1}(\boldsymbol{x}-\boldsymbol{\mu}_k)\right]-\\&\quad\left[\ln p(c_l)-\frac{1}{2}\ln\mid\boldsymbol{\Sigma}_l\mid-\frac{1}{2}(\boldsymbol{x}-\boldsymbol{\mu}_l)^{\mathrm{T}}\boldsymbol{\Sigma}_l^{-1}(\boldsymbol{x}-\boldsymbol{\mu}_l)\right]\\&=\delta_k(\boldsymbol{x})-\delta_l(\boldsymbol{x})\end{aligned}$$

其中，$\delta_k(\boldsymbol{x})=\ln p(c_k)-\frac{1}{2}\ln|\boldsymbol{\Sigma}_k|-\frac{1}{2}(\boldsymbol{x}-\boldsymbol{\mu}_k)^{\mathrm{T}}\boldsymbol{\Sigma}_k^{-1}(\boldsymbol{x}-\boldsymbol{\mu}_k)$称为二次判别函数。

4.3 Fisher 判别分析

4.3.1 两类分类

线性判别分析(LDA)是一种经典的线性学习方法，在二分类问题上因为最早由 Fisher 提出，亦称为“Fisher 判别分析”。几何意义如图 4.3 所示。

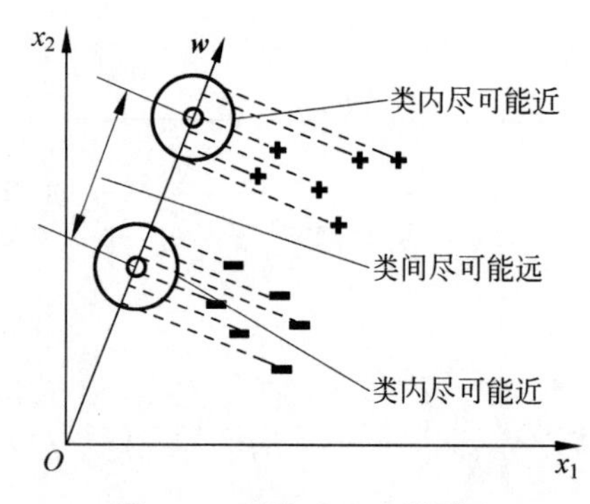

图 4.3 两类 Fisher 判别法

给定数据集 $D=\{(\boldsymbol{x}_i, y_i)\}_{i=1}^m$，输入向量是 d 维的列向量，$y_i\in\{0,1\}$，令 X_i 表示第 $i\in\{0,1\}$ 类示例的集合，n_i 表示每类的样本数，$\boldsymbol{\mu}_i=\frac{1}{n_i}\sum_{x\in X_i}\boldsymbol{x}, i=0,1$。

定义类内离散度矩阵：

$$\boldsymbol{S}_w=\boldsymbol{S}_0+\boldsymbol{S}_1=\sum_{x\in X_0}(\boldsymbol{x}-\boldsymbol{\mu}_0)(\boldsymbol{x}-\boldsymbol{\mu}_0)^{\mathrm{T}}+\sum_{x\in X_1}(\boldsymbol{x}-\boldsymbol{\mu}_1)(\boldsymbol{x}-\boldsymbol{\mu}_1)^{\mathrm{T}}$$

其中，$\boldsymbol{S}_0$ 和 $\boldsymbol{S}_1$ 分别是两类的样本离差阵。

定义类间离散度矩阵：

$$\boldsymbol{S}_b=(\boldsymbol{\mu}_0-\boldsymbol{\mu}_1)(\boldsymbol{\mu}_0-\boldsymbol{\mu}_1)^{\mathrm{T}}$$

将所有样本都投影到 $\boldsymbol{w}$ 上，则投影后的两类样本均值为 $\boldsymbol{w}^{\mathrm{T}}\boldsymbol{\mu}_i, i=0,1$ 两类中心之间的距离为：

$$(\boldsymbol{w}^{\mathrm{T}}\boldsymbol{\mu}_0-\boldsymbol{w}^{\mathrm{T}}\boldsymbol{\mu}_1)^2=\boldsymbol{w}^{\mathrm{T}}(\boldsymbol{\mu}_0-\boldsymbol{\mu}_1)(\boldsymbol{\mu}_0-\boldsymbol{\mu}_1)^{\mathrm{T}}\boldsymbol{w}=\boldsymbol{w}^{\mathrm{T}}\boldsymbol{S}_b\boldsymbol{w}$$

投影后的两类样本离差为：

$$\begin{aligned}\sum_{x\in X_i}(\boldsymbol{w}^{\mathrm{T}}\boldsymbol{x}-\boldsymbol{w}^{\mathrm{T}}\boldsymbol{\mu}_i)^2&=\sum_{x\in X_i}\boldsymbol{w}^{\mathrm{T}}(\boldsymbol{x}-\boldsymbol{\mu}_i)(\boldsymbol{x}-\boldsymbol{\mu}_i)^{\mathrm{T}}\boldsymbol{w}\\&=\boldsymbol{w}^{\mathrm{T}}\sum_{x\in X_i}(\boldsymbol{x}-\boldsymbol{\mu}_i)(\boldsymbol{x}-\boldsymbol{\mu}_i)^{\mathrm{T}}\boldsymbol{w}=\boldsymbol{w}^{\mathrm{T}}\boldsymbol{S}_i\boldsymbol{w},\quad i=0,1\end{aligned}$$

同时考虑二者，则可得到欲最大化的目标：

$$J=\frac{\boldsymbol{w}^{\mathrm{T}}\boldsymbol{S}_b\boldsymbol{w}}{\boldsymbol{w}^{\mathrm{T}}\boldsymbol{S}_w\boldsymbol{w}}$$

这就是 LDA 欲最大化的目标。

如何确定 $\boldsymbol{w}$ 呢？由于目标函数的分子和分母都是关于 $\boldsymbol{w}$ 的二次项，因此目标函数的解与 $\boldsymbol{w}$ 的长度无关，只与其方向有关。不失一般性，令 $\boldsymbol{w}^{\mathrm{T}}\boldsymbol{S}_w\boldsymbol{w}=1$，则目标函数等价于：

$$\begin{aligned}&\min -\boldsymbol{w}^{\mathrm{T}}\boldsymbol{S}_b\boldsymbol{w}\\&\text{s.t.}\quad \boldsymbol{w}^{\mathrm{T}}\boldsymbol{S}_w\boldsymbol{w}=1\end{aligned}$$

引入拉格朗日函数

$$L=-\boldsymbol{w}^{\mathrm{T}}\boldsymbol{S}_b\boldsymbol{w}+\lambda(\boldsymbol{w}^{\mathrm{T}}\boldsymbol{S}_w\boldsymbol{w}-1),$$

对 $\boldsymbol{w}$ 求导后令其为零，得

$$\frac{\partial L}{\partial \boldsymbol{w}}=-2\boldsymbol{S}_b\boldsymbol{w}+2\lambda\boldsymbol{S}_w\boldsymbol{w}=0$$

于是得

$$\boldsymbol{S}_b\boldsymbol{w}=\lambda\boldsymbol{S}_w\boldsymbol{w}$$

注意到 $\boldsymbol{S}_b\boldsymbol{w}=(\boldsymbol{\mu}_0-\boldsymbol{\mu}_1)(\boldsymbol{\mu}_0-\boldsymbol{\mu}_1)^{\mathrm{T}}\boldsymbol{w}$ 的方向恒为$\boldsymbol{\mu}_0-\boldsymbol{\mu}_1$，不妨令

$$\boldsymbol{S}_b\boldsymbol{w}=\lambda(\boldsymbol{\mu}_0-\boldsymbol{\mu}_1)$$

于是可得 $\boldsymbol{w}=\boldsymbol{S}_w^{-1}(\boldsymbol{\mu}_0-\boldsymbol{\mu}_1)$。

求出 $\boldsymbol{w}$ 的值后，就可以进行判别分析了，步骤如下：

(1) 将训练样本所有样品进行如下投影：

$$y=\boldsymbol{w}^{\mathrm{T}}\boldsymbol{x}$$

(2) 计算在投影空间上的分割阈值 y_0，最简单的取法如下：

$$y_0=\frac{\boldsymbol{w}^{\mathrm{T}}\boldsymbol{u}_0+\boldsymbol{w}^{\mathrm{T}}\boldsymbol{u}_1}{2}$$

(3) 对给定的待分类样品 x^*，计算它在 $\boldsymbol{w}$ 上的投影点：$y^*=\boldsymbol{w}^{\mathrm{T}}x^*$。

(4) 根据决策规则分类：若 $y^*>y_0$，则 x^* 属于 0 类；否则属于 1 类。

同样可以定义线性分类函数：

$$\boldsymbol{x}^{\mathrm{T}}\boldsymbol{w}-\frac{1}{2}(\boldsymbol{u}_0+\boldsymbol{u}_1)^{\mathrm{T}}\boldsymbol{w}=\boldsymbol{x}^{\mathrm{T}}\boldsymbol{S}_w^{-1}(\boldsymbol{u}_0-\boldsymbol{u}_1)-\frac{1}{2}(\boldsymbol{u}_0+\boldsymbol{u}_1)^{\mathrm{T}}\boldsymbol{S}_w^{-1}(\boldsymbol{u}_0-\boldsymbol{u}_1) \quad (4.6)$$

然后，根据线性分类函数的正负值进行类别判定。

在线性判别分析的对数后验概率(4.4)计算中，假设两类的先验概率相等，则

$$\begin{aligned}
\ln\frac{p(c_k)p(\boldsymbol{x}\mid c_k)}{p(c_l)p(\boldsymbol{x}\mid c_l)}&=\ln p(c_k)-\ln p(c_l)-\frac{1}{2}(\boldsymbol{x}-\boldsymbol{\mu}_k)^{\mathrm{T}}\boldsymbol{\Sigma}^{-1}(\boldsymbol{x}-\boldsymbol{\mu}_k)+\\
&\quad\frac{1}{2}(\boldsymbol{x}-\boldsymbol{\mu}_l)^{\mathrm{T}}\boldsymbol{\Sigma}^{-1}(\boldsymbol{x}-\boldsymbol{\mu}_l)\\
&=\left[-\frac{1}{2}\boldsymbol{\mu}_k^{\mathrm{T}}\boldsymbol{\Sigma}^{-1}\boldsymbol{\mu}_k+\boldsymbol{x}^{\mathrm{T}}\boldsymbol{\Sigma}^{-1}\boldsymbol{\mu}_k\right]-\left[-\frac{1}{2}\boldsymbol{\mu}_l^{\mathrm{T}}\boldsymbol{\Sigma}^{-1}\boldsymbol{\mu}_l+\boldsymbol{x}^{\mathrm{T}}\boldsymbol{\Sigma}^{-1}\boldsymbol{\mu}_l\right]\\
&=\left(-\frac{1}{2}\boldsymbol{\mu}_k^{\mathrm{T}}\boldsymbol{\Sigma}^{-1}\boldsymbol{\mu}_k+\frac{1}{2}\boldsymbol{\mu}_l^{\mathrm{T}}\boldsymbol{\Sigma}^{-1}\boldsymbol{\mu}_l\right)+\boldsymbol{x}^{\mathrm{T}}\boldsymbol{\Sigma}^{-1}(\boldsymbol{\mu}_k-\boldsymbol{\mu}_l)\\
&=-\frac{1}{2}(\boldsymbol{\mu}_k+\boldsymbol{\mu}_l)^{\mathrm{T}}\boldsymbol{\Sigma}^{-1}(\boldsymbol{\mu}_k-\boldsymbol{\mu}_l)+\boldsymbol{x}^{\mathrm{T}}\boldsymbol{\Sigma}^{-1}(\boldsymbol{\mu}_k-\boldsymbol{\mu}_l)
\end{aligned}$$

如果令第 k 类为 0 类，第 l 类为 1 类，则对数后验概率为：

$$-\frac{1}{2}(\boldsymbol{\mu}_0+\boldsymbol{\mu}_1)^{\mathrm{T}}\boldsymbol{\Sigma}^{-1}(\boldsymbol{\mu}_0-\boldsymbol{\mu}_1)+\boldsymbol{x}^{\mathrm{T}}\boldsymbol{\Sigma}^{-1}(\boldsymbol{\mu}_0-\boldsymbol{\mu}_1) \quad (4.7)$$

式(4.6)和式(4.7)仅相差 $\boldsymbol{\Sigma}^{-1}$ 和 $\boldsymbol{S}_w^{-1}$，而在两类数据的协方差矩阵相等的假设下，$\boldsymbol{\Sigma}^{-1}$ 和 $\boldsymbol{S}_w^{-1}$ 仅相差常数倍，因此可以忽略其差别。

由此可知，在先验概率相等条件下，Fisher 线性判别分析和基于正态分布的线性判别分析等价。Fisher 判别分析可视为线性判别分析的特例。用 R 语言进行线性判别分析时，如果令先验概率相等时进行的就是 Fisher 判别分析，如果先验概率不等就是进行的各类协方差矩阵相等时的贝叶斯判别分析。

4.3.2 多类分类

(1) 基本思想

可以将 LDA 推广到多类分类任务中，三类样本的投影情况如图 4.4 所示，实心点分别表示各类和总体的样本均值。

假定存在 N 个类，且第 i 类示例数为 m_i，x_i 表示第 i 类示例的集合。定义“类内离散度矩阵”：

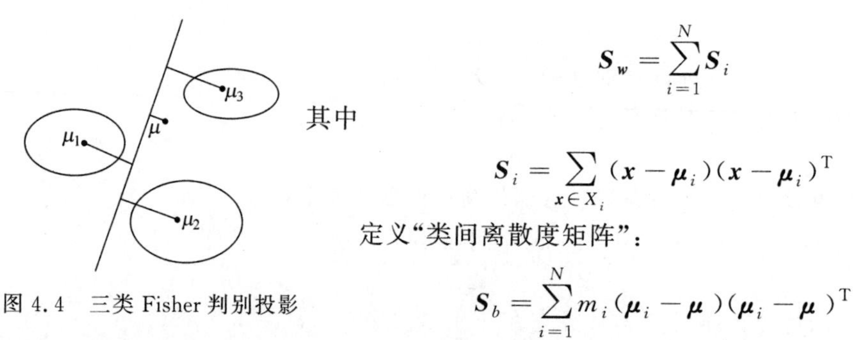

图 4.4　三类 Fisher 判别投影

$$\boldsymbol{S}_w = \sum_{i=1}^{N} \boldsymbol{S}_i$$

其中

$$\boldsymbol{S}_i = \sum_{x \in X_i} (\boldsymbol{x} - \boldsymbol{\mu}_i)(\boldsymbol{x} - \boldsymbol{\mu}_i)^{\mathrm{T}}$$

定义“类间离散度矩阵”：

$$\boldsymbol{S}_b = \sum_{i=1}^{N} m_i (\boldsymbol{\mu}_i - \boldsymbol{\mu})(\boldsymbol{\mu}_i - \boldsymbol{\mu})^{\mathrm{T}}$$

其中，$\boldsymbol{\mu}$ 是总的样本均值，$\boldsymbol{\mu}_i$ 是第 i 类的样本均值。

同理，投影后的类内离差为：

$$\begin{aligned} A_0 &= \sum_{i=1}^{N} \sum_{x \in X_i} (\boldsymbol{w}^{\mathrm{T}} \boldsymbol{x} - \boldsymbol{w}^{\mathrm{T}} \boldsymbol{\mu}_i)(\boldsymbol{w}^{\mathrm{T}} \boldsymbol{x} - \boldsymbol{w}^{\mathrm{T}} \boldsymbol{\mu}_i)^{\mathrm{T}} \\ &= \boldsymbol{w}^{\mathrm{T}} \left[\sum_{i=1}^{N} \sum_{x \in X_i} (\boldsymbol{x} - \boldsymbol{\mu}_i)(\boldsymbol{x} - \boldsymbol{\mu}_i)^{\mathrm{T}} \right] \boldsymbol{w} \\ &= \boldsymbol{w}^{\mathrm{T}} \boldsymbol{A} \boldsymbol{w} \end{aligned}$$

类间离差平方和为：

$$\begin{aligned} B_0 &= \sum_{i=1}^{N} m_i (\boldsymbol{w}^{\mathrm{T}} \boldsymbol{\mu}_i - \boldsymbol{w}^{\mathrm{T}} \boldsymbol{\mu})(\boldsymbol{w}^{\mathrm{T}} \boldsymbol{\mu}_i - \boldsymbol{w} \boldsymbol{\mu})^{\mathrm{T}} \\ &= \boldsymbol{w}^{\mathrm{T}} \left[\sum_{i=1}^{N} m_i (\boldsymbol{\mu}_i - \boldsymbol{\mu})(\boldsymbol{\mu}_i - \boldsymbol{\mu})^{\mathrm{T}} \right] \boldsymbol{w} \\ &= \boldsymbol{w}^{\mathrm{T}} \boldsymbol{B} \boldsymbol{w} \end{aligned}$$

同理定义目标函数：

$$J = \frac{\boldsymbol{w}^{\mathrm{T}} \boldsymbol{B} \boldsymbol{w}}{\boldsymbol{w}^{\mathrm{T}} \boldsymbol{A} \boldsymbol{w}}$$

采用拉格朗日乘子法得

$$\boldsymbol{B} \boldsymbol{w} = \lambda \boldsymbol{A} \boldsymbol{w}$$

即

$$\boldsymbol{A}^{-1} \boldsymbol{B} \boldsymbol{w} = \lambda \boldsymbol{w}$$

设 $\boldsymbol{A}^{-1}\boldsymbol{B}$ 的非零特征值为 $\lambda_1 \geqslant \lambda_2 \geqslant \cdots \geqslant \lambda_r > 0$，相应的特征向量 $w_1, w_2, \cdots, w_r$ 可作为相应的解。如果取一个特征向量 $\boldsymbol{w}_1$，则把所有样本投影到一维空间；相应地可取 $d'(<d)$ 个特征向量，然后将所有样本投影到 d' 维空间。于是，可通过这个投影来减小样本点的维数，且投影过程中使用了类别信息，因此 LDA 也常被视为一种经典的监督降维技术。

确定了 $\boldsymbol{w}_1$ 后，称 $z_i = \boldsymbol{w}_1^{\mathrm{T}} \boldsymbol{x}_i$ 为线性判别变量，简称线性判元或线性判别得分，$\boldsymbol{w}_1$ 称为线性判别系数(linear discriminant score)。对于两类问题，只有一个最佳投影方向。对于 N 类分类问题，一般可以有 $N-1$ 个最佳投影方向，以及相应的 $N-1$ 个线性判元，即依次取特征根 λ_1、λ_2、$\cdots$、λ_{N-1} 所对应的特征向量 $\boldsymbol{w}_1, \boldsymbol{w}_2, \cdots, \boldsymbol{w}_{N-1}$ 为相应的投影方向，

并将样本投影得到对应的线性判元。当投影到两维或者三维时可作为可视化工具。

（2）判别准则

若只取一个投影，取最大的 λ_1 对应的 $\boldsymbol{w}_1$，N 个类中心 $\boldsymbol{\mu}_i$ 投影到 $\boldsymbol{w}_1$ 上，$v_i=\boldsymbol{w}_1^{\mathrm{T}}\boldsymbol{u}_i$，$i=1,2,\cdots,N$。对于新样品 $\boldsymbol{x}=(x_1,x_2,\cdots,x_d)^{\mathrm{T}}$，将之投影到 $\boldsymbol{w}_1$，得 $\bar{x}=\boldsymbol{w}_1^{\mathrm{T}}\boldsymbol{x}$，计算 $\bar{x}$ 与 v_i 之间的距离，最近的即为 $\boldsymbol{x}$ 所属的类别。

当取一个投影的贡献率不足时，可以根据特征根大小依次取多个投影，并将类中心和新样本投影后，同样计算距离来判断样本属于哪类，距离可以采用马氏距离。

4.4 R 语言实例

4.4.1 线性判别分析

以 R 语言自带数据鸢尾花(iris)为例，该数据包含 5 个变量：Sepal. Length(花萼长度)，Sepal. Width(花萼宽度)，Petal. Length(花瓣长度)，Petal. Width(花瓣宽度)，Species(品种)，其中前 4 个变量是特征，第 5 个是分类变量(三类)，样本数是 150 个。

```
> library(MASS)
> ld = lda(Species~.,data = iris,prior = c(1/3,1/3,1/3))
> ld
Call:
lda(Species ~ ., data = iris)
Prior probabilities of groups:
    setosa versicolor  virginica
0.3333333  0.3333333  0.3333333
Group means:
             Sepal.Length  Sepal.Width  Petal.Length  Petal.Width
setosa            5.006        3.428        1.462         0.246
versicolor        5.936        2.770        4.260         1.326
virginica         6.588        2.974        5.552         2.026
Coefficients of linear discriminants:
                   LD1          LD2
Sepal.Length   0.8293776   0.02410215
Sepal.Width    1.5344731   2.16452123
Petal.Length  -2.2012117  -0.93192121
Petal.Width   -2.8104603   2.83918785
Proportion of trace:
   LD1     LD2
0.9912   0.0088
> pr = predict(ld,newdata = iris)
> b = table(pr$class,iris[,5])
> b
              setosa   versicolor  virginica
  setosa        50          0          0
  versicolor     0         48          1
  virginica      0          2         49
> sum(diag(b))/sum(b)        #计算拟合精度.
[1] 0.98
```

上面判别分析令先验概率相等，因此也为 Fisher 判别分析结果。

4.4.2 朴素贝叶斯判别分析

```
> install.packages("e1071")
> library(e1071)
> fit1 = naiveBayes(Species~.,data = iris)
> pred = predict(fit1,newdata = iris)
> a = table(pred,iris[,5])
> sum(diag(a))/sum(a)
[1] 0.96
```

4.4.3 二次判别分析

```
> library(MASS)
> fit = qda(Species~.,data = iris)
> fit
Call:
qda(Species ~ ., data = iris)
Prior probabilities of groups:
    setosa  versicolor  virginica
0.3333333  0.3333333  0.3333333
Group means:
              Sepal.Length  Sepal.Width  Petal.Length  Petal.Width
setosa               5.006        3.428         1.462        0.246
versicolor           5.936        2.770         4.260        1.326
virginica            6.588        2.974         5.552        2.026
> pr = predict(fit,newdata = iris)
> b = table(pr$class,iris[,5])      #计算混淆矩阵.
> b
               setosa  versicolor  virginica
  setosa          50           0          0
  versicolor       0          48          1
  virginica        0           2         49
> sum(diag(b))/sum(b)
[1] 0.98
```

二次判别分析和线性判别分析拟合精度一样，也可以将样本分成训练样本和测试样本来比较两种判别分析的效果。

第 5 章

支持向量机

经典统计理论在处理低维数据的分类和估计问题中做出了贡献。但是,经典统计是建立在大数定律基础上的一种渐近理论,即要求样本点的数目足够多,然而在实际工作中要获得大样本是困难的。另外,还要求先假设样本服从某一具体的分布函数,然后利用样本数据对分布中的参数进行估计,从而达到定量分析的目的。但这种参数估计方法随着数据维数的增高,对样本点数目的要求是指数增长的。因此,面临大规模多变量的现代数据分析问题,经典统计理论存在一些不足:

第一,对于大规模多变量的数据处理,导致了"维数灾难"的现象,即随着观测数目的增加需要成指数地增加计算资源。

第二,实际问题的统计成分并不能仅用经典的统计分布函数来描述。实际分布经常是有差别的。为了构造有效的统计算法,必须考虑这种差别,但其效果并非最好。

20 世纪 90 年代由美国 N. Vapnik 教授提出的支持向量机(Support Vector Machine, SVM),是在小样本情况下发展起来的统计机器学习理论,该方法在很多情况下可以克服维数灾难问题。

5.1 小样本统计学习理论

为了避免对样本分布的假设和样本点数目的要求,产生了一种崭新的统计推断原理——结构化风险最小原则。

我们讨论两类分类问题:

$$(\boldsymbol{x}_1, y_1), (\boldsymbol{x}_2, y_2), \cdots, (\boldsymbol{x}_l, y_l) \in \mathbf{R}^n \times Y$$

式中,$Y=\{-1,+1\}$,$\boldsymbol{x}_i (i=1,2,\cdots,l)$为依据分布密度函数 $p(\boldsymbol{x}, y)$抽取的独立同分布数据。

设 f 为分类器,对此分类问题,它的期望风险定义为:

$$R(f)=\int |f(\boldsymbol{x})-y|\,p(\boldsymbol{x},y)\mathrm{d}\boldsymbol{x}\mathrm{d}y \tag{5.1}$$

经验风险定义为：

$$R_{\text{emp}}(f)=\frac{1}{l}\sum_{i=1}^{l}|f(\boldsymbol{x}_i)-y_i| \tag{5.2}$$

由于分布密度函数 $p(\boldsymbol{x},y)$是未知的，因此期望风险 $R(f)$实际上是无法计算的。

当样本点数目 $l\to\infty$时，$R(f)\to R_{\text{emp}}(f)$。据此，从控制论建模方法到神经网络的学习算法一直以最小化经验风险为目标建立模型，这种方法称为经验风险最小化原则(Empirical Risk Minimization，ERM)。

如果期望风险 $R(f)$和经验 $R_{\text{emp}}(f)$依概率 p 收敛于同一极限 $\inf R(f)$：

$$R(f)\xrightarrow[n\to\infty]{P}\inf R(f)$$

$$R_{\text{emp}}(f)\xrightarrow[n\to\infty]{P}\inf R(f)$$

则称经验风险最小化原则(方法)具有一致性，如图 5.1 所示。

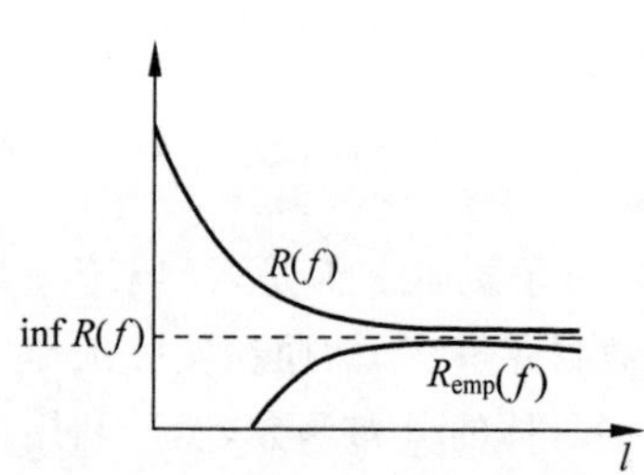

图 5.1 经验风险最小化原则

早在 1971 年瓦普尼克(Vapnik)就证明了经验风险最小值未必收敛于期望风险最小值，即经验风险最小化原则一致性并不一定成立。

Vapnik 和 Chervonenkis 提出结构风险最小化原则，为小样本统计理论奠定了基础。他们深入研究了经验风险与期望风险的关系，得出以下不等式以概率$(1-\eta)$成立：

$$R(f)\leqslant R_{\text{emp}}(f)+\sqrt{\frac{h\left(\ln\frac{2l}{h}+1\right)-\ln\eta/4}{l}} \tag{5.3}$$

其中，l——样本点数目；

$\eta(0\leqslant\eta\leqslant 1)$——参数；

h——函数 f 的维数，简称 VC 维。

式(5.3)的重要意义：不等式的右边与样本的具体分布无关，也就是说，Vapnik 的统计学习理论无须假设样本分布，克服了高维分布对样本点数目需求随维数而指数增长的问题。这是与经典统计理论的本质区别，也是我们将 Vapnik 统计方法称为小样本统计理论的原因。

VC 维的直观定义：对一个指示函数集，如果存在 h 个样本能够被函数集中的函数按所有可能的 2^h 种指定形式分开，则称函数集能把 h 个样本打散；函数集的 VC 维就是它能打散的最大样本数目 h；如对任意数目的样本都有函数能将它们打散，则函数集的 VC 维是无穷大。

例如，二维实数空间中的线性函数集：$y=a+bx$，对于三个点的任意分配标识都可以将其分开，而对于 4 个点就不能将任意分配标识分开，因此线性函数集的 VC 维为 3。

同理，n 维实数空间中的线性分类器的 VC 维是 $n+1$。

如果比值 l/h(数据样本点数目与分类函数集的 VC 维比)较小，如 $l/h<20$，则我们称大小为 l 的样本集为小样本集。

从式(5.3)可以看出，如果 l/h 较大，则期望风险(实际风险)主要由经验风险来决定，这就是经验风险最小化原则对于大样本集能经常给出好结果的原因。然而，如果 l/h 较小，小的经验风险值 $R_{\mathrm{emp}}(f)$ 并不能保证有小的实际风险值。在这种情况下，为了最小化实际风险值，我们必须同时考虑不等式(5.3)右边的两项：经验风险 $R_{\mathrm{emp}}(f)$ 和置信范围(称为 VC 维信任度)。VC 维 h 在其中起重要作用，实际上置信范围是 h 的增函数。在样本点数目 l 一定时，分类器越复杂，即 VC 维 h 越大，则置信范围越大，导致实际风险与经验风险的差别越大。因此，要想使实际风险最小，不仅要使经验风险最小，还同时要使分类器函数 f 的 VC 维尽可能小，这就是结构风险最小化原则(Structural Risk Minimization, SRM)。

结构风险最小化原则：为了最小化期望风险，应同时最小化经验风险和置信范围(即分类函数集合的结构复杂度——VC 维 h)，如图 5.2 所示。

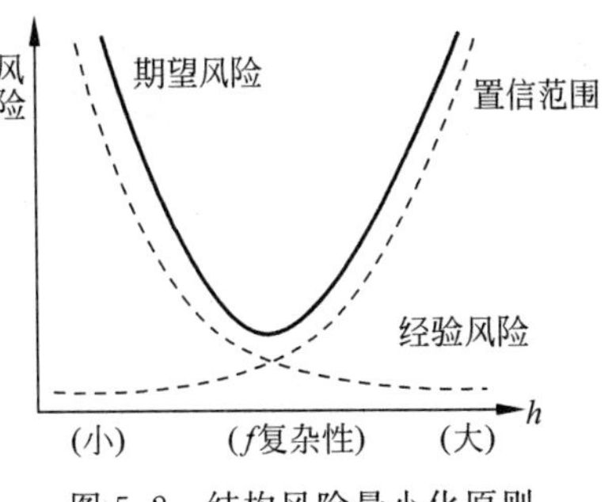

图 5.2　结构风险最小化原则

通俗地说，由结构风险最小化原则可知：应该尽量采用 VC 维最小的函数 f 去尽量地完成分类任务。

在结构风险最小化原则下，一个分类器的设计过程分为两步：

(1) 选择分类器 f 的模型，使其 VC 维较小，即置信范围小。

(2) 对模型进行参数估计，使其经验风险最小。

5.2　两类支持向量机

5.2.1　线性可分情况

支持向量机是统计学习理论中最实用的部分，其核心思想是将结构风险最小化原则引入分类。

支持向量机是从线性可分情况下的最优分类超平面发展而来的，其本质是在训练样本中找出构造最优分类超平面的支持向量，在数学上归结为一个求解具有不等式约束条件的二次规则问题。

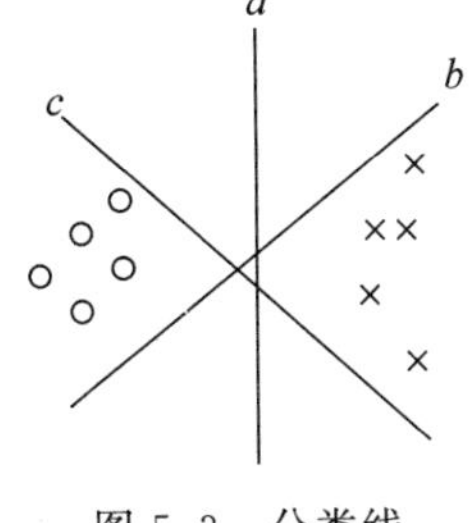

图 5.3　分类线

先考虑二维情况下的线性可分的两类样本(○，×)，如图 5.3 所示，存在很多条可能的分类线能够将训练样本分开。但哪一条分类线更好呢？显然分类线 a 最好，因为它更远离每一类样本，风险小。而其他的分类线离样本较近，只要样本有较小的变化，将会导致错误的分类结果。因此分类线 a 代表一个最优的线性分类器。

从数学上看，分类超平面 H 的方程为

$$\langle \boldsymbol{\omega}, \boldsymbol{x} \rangle + b = 0 \tag{5.4}$$

其中，$\langle \boldsymbol{\omega}, \boldsymbol{x} \rangle$ 为两个向量的内积，$\boldsymbol{\omega}$ 为权值，b 为一个常数（偏移值）。

当两类样本线性可分时，满足条件

$$\langle \boldsymbol{\omega}, \boldsymbol{x}_i \rangle + b \geqslant 1 \quad 对于\ y_i = +1 \tag{5.5}$$

$$\langle \boldsymbol{\omega}, \boldsymbol{x}_i \rangle + b \leqslant -1 \quad 对于\ y_i = -1 \tag{5.6}$$

即

$$y_i(\langle \boldsymbol{\omega}, \boldsymbol{x}_i \rangle + b) \geqslant 1, \quad i = 1, 2, \cdots, l \tag{5.7}$$

样本空间中的任意点 $\boldsymbol{x}$ 到超平面 H 的距离为

$$r = \frac{|\langle \boldsymbol{\omega}, \boldsymbol{x} \rangle + b|}{\| \boldsymbol{\omega} \|} \tag{5.8}$$

其中，$\| \boldsymbol{\omega} \|$ 表示欧式范数，即 L_2 范数，也可以用内积形式 $\sqrt{\langle \boldsymbol{\omega}, \boldsymbol{\omega} \rangle}$ 表示。距离超平面最近的几个训练样本点使式(5.7)等号成立，它们被称为“支持向量”。

两个异类支持向量到超平面的距离之和为

$$r = \frac{2}{\| \boldsymbol{\omega} \|} \tag{5.9}$$

它被称为“间隔”，几何意义见图 5.4。

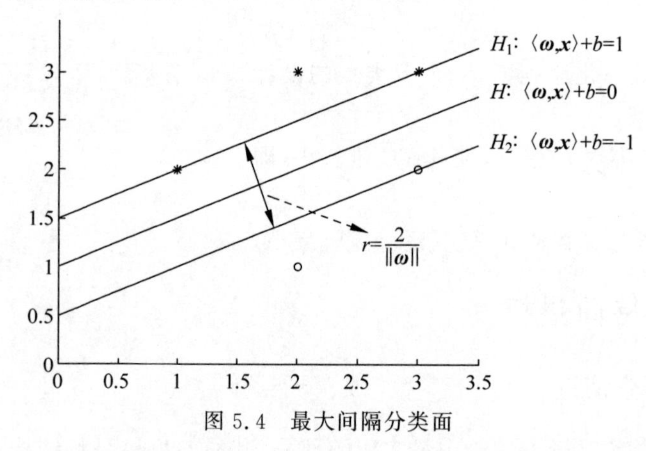

图 5.4　最大间隔分类面

综上所述，在类别为 +1 和类别为 −1 的样本点之间产生最大分类间隔，这对应于以下最优化问题：

$$\min \Phi(\boldsymbol{\omega}) = \min_{\boldsymbol{\omega}} \frac{1}{2} \| \boldsymbol{\omega} \|^2 = \min_{\boldsymbol{\omega}} \frac{1}{2} \langle \boldsymbol{\omega}, \boldsymbol{\omega} \rangle \tag{5.10}$$

其约束条件为

$$y_i(\langle \boldsymbol{\omega}, \boldsymbol{x}_i \rangle + b) \geqslant 1, \quad i = 1, 2, \cdots, l \tag{5.11}$$

式(5.10)和式(5.11)是描述分离数据样本的支持向量机准则的常用方式，其本质是一个求解不等式约束条件的二次规划问题。

为了求解二次优化问题(5.10)，采用 Lagrange 优化方法将其化为对偶形式，参考附录 B。引入 Lagrange 函数：

$$L(\boldsymbol{\omega},b,\boldsymbol{\alpha})=\frac{1}{2}\langle\boldsymbol{\omega},\boldsymbol{\omega}\rangle-\sum_{i=1}^{l}\alpha_i[y_i(\langle\boldsymbol{\omega},\boldsymbol{x}_i\rangle+b)-1] \tag{5.12}$$

其中 $\alpha_i\geqslant 0$ 为 Lagrange 乘子。

函数(5.12)的最小值满足条件：

$$\frac{\partial L(\boldsymbol{\omega},b,\boldsymbol{\alpha})}{\partial\boldsymbol{\omega}}=\boldsymbol{\omega}-\sum_{i=1}^{l}y_i\alpha_i\boldsymbol{x}_i=0$$

$$\frac{\partial L(\boldsymbol{\omega},b,\boldsymbol{\alpha})}{\partial b}=\sum_{i=1}^{n}y_i\alpha_i=0$$

由此得到

$$\boldsymbol{\omega}=\sum_{i=1}^{l}y_i\alpha_i\boldsymbol{x}_i \tag{5.13}$$

$$\sum_{i=1}^{l}\alpha_i y_i=0 \tag{5.14}$$

将式(5.13)代入式(5.12)并考虑式(5.14)，得到对偶问题：

$$\max_{\boldsymbol{\alpha}}Q(\boldsymbol{\alpha})=\sum_{i=1}^{l}\alpha_i-\frac{1}{2}\sum_{i,j=1}^{l}\alpha_i\alpha_j y_i y_j\langle\boldsymbol{x}_i,\boldsymbol{x}_j\rangle \tag{5.15}$$

约束条件：

$$\sum_{i=1}^{l}\alpha_i y_i=0 \tag{5.16}$$

$$\alpha_i\geqslant 0,\quad i=1,2,\cdots,l \tag{5.17}$$

求解该二次规划可得 α_i 值。根据附录 B 可知该优化问题满足的 KKT 条件为

$$\alpha_i[y_i(\langle\boldsymbol{\omega},\boldsymbol{x}_i\rangle+b)-1]=0,\quad i=1,2,\cdots,l$$

当 $y_i(\langle\boldsymbol{\omega},\boldsymbol{x}_i\rangle+b)-1\neq 0$，即$\langle\boldsymbol{\omega},\boldsymbol{x}_i\rangle+b)\neq y_i$ 时，由于 $y_i=1$ 或者 $y_i=-1$，可知点 $\boldsymbol{x}_i$ 不在 H_1 和 H_2 超平面(见图 5.4)上时，必有 $\alpha_i=0$。只有在两个超平面上的点(图 5.4 中的 3 个点)所对应的 α_i 不为零，这 3 个点也称为支持向量，因为这 3 个点完全决定分类超平面 H，而其余非支持向量对确定超平面 H 不起作用。因此，所得到的解 α_i 只有一部分(通常是少部分)不为零，这也是支持向量机可以得到稀疏解的原因。

解出$\boldsymbol{\alpha}$ 后，根据式(5.13)可得 $\boldsymbol{w}$ 的值，但并不需要求出 $\boldsymbol{w}$ 的值，只需将式(5.13)代入 $f(\boldsymbol{x})=\langle\boldsymbol{\omega},\boldsymbol{x}\rangle+b$ 中得 $f(\boldsymbol{x})=\sum_{i=1}^{l}\alpha_i y_i\langle\boldsymbol{x}_i,\boldsymbol{x}\rangle+b$。参数 b 可以根据 3 个支持向量中的任意一个求出。假设 $\boldsymbol{x}_i$ 是其中一个支持向量，则满足

$$y_i(\langle\boldsymbol{\omega},\boldsymbol{x}_i\rangle+b)-1=0$$

于是可根据 $y_i\left(\sum_{j=1}^{l}\alpha_j y_j\langle\boldsymbol{x}_j,\boldsymbol{x}_i\rangle+b\right)-1=0$ 计算出 b 的值。最后得到分类函数：

$$f(\boldsymbol{x})=\langle\boldsymbol{\omega},\boldsymbol{x}\rangle+b=\sum_{i=1}^{l}\alpha_i y_i\langle\boldsymbol{x}_i,\boldsymbol{x}\rangle+b \tag{5.18}$$

对于新样本 $\boldsymbol{x}$，代入式(5.18)中，根据正负值确定所属类别。

5.2.2 线性不可分情况

1. 核方法

前面讨论了样本数据为线性可分的情况,当遇到线性不可分(非线性)的分类问题时,如何办呢?解决问题的思路是:采用一个非线性变换 $\phi(\boldsymbol{x})$ 把输入数据映射到一个高维特征空间,然后在高维特征空间进行线性分类,最后映射回到原空间就成为输入空间中的非线性分类,如图 5.5 所示。

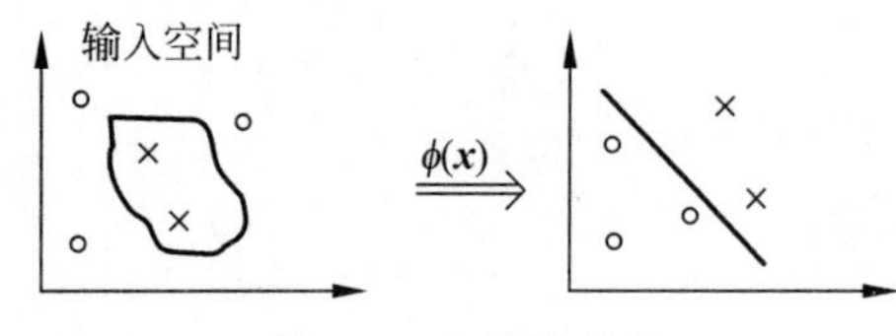

图 5.5 非线性分类

通过事先选择好的某个非线性变换,将输入向量 $\boldsymbol{x}$ 映射到高维特征空间 H,使得在高维空间满足线性可分,然后在高维空间构造一个最优分类超平面。

在上面的方法中会出现这样的问题:特征空间的维数非常高,导致计算的代价太高,甚至不可能实现。如何才能克服这个"维数灾难"问题呢?

对于在特征空间 H 中构造最优分类超平面,我们并不需要以显式形式来表示特征空间。仅仅需要计算特征空间中的向量之间的内积。设 $K(\boldsymbol{x}_1,\boldsymbol{x}_2)$ 为满足 Mercer 定理的对称函数,称为核函数,使得 $k(\boldsymbol{x}_1,\boldsymbol{x}_2)=\langle\phi(\boldsymbol{x}_1),\phi(\boldsymbol{x}_2)\rangle$。

例如,二维空间中的点 $\boldsymbol{X}=(x_1,x_2)^{\mathrm{T}}$,取映射为:

$$\phi(\boldsymbol{X})=[1,x_1^2,\sqrt{2}x_1x_2,x_2^2,\sqrt{2}x_1,\sqrt{2}x_2]^{\mathrm{T}}$$

相应的核函数取为:

$$K(\boldsymbol{X},\boldsymbol{Y})=(1+\boldsymbol{X}^{\mathrm{T}}\boldsymbol{Y})^2$$

其中,$\boldsymbol{X}=(x_1,x_2)^{\mathrm{T}}$ 和 $\boldsymbol{Y}=(y_1,y_2)^{\mathrm{T}}$,因而核函数 $K(\boldsymbol{X},\boldsymbol{Y})$ 可以表示高维空间的内积:

$$K(\boldsymbol{X},\boldsymbol{Y})=1+x_1^2y_1^2+2x_1x_2y_1y_2+x_2^2y_2^2+2x_1y_1+2x_2y_2=\langle\phi(\boldsymbol{X}),\phi(\boldsymbol{Y})\rangle$$

任意连续对称函数都可作为核函数。目前常用的核函数有以下几种:

d 次多项式:$K(\boldsymbol{x},\boldsymbol{x}_i)=(1+\boldsymbol{x}\cdot\boldsymbol{x}_i)^d$;

高斯径向基函数:$K(\boldsymbol{x},\boldsymbol{x}_i)=\exp(-\|\boldsymbol{x}-\boldsymbol{x}_i\|^2/\sigma^2)$;

神经网络核函数:$K(\boldsymbol{x},\boldsymbol{x}_i)=\tanh(k_1(\boldsymbol{x}\cdot\boldsymbol{x}_i)+k_2$。

核函数中的 $\boldsymbol{x}\cdot\boldsymbol{x}_i$ 表示内积运算,也可以用 $\langle\boldsymbol{x},\boldsymbol{x}_i\rangle$ 表示。由此可见,特征空间的内积运算已替换成核函数运算,事实上,运算是在样本空间进行的,而不是在高维特征空间进行的,这就是核技巧的思想。

核方法的优点:由于输入空间的核函数实际上是特征空间内积的等价。因此,在实际计算中,不必关心非线性映射 $\phi(\boldsymbol{x})$ 的具体形式,只需选定核函数 $K(\boldsymbol{x},\boldsymbol{x}_2)$ 就行。核函数比较简单,而映射函数可能很复杂,而且维数很高。因此,引入核方法才能克服"维数灾难"问题。

根据核方法构造的支持向量机模型如图 5.6 所示。

2. 算法实现

根据核方法思想,对于非线性分类,首先采用一个非线性映射 ϕ 把数据映射到一个

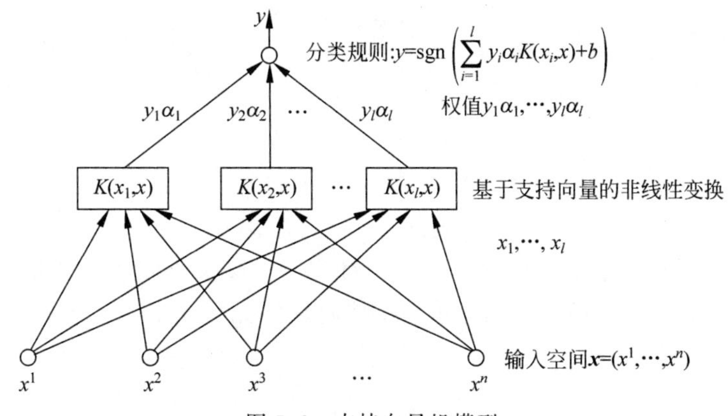

图 5.6 支持向量机模型

高维特征空间,然后在高维特征空间中进行线性分类,映射回到原空间后就成了输入空间中的非线性分类。为了避免高维空间中的复杂计算,支持向量机采用一个核函数 $K(\boldsymbol{x},\boldsymbol{y})$ 代替高维空间中的内积运算 $\langle \phi(\boldsymbol{x}),\phi(\boldsymbol{y})\rangle$。

另外,考虑到可能存在一些样本不能被分离超平面正确分类,采用松弛变量解决这个问题,于是优化问题为

$$\min \frac{1}{2}\|\boldsymbol{w}\|^2 + C\sum_{i=1}^{l}\xi_i \tag{5.19}$$

约束为

$$y_i(\langle \boldsymbol{w},\phi(\boldsymbol{x}_i)\rangle + b) \geqslant 1-\xi_i,\quad i=1,2,\cdots,l \tag{5.20}$$

$$\xi_i \geqslant 0, i=1,2,\cdots,l \tag{5.21}$$

其中,C 为一正常数。式(5.19)中第一项使样本到超平面的距离尽量大,从而提高泛化能力;第二项则使分类误差尽量小。

类似线性可分情况,将优化问题(5.19)化为对偶形式,于是引入拉格朗日函数:

$$L=\frac{1}{2}\|\boldsymbol{w}\|^2 + C\sum_{i=1}^{l}\xi_i - \sum_{i=1}^{l}\alpha_i(y_i(\langle \boldsymbol{w},\phi(\boldsymbol{x}_i)\rangle + b) - 1 + \xi_i) - \sum_{i=1}^{l}\gamma_i\xi_i \tag{5.22}$$

其中 $\alpha_i,\gamma_i \geqslant 0, i=1,2,\cdots,l$。

函数 L 的极值应满足条件

$$\frac{\partial}{\partial \boldsymbol{w}}L=0,\quad \frac{\partial}{\partial b}L=0,\quad \frac{\partial}{\partial \xi_i}=0 \tag{5.23}$$

于是得到

$$\boldsymbol{w}=\sum_{i=1}^{l}\alpha_i y_i \phi(\boldsymbol{x}_i) \tag{5.24}$$

$$\sum_{i=1}^{l}\alpha_i y_i = 0 \tag{5.25}$$

$$C-\alpha_i-\gamma_i=0,\quad i=1,2,\cdots,l \tag{5.26}$$

将式(5.24)～式(5.26)代入式(5.22)中,得到优化问题的对偶形式为

$$\max \sum_{i=1}^{l} \alpha_i - \frac{1}{2} \sum_{i=1}^{l} \sum_{j=1}^{l} \alpha_i \alpha_j y_i y_j K(\boldsymbol{x}_i, \boldsymbol{x}_j) \tag{5.27}$$

约束为

$$\sum_{i=1}^{l} \alpha_i y_i = 0 \tag{5.28}$$

$$0 \leqslant \alpha_i \leqslant C, \quad i = 1, 2, \cdots, l \tag{5.29}$$

问题归结为求解一个二次规划问题，一般情况下，该优化问题解的特点是大部分 α_i 将为零，其中不为零的 α_i 所对应的样本为支持向量(Support Vector,SV)。

根据 KKT 条件有

$$\alpha_i [y_i (\langle \boldsymbol{w}, \phi(\boldsymbol{x}_i) \rangle + b) - 1 + \xi_i] = 0, \quad i = 1, 2, \cdots, l \tag{5.30}$$

$$(C - \alpha_i) \xi_i = 0, i = 1, 2, \cdots, l \tag{5.31}$$

于是可得 b 的计算式如下：

$$y_i \left(\sum_{j=1}^{l} \alpha_j y_j K(\boldsymbol{x}_j, \boldsymbol{x}_i) + b \right) - 1 = 0, \quad \text{当 } \alpha_i \in (0, C) \tag{5.32}$$

因此，可以通过任意一个支持向量求出 b 的值。

最后得到判别函数为

$$f(\boldsymbol{x}) = \operatorname{sgn}\left(\sum_{i=1}^{l} \alpha_i y_i K(\boldsymbol{x}_i, \boldsymbol{x}) + b \right) \tag{5.33}$$

有时为了方便，用标准的二次规划工具箱实现上述算法，可以将优化问题(5.27)化为标准的二次规划形式：

$$\min_{\boldsymbol{x}} \frac{1}{2} \boldsymbol{x}^{\mathrm{T}} \boldsymbol{H} \boldsymbol{x} + \boldsymbol{c}^{\mathrm{T}} \boldsymbol{x}$$

约束为

$$\boldsymbol{a}^{\mathrm{T}} \boldsymbol{x} = 0$$

$$\boldsymbol{x} \geqslant 0$$

$$\boldsymbol{x} \leqslant \boldsymbol{A}$$

参数取法如下：

$$\boldsymbol{x} = \begin{bmatrix} \alpha_1 \\ \vdots \\ \alpha_l \end{bmatrix}, \boldsymbol{c} = \begin{bmatrix} -1 \\ \vdots \\ -1 \end{bmatrix}, \boldsymbol{H} = [D_{ij}], \boldsymbol{a} = [y_1, \cdots, y_l]^{\mathrm{T}}, \boldsymbol{A} = [C, \cdots, C]^{\mathrm{T}},$$

其中，$D_{ij} = y_i y_j K(\boldsymbol{x}_i, \boldsymbol{x}_j), i, j = 1, 2, \cdots, l$，其中 $\boldsymbol{a}, \boldsymbol{c}, \boldsymbol{A}$ 为 l 维向量。

3. 举例

下面以异或分类问题来说明支持向量机实现方式。该问题的取值情况见表 5.1。

表 5-1 异或问题取值

输入向量 x	期望响应 y
(−1,−1)	−1
(−1,+1)	+1

续表

输入向量 x	期望响应 y
$(+1,-1)$	$+1$
$(+1,-1)$	-1

这是一个非线性分类问题，为了采用支持向量机处理该问题，取映射为

$$\phi(\boldsymbol{x})=[1,x_1^2,\sqrt{2}x_1x_2,x_2^2,\sqrt{2}x_1,\sqrt{2}x_2]^{\mathrm{T}}$$

相应的核函数取为

$$K(\boldsymbol{x},\boldsymbol{x}_i)=(1+\boldsymbol{x}^{\mathrm{T}}\boldsymbol{x}_i)^2$$

目标函数的对偶形式为

$$Q(\alpha)=\alpha_1+\alpha_2+\alpha_3+\alpha_4-\frac{1}{2}(9\alpha_1^2-2\alpha_1\alpha_2-2\alpha_1\alpha_3+2\alpha_1\alpha_4+$$
$$9\alpha_2^2+2\alpha_2\alpha_3-2\alpha_2\alpha_4+9\alpha_3^2-2\alpha_3\alpha_4+9\alpha_4^2)$$

取参数 $C=1$，采用二次规划对该目标函数进行优化，得优化值为

$$\alpha_1=\alpha_2=\alpha_3=\alpha_4=\frac{1}{8}$$

所有 4 个输入向量都是支持向量。根据 KKT 条件，采用其中任何一个可以计算出 $b=0$（请读者自行计算），将结果代入式(5.33)中得判别函数为

$$f(\boldsymbol{x})=\mathrm{sgn}(-x_1x_2)$$

显然，对 $x_1=x_2=-1$ 和 $x_1=x_2=+1$，输出 $y=-1$；对 $x_1=-1,x_2=+1$，以及 $x_1=+1,x_2=-1$，输出 $y=+1$。因此，异或问题得解。

5.3 一类分类支持向量机

一类分类问题经常在故障诊断等异常值检验中应用。设一个正类样本集为：

$$\{\boldsymbol{x}_i,i=1,2,\cdots,l\},\quad \boldsymbol{x}_i\in\mathbf{R}^d$$

其中每个样本 $\boldsymbol{x}_i$ 用列向量表示。设法找一个以 $\boldsymbol{a}$（d 维列向量）为中心，以 R 为半径的能够包含所有样本点的最小球体。如果直接进行优化处理，所得到的优化区域就是一个超球体。为了使优化区域更紧致，这里仍然采用核映射思想，首先用一个非线性映射 ϕ 将样本点映射到高维特征空间，然后在高维特征空间中求解包含所有样本点的最小超球体。为了允许一些数据点存在误差，可以引入松弛变量 ξ_i 来控制，同时将高维空间优化中的内积运算采用核函数代替，即找一个核函数 $K(\boldsymbol{x},\boldsymbol{y})$，使得 $K(\boldsymbol{x},\boldsymbol{y})=\langle\phi(\boldsymbol{x}),\phi(\boldsymbol{y})\rangle$。

设中心 $\boldsymbol{a}$ 和高维映射 $\phi(\boldsymbol{x})$ 都用列向量的形式表示，于是优化问题为

$$\min F(R,\boldsymbol{a},\xi_i)=R^2+C\sum_{i=1}^{l}\xi_i \tag{5.34}$$

约束为

$$(\phi(\boldsymbol{x}_i)-\boldsymbol{a})^{\mathrm{T}}(\phi(\boldsymbol{x}_i)-\boldsymbol{a})\leqslant R^2+\xi_i,\quad i=1,2,\cdots,l \tag{5.35}$$

$$\xi_i\geqslant 0,\quad i=1,2,\cdots,l \tag{5.36}$$

引入拉格朗日函数

$$L=R^2+C\sum_{i=1}^{l}\xi_i+\sum_{i=1}^{l}\alpha_i[(\phi(\boldsymbol{x}_i)-\boldsymbol{a})^{\mathrm{T}}(\phi(\boldsymbol{x}_i)-\boldsymbol{a})-R^2-\xi_i]-\sum_{i=1}^{l}\gamma_i\xi_i$$

分别对参数 R,a,ξ_i 求导并令其为零得

$$\frac{\partial L}{\partial R}=2R-2R\sum_{i=1}^{l}\alpha_i=0 \qquad \Rightarrow\sum_{i=1}^{l}\alpha_i=1$$

$$\frac{\partial L}{\partial \boldsymbol{a}}=2\boldsymbol{a}\sum_{i=1}^{l}\alpha_i-2\sum_{i=1}^{l}\alpha_i\phi(\boldsymbol{x}_i)=0 \qquad \Rightarrow\boldsymbol{a}=\sum_{i=1}^{l}\alpha_i\phi(\boldsymbol{x}_i)$$

$$\frac{\partial L}{\partial \xi_i}=C-\alpha_i-\gamma_i=0,i=1,2,\cdots,l \qquad \Rightarrow 0\leqslant\alpha_i\leqslant C,i=1,2,\cdots,l$$

将上述结果代入拉格朗日函数中得

$$\begin{aligned}
L&=R^2+C\sum_{i=1}^{l}\xi_i+\sum_{i=1}^{l}\alpha_i[(\phi(\boldsymbol{x}_i)-\boldsymbol{a})^{\mathrm{T}}(\phi(\boldsymbol{x}_i)-\boldsymbol{a})-R^2-\xi_i]-\sum_{i=1}^{l}\gamma_i\xi_i\\
&=R^2+C\sum_{i=1}^{l}\xi_i+\sum_{i=1}^{l}\alpha_i[(\phi(\boldsymbol{x}_i)^{\mathrm{T}}\phi(\boldsymbol{x}_i)-2\boldsymbol{a}^{\mathrm{T}}\phi(\boldsymbol{x}_i)+\boldsymbol{a}^{\mathrm{T}}\boldsymbol{a}]-\\
&\quad\sum_{i=1}^{l}\alpha_i(R^2+\xi_i)-\sum_{i=1}^{l}(C-\alpha_i)\xi_i\\
&=\sum_{i=1}^{l}\alpha_i[(\phi(\boldsymbol{x}_i)^{\mathrm{T}}\phi(\boldsymbol{x}_i)-2\boldsymbol{a}^{\mathrm{T}}\phi(\boldsymbol{x}_i)+\boldsymbol{a}^{\mathrm{T}}\boldsymbol{a}]\\
&=\sum_{i=1}^{l}\alpha_i[(\phi(\boldsymbol{x}_i)^{\mathrm{T}}\phi(\boldsymbol{x}_i)]-2\boldsymbol{a}^{\mathrm{T}}\sum_{i=1}^{l}\alpha_i\phi(\boldsymbol{x}_i)+\boldsymbol{a}^{\mathrm{T}}\boldsymbol{a}\\
&=\sum_{i=1}^{l}\alpha_i[(\phi(\boldsymbol{x}_i)^{\mathrm{T}}\phi(\boldsymbol{x}_i)]-2\left\langle\sum_{j=1}^{l}\alpha_j\phi(\boldsymbol{x}_j),\sum_{i=1}^{l}\alpha_i\phi(\boldsymbol{x}_i)\right\rangle+\left\langle\sum_{j=1}^{l}\alpha_j\phi(\boldsymbol{x}_j),\sum_{i=1}^{l}\alpha_i\phi(\boldsymbol{x}_i)\right\rangle\\
&=\sum_{i=1}^{l}\alpha_ik(\boldsymbol{x}_i,\boldsymbol{x}_i)-2\left\langle\sum_{j=1}^{l}\sum_{i=1}^{l}\alpha_j\alpha_i\langle\phi(\boldsymbol{x}_j),\phi(\boldsymbol{x}_i)\right\rangle+\left\langle\sum_{j=1}^{l}\sum_{i=1}^{l}\alpha_i\alpha_j\langle\phi(\boldsymbol{x}_j),\phi(\boldsymbol{x}_i)\right\rangle
\end{aligned}$$

于是得到优化问题(5.34)的对偶形式：

$$\max\sum_{i=1}^{l}\alpha_iK(\boldsymbol{x}_i,\boldsymbol{x}_i)-\sum_{i=1}^{l}\sum_{j=1}^{l}\alpha_i\alpha_jK(\boldsymbol{x}_i,\boldsymbol{x}_j) \tag{5.37}$$

约束为

$$\sum_{i=1}^{l}\alpha_i=1 \tag{5.38}$$

$$0\leqslant\alpha_i\leqslant C,\quad i=1,2,\cdots,l \tag{5.39}$$

解优化问题(5.37)可以得到 $\boldsymbol{\alpha}$ 的值，通常大部分 α_i 将为零，不为零的 α_i 所对应的样本也称为支持向量。

根据 KKT 条件：$\alpha_i[(\phi(\boldsymbol{x}_i)-\boldsymbol{a})^{\mathrm{T}}(\phi(\boldsymbol{x}_i)-\boldsymbol{a})-R^2-\xi_i]=0$ 和 $\gamma_i\xi_i=0$ 可知，对应于 $0<\alpha_i<C$ 的样本满足：$(\phi(\boldsymbol{x}_i)-\boldsymbol{a})^{\mathrm{T}}(\phi(\boldsymbol{x}_i)-\boldsymbol{a})-R^2=0$，展开为

$$R^2-(K(\boldsymbol{x}_i,\boldsymbol{x}_i)-2\sum_{j=1}^{l}\alpha_jK(\boldsymbol{x}_j,\boldsymbol{x}_i)+\boldsymbol{a}^{\mathrm{T}}\boldsymbol{a})=0 \tag{5.40}$$

其中，$\boldsymbol{a}=\sum_{i=1}^{l}\alpha_i\phi(\boldsymbol{x}_i)$。因此，用任意一个支持向量根据式(5.40)可求出 R 的值。对于新样本 $\boldsymbol{z}$，设

$$f(\boldsymbol{z})=(\phi(\boldsymbol{z})-\boldsymbol{a})^{\mathrm{T}}(\phi(\boldsymbol{z})-\boldsymbol{a})=K(\boldsymbol{z},\boldsymbol{z})-2\sum_{i=1}^{l}\alpha_iK(\boldsymbol{z},\boldsymbol{x}_i)+\sum_{i=1}^{l}\sum_{j=1}^{l}\alpha_i\alpha_jK(\boldsymbol{x}_i,\boldsymbol{x}_j) \tag{5.41}$$

若 $f(\boldsymbol{z})\leqslant R^2$，则 $\boldsymbol{z}$ 为正常点，否则 $\boldsymbol{z}$ 为异常点。

在一类分类的优化方程(5.34)中，参数 C 所起的作用是对边远样本的惩罚程度。由于 $\sum_{i=1}^{l}\alpha_i=1$ 且 $0\leqslant\alpha_i\leqslant C$，所以当 $C<1/l$ 时，优化方程无解；当 $C>1$ 时，优化方程总有解，且其解一定满足条件 $\alpha<C$，此时所有训练样本都处在超球体内部；当 $1/l\leqslant C\leqslant 1$ 时，参数 C 起着控制超球体外的样本个数的作用，参数 C 的值越小，超球体外面的样本个数越多。图5.7是当参数 $C=1/2$ 时的封闭曲线，此时所有样本点都在封闭曲线内。当参数 $C=1/30$ 时，有一部分样本在优化区域边界的外面，如图5.8所示。

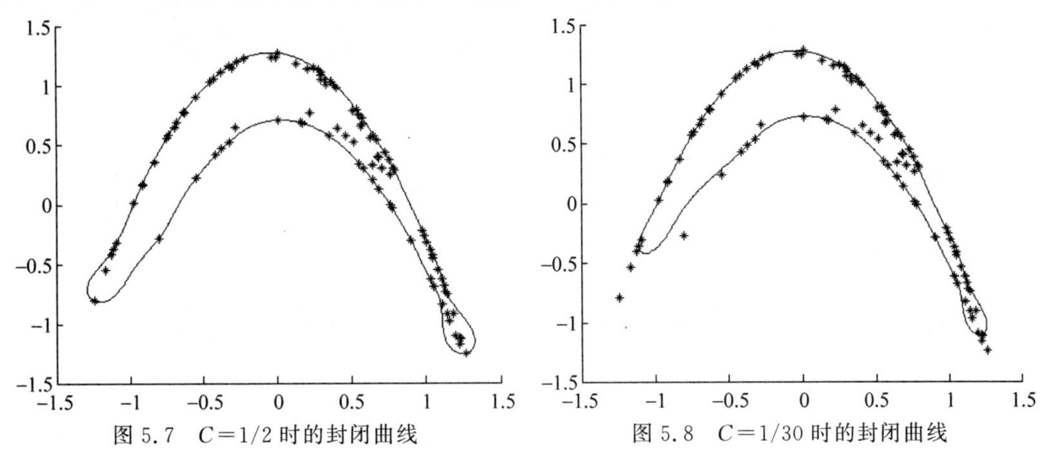

图5.7　$C=1/2$ 时的封闭曲线　　图5.8　$C=1/30$ 时的封闭曲线

高斯核函数中的参数 σ 对优化边界起着非常重要的作用，参数 σ 越小，优化区域越紧致，如图5.9(a)～图5.9(f)所示，其中，所有情况都取 $C=1$，只是参数 σ 取不同的值。

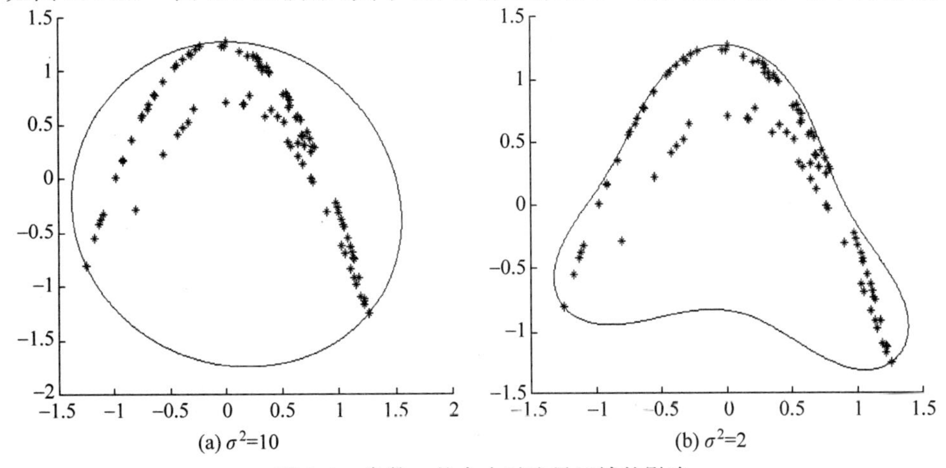

图5.9　参数 σ 的大小对边界区域的影响

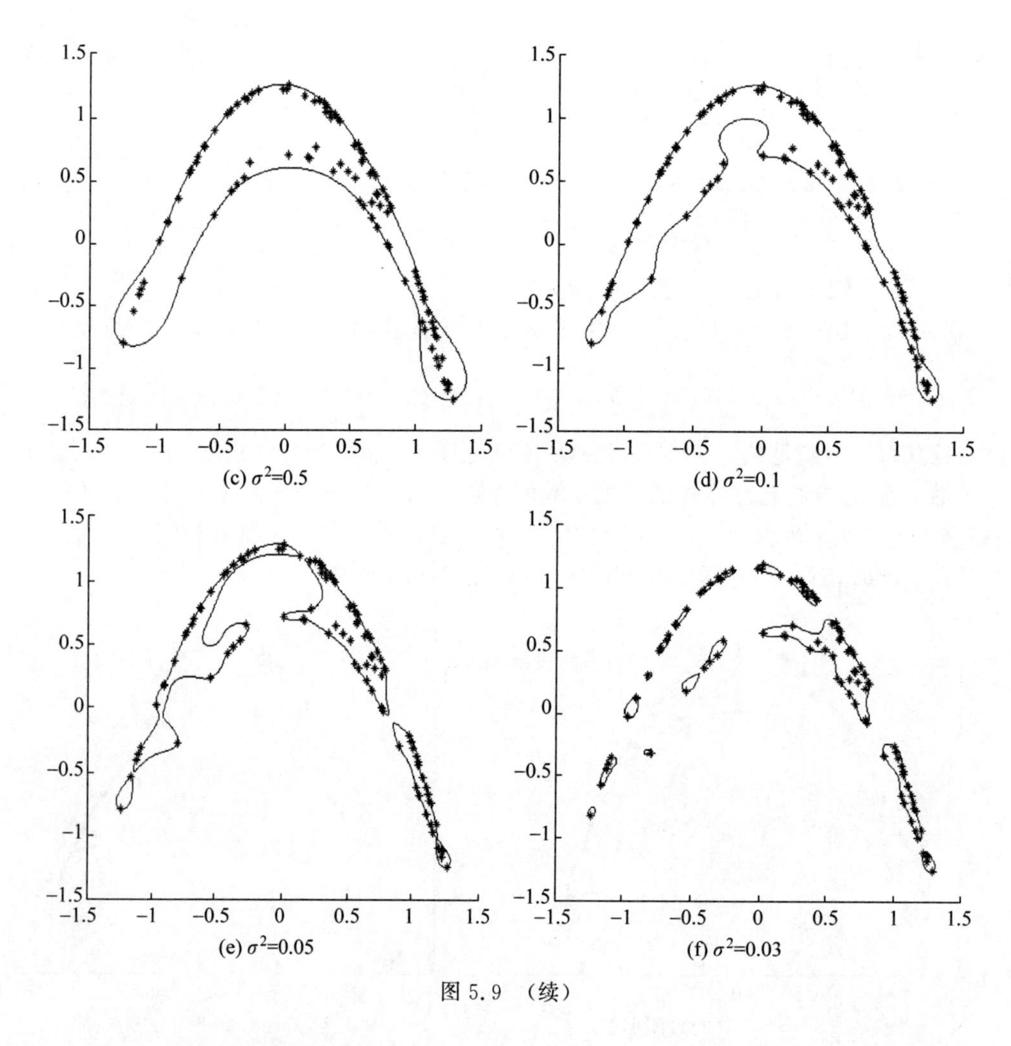

图 5.9 (续)

5.4 多类支持向量机

由于支持向量机最初是针对二分类提出的，因此，存在一个如何将其推广到多类分类上的问题，目前有以下几种常用的方法。

5.4.1 一对多法

其思想是把某一种类别的样本当作一个类别，剩余其他类别的样本当作另一个类别，这样就变成了一个二分类问题。然后，在剩余的样本中重复上面的步骤。这种方法需要构造 k 个 SVM 模型，其中，k 是待分类的个数。这种方案的缺点是训练样本数目大，训练困难。

5.4.2 一对一法

其做法是在多类分类中，每次只考虑两类样本，即对每两类样本设计一个 SVM 模型，因此，总共需要设计 $k(k-1)/2$ 个 SVM 模型。这种做法需要构造多个二分类器，并且测试时需要对每两类都进行比较，导致算法计算复杂度很高。

5.4.3　SVM 决策树法

它通常和二叉决策树（见第 6 章）结合起来，构成多类别的识别器。这种方法的缺点是如果在某个节点上发生了分类错误，将会把错误延续下去，该节点后续下一级节点上的分类就失去了意义。

5.4.4　ECC－SVM 方法

对类别进行二进制编码可以将多类分类问题转化为多个两分类问题，并且可以达到一定的纠错能力。对于 M 类数据分类问题，对每个类进行长度为 L 的二进制编码，就可以把 M 类数据分类问题转化为 L 个两类分类问题。每个码位只是一个两类分类问题，可以采用标准的支持向量机方法。对于一个新的样本，L 个 SVM 的分类结果构成一个码字 s，M 个编码中与 s 的汉明距离最小的码字所代表的类别就是新样本所属的类别。把具有纠错能力的编码称为纠错编码（Error Correcting Codes，ECC）。把对类别进行 ECC 编码后，采用 SVM 进行码位分类的方法称为 ECC-SVM 方法。表 5.2 是一个采用 10 位编码的 ECC-SVM 求解 5 类分类问题的例子。

ECC-SVM 算法中，第 i 个 SVM 训练样本的组成是把编码矩阵中第 i 列取值为 0 的所有类别的样本归为一类，把取值为 1 的所有样本归为另一类。ECC 码的优点是可以纠正分类时产生的错误；缺点是也需要构造多个二分类问题，导致计算复杂性很高。

表 5.2　ECC-SVM 进行 5 类分类

类别	码字									
	SVM1	SVM2	SVM3	SVM4	SVM5	SVM6	SVM7	SVM8	SVM9	SVM10
1	0	1	1	1	1	1	1	1	1	1
2	1	0	0	0	1	1	1	1	1	1
3	1	1	1	1	0	0	0	0	1	1
4	1	0	1	1	0	0	1	1	0	0
5	0	1	0	1	0	1	0	1	0	1

5.4.5　基于一类分类的多类分类算法

由于构造多类分类的一般方法具有很高的计算复杂性，因此提出简单实用的多类分类方法显得非常必要。下面以一类分类算法为基础建立一种多类分类算法。该方法是在高维特征空间中对每一类样本求出一个超球体中心，然后计算待测试样本到每类中心的距离，最后根据最小距离来判断该点所属的类，具体步骤如下。

设训练样本为 $\{(\boldsymbol{x}_1,y_1),\cdots,(\boldsymbol{x}_l,y_l)\}\subset\mathbf{R}^n\times Y$，$Y=\{1,2,\cdots,M\}$。其中，$n$ 为输入向量维数，M 为类别数。将样本分成 M 类，各类分开写成 $\{(\boldsymbol{x}_1^{(s)},y_1^{(s)}),\cdots,(\boldsymbol{x}_{l_s}^{(s)},y_{l_s}^{(s)}),s=1,2,\cdots,M\}$，其中，$\{(\boldsymbol{x}_i^{(s)},y_i^{(s)}),i=1,2,\cdots,l_s\}$ 代表第 s 类训练样本，$l_1+l_2+\cdots+$

$l_M=l$。首先给出原空间中的优化算法，为了求包含每类样本的最小超球体，同时允许一定的误差存在，构造下面的二次优化：

$$\min\sum_{s=1}^{M}R_s^2+C\sum_{s=1}^{M}\sum_{i=1}^{l_s}\xi_{si} \tag{5.42}$$

约束为

$$(\boldsymbol{x}_i^{(s)}-\boldsymbol{a}_s)^{\mathrm{T}}(\boldsymbol{x}_i^{(s)}-\boldsymbol{a}_s)\leqslant R_s^2+\xi_{si},\quad s=1,2,\cdots,M,i=1,2,\cdots l_s \tag{5.43}$$

$$\xi_{si}\geqslant 0,\quad s=1,2,\cdots,M,i=1,2,\cdots,l_s \tag{5.44}$$

该优化问题的对偶形式为

$$\max\sum_{s=1}^{M}\sum_{i=1}^{l_s}\alpha_i^{(s)}\langle\boldsymbol{x}_i^{(s)},\boldsymbol{x}_i^{(s)}\rangle-\sum_{s=1}^{M}\sum_{i=1}^{l_s}\sum_{j=1}^{l_s}\alpha_i^{(s)}\alpha_j^{(s)}\langle\boldsymbol{x}_i^{(s)},\boldsymbol{x}_j^{(s)}\rangle \tag{5.45}$$

约束为

$$0\leqslant\alpha_i^{(s)}\leqslant C,\quad s=1,2,\cdots,M,i=1,2,\cdots,l_s \tag{5.46}$$

$$\sum_{i=1}^{l_s}\alpha_i^{(s)}=1,\quad s=1,2,\cdots,M \tag{5.47}$$

借助核映射思想，首先通过映射 ϕ 将原空间映射到高维特征空间，然后在高维特征空间中进行上面的优化，并通过引入核函数 $K(\boldsymbol{x},\boldsymbol{y})$代替高维特征空间中的内积运算，于是可以得到核方法下的优化方程为

$$\max\sum_{s=1}^{M}\sum_{i=1}^{l_s}\alpha_i^{(s)}K(\boldsymbol{x}_i^{(s)},\boldsymbol{x}_i^{(s)})-\sum_{s=1}^{M}\sum_{i=1}^{l_s}\sum_{j=1}^{l_s}\alpha_i^{(s)}\alpha_j^{(s)}K(\boldsymbol{x}_i^{(s)},\boldsymbol{x}_j^{(s)}) \tag{5.48}$$

约束为

$$0\leqslant\alpha_i^{(s)}\leqslant C,\quad s=1,2,\cdots,M,i=1,2,\cdots,l_s \tag{5.49}$$

$$\sum_{i=1}^{l_s}\alpha_i^{(s)}=1,\quad s=1,2,\cdots,M \tag{5.50}$$

上面优化式是多类分类问题最终的优化方程，待优化的参数个数是样本总数 l。因此，该优化方程的计算复杂性主要与总的样本数量有关，而样本的分类数对算法复杂性的影响很小。由此可知，该算法在处理多类分类问题时比用 SVM 构造一系列二分类要简单得多。

根据 KKT 条件，对应于 $0<\alpha_i^{(s)}<C$ 的样本满足：

$$R_s^2-(K(\boldsymbol{x}_i^{(s)},\boldsymbol{x}_i^{(s)})-2\sum_{j=1}^{l_s}\alpha_j^{(s)}K(\boldsymbol{x}_j^{(s)},\boldsymbol{x}_j^{(s)})+a_s^{\mathrm{T}}a_s)=0 \tag{5.51}$$

利用式(5.51)分别计算出 R_s 的值，$s=1,2,\cdots,M$。

给定待识别样本 z，计算它到各个中心点的距离：

$$f_s(\boldsymbol{z})=K(\boldsymbol{z},\boldsymbol{z})-2\sum_{i=1}^{l_s}\alpha_i^{(s)}K(\boldsymbol{z},\boldsymbol{x}_i^{(s)})+\sum_{i=1}^{l_s}\sum_{j=1}^{l_s}\alpha_i^{(s)}\alpha_j^{(s)}K(\boldsymbol{x}_i^{(s)},\boldsymbol{x}_j^{(s)}),\quad s=1,2,\cdots,M \tag{5.52}$$

比较大小，找出最小的 $f_k(\boldsymbol{z})$，则 $\boldsymbol{z}$ 属于第 k 类。同时可定义该分类结果的信任度如下：

$$B_k=\begin{cases}1, & R_k \geqslant f_k(\boldsymbol{z}) \\ \dfrac{R_k}{f_k(\boldsymbol{z})}, & R_k \geqslant f_k(\boldsymbol{z})\end{cases} \tag{5.53}$$

式(5.53)表明当所得的 $f_k(\boldsymbol{z})$ 值位于超球体内部时，此时的信任度为1；否则，信任度小于1，并且距离超球体中心越远，信任度越小。

该算法的关键是找到各类的中心点，因此还可以通过适当调整参数 C 的取值来抑制噪声的影响。

另外，考虑到各类别中含有样本数的不同，可能对以上分类原则有一定的影响。例如两类样本数相差悬殊，如图5.10所示，设小圆代表样本数少的第一类样本，大圆代表样本数多的第二类样本，那么根据 $f_k(\boldsymbol{z})$ 的大小可判定新样本(图中由矩形表示)属于第一类，但由于新样本处在第一类样本区域外，而位于第二类样本区域内，此时将新样本判为第二类更合理。

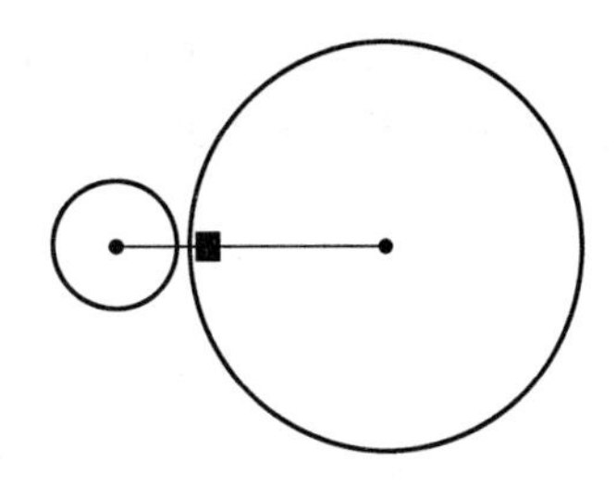

图5.10　样本数相差悬殊时的分类

为了在各类样本数不同的情况下仍能保持合理的分类结果，可以将原来分类原则中"找出最小的 $f_k(\boldsymbol{z})$"改为"找出最小的$\dfrac{f_k(\boldsymbol{z})}{R_k}$"，这样就可以克服原分类原则中样本数相差悬殊时的不合理分类情况。

5.5　基于线性规划的支持向量机分类

支持向量机一类分类、二值分类以及后面介绍的回归算法都是把问题归结为一个二次规划来求解，其中参数的数量在分类情况下等于训练样本的个数，在回归情况下是训练样本个数的二倍。当数据量很大时，其计算的时间和空间复杂度均很大。若能将支持向量机算法归结为线性规划来求解无疑会大大减少计算量，于是一些线性规划下的支持向量机方法被提出。下面将介绍基于线性规划的支持向量机分类算法。

最初的支持向量机分类算法是通过最大化分类间隔得到的，而其中的距离度量采用的是由 l_2 范数导出的欧氏距离。若用 l_1 和 l_∞ 范数代替其中的 l_2 范数将得到基于线性规划的支持向量机算法。线性规划下的支持向量机算法仍然具有很好的性能，而且计算复杂度大大减少。

5.5.1　数学背景

先给出后面用到的两个定理。

定理5.1(赫尔德不等式)：设 $a=\{a_1,a_2,\cdots,a_n\}$ 或 $a=\{a_1,a_2,\cdots\}$ 为实数列或者复数列，令 $\|a\|_p=\begin{cases}\left(\sum\limits_k |a_k|^p\right)^{1/p}, & 0<p<\infty \\ \sup\limits_k |a_k|, & p=\infty\end{cases}$，满足 $\dfrac{1}{p}+\dfrac{1}{q}=1$ 的 p,q 称为共轭指数，对应的范数用 L_p 和 L_q 表示，称为共轭范数。当 $p=1$ 时规定 $q=\infty$。设 $\boldsymbol{x}=(x_1,$

$x_2,\cdots,x_n)$，$\boldsymbol{y}=(y_1,y_2,\cdots,y_n)$，若 $1\leqslant p\leqslant\infty$，则 $\sum_{i=1}^{n}|x_iy_i|\leqslant\|\boldsymbol{x}\|_p\|\boldsymbol{y}\|_q$。

定理 5.2：设 $z\in\mathbf{R}^n$ 是不在平面 $A:\{\tilde{z}\mid\langle\tilde{z},\boldsymbol{w}\rangle+b=0\}$ 上的任一点，则对于 $1\leqslant p\leqslant\infty$，有

$$\frac{|\langle z,\boldsymbol{w}\rangle+b|}{\|\boldsymbol{w}\|_p}=\|z-A\|_q$$

其中，$\|z-\boldsymbol{A}\|_q$ 表示 z 到平面 A 的 L_q 范数距离，L_p，L_q 为共轭范数。

考虑 $\mathbf{R}^d$ 上的两个平行超平面，$H_1:\langle\boldsymbol{w},\boldsymbol{x}\rangle+b_1=0$ 和 $H_2:\langle\boldsymbol{w},\boldsymbol{x}\rangle+b_2=0$。基于 L_p 范数的两个超平面的距离为

$$d_p(H_1,H_2):=\min_{\substack{\boldsymbol{x}\in H_1\\ \boldsymbol{y}\in H_2}}\|\boldsymbol{x}-\boldsymbol{y}\|_p \tag{5.54}$$

其中 L_p 范数由定理 5.1 定义如下：

$$\|\boldsymbol{x}\|_p=\left(\sum_{i=1}^{d}|x_i|^p\right)^{\frac{1}{p}} \tag{5.55}$$

任选一点 $\boldsymbol{y}\in H_2$，两个超平面的距离可以写为

$$d_p(H_1,H_2)=\min_{\boldsymbol{x}\in H_1}\|\boldsymbol{x}-\boldsymbol{y}\|_p \tag{5.56}$$

平行移动两个超平面使 H_2 通过原点，可以得到具有同样距离的超平面：$H_1':\langle\boldsymbol{w},\boldsymbol{x}\rangle+(b_1-b_2)=0$ 和 $H_2':\langle\boldsymbol{w},\boldsymbol{x}\rangle=0$。如果选择 $\boldsymbol{y}$ 点为原点，则两个超平面之间的距离为

$$d_p(H_1',H_2')=\min_{\boldsymbol{x}\in H_1'}\|\boldsymbol{x}\|_p \tag{5.57}$$

如果 L_p 是 L_q 的共轭范数，即 p 和 q 满足等式

$$\frac{1}{p}+\frac{1}{q}=1 \tag{5.58}$$

则由赫尔德不等式(定理 5.1)可得

$$\|\boldsymbol{x}\|_p\|\boldsymbol{w}\|_q\geqslant|\langle\boldsymbol{x},\boldsymbol{w}\rangle| \tag{5.59}$$

对于 $\boldsymbol{x}\in H_1'$，有 $|\langle\boldsymbol{x},\boldsymbol{w}\rangle|=|b_1-b_2|$，因此

$$\min_{\boldsymbol{x}\in H_1'}\|\boldsymbol{x}\|_p\|\boldsymbol{w}\|_q=|b_1-b_2| \tag{5.60}$$

所以，两个超平面之间的距离为

$$d_p(H_1,H_2)=\min_{\boldsymbol{x}\in H_1'}\|\boldsymbol{x}\|_p=\frac{|b_1-b_2|}{\|\boldsymbol{w}\|_q} \tag{5.61}$$

5.5.2 线性规划的分类算法

1. L_1 范数公式

当用 L_1 范数定义超平面之间的距离时，可得相应的线性规划支持向量机分类算法。有了前面的准备，则对于两个超平面 $H_1:\langle\boldsymbol{w},\boldsymbol{x}\rangle+b_1=0$ 和 $H_2:\langle\boldsymbol{w},\boldsymbol{x}\rangle+b_2=0$，通过 L_1 范数定义它们之间的距离为

$$d_1(H_1,H_2)=\frac{|b_1-b_2|}{\|\boldsymbol{w}\|_\infty} \tag{5.62}$$

其中，$\|\boldsymbol{w}\|_\infty$ 表示 L_∞ 范数，它是 L_1 的对偶范数，根据定理 5.1 定义为

$$\|\boldsymbol{w}\|_\infty=\max_j|w_j| \tag{5.63}$$

先考虑线性可分情况，通过调整 $\boldsymbol{w}$ 和 b，能够使支持向量满足

$$\langle\boldsymbol{w},\boldsymbol{x}_i\rangle+b=\pm 1 \tag{5.64}$$

设 $H^+:\langle\boldsymbol{w},\boldsymbol{x}\rangle+b=1$，$H^-:\langle\boldsymbol{w},\boldsymbol{x}\rangle+b=-1$，则通过各类支持向量的两个支持超平面之间的距离为

$$d_1(H^+,H^-)=\frac{|(b+1)-(b-1)|}{\|\boldsymbol{w}\|_\infty}=\frac{2}{\max\limits_j|w_j|} \tag{5.65}$$

于是优化问题的目标函数为

$$\min_{\boldsymbol{w},b}\max_j|w_j| \tag{5.66}$$

约束为

$$y_i(\langle\boldsymbol{w},\boldsymbol{x}_i\rangle+b)\geqslant 1,\quad i=1,2,\cdots,l \tag{5.67}$$

令 $a=\max\limits_j|w_j|$，可得到下面的线性规划：

$$\min a \tag{5.68}$$

约束为

$$y_i(\langle\boldsymbol{w},\boldsymbol{x}_i\rangle+b)\geqslant 1,\quad i=1,2,\cdots,l \tag{5.69}$$

$$a\geqslant w_j,\quad j=1,2,\cdots,d \tag{5.70}$$

$$a\geqslant -w_j,\quad j=1,2,\cdots,d \tag{5.71}$$

$$a,b\in\mathbf{R},\quad \boldsymbol{w}\in\mathbf{R}^d \tag{5.72}$$

这是一个线性优化问题，要比二次优化简单得多。

对于不可分的情况，可以引入松弛变量，此时目标函数为

$$\min_{\boldsymbol{w},b,\xi}\{\max_j|w_j|+C\sum_{i=1}^{l}\xi_i\} \tag{5.73}$$

于是优化问题为

$$\min a+C\sum_{i=1}^{l}\xi_i \tag{5.74}$$

约束为

$$y_i(\langle\boldsymbol{w},\boldsymbol{x}_i\rangle+b)\geqslant 1-\xi_i,\quad i=1,2,\cdots,l \tag{5.75}$$

$$a\geqslant w_j,\quad j=1,2,\cdots,d \tag{5.76}$$

$$a\geqslant -w_j,\quad j=1,2,\cdots,d \tag{5.77}$$

$$a,b\in\mathbf{R},w\in\mathbf{R}^d,\xi_i\geqslant 0,\quad i=1,2,\cdots,l \tag{5.78}$$

对于非线性分类情况，用一个非线性映射 ϕ 把样本集映射到高维空间，然后在高维空间中进行线性分类，并用核函数代替高维空间中的内积运算。权值 $\boldsymbol{w}$ 仍然采用前文的核展开表示：

$$w=\sum_{i=1}^{l}\alpha_i y_i \phi(x_i) \tag{5.79}$$

于是核方法下的优化问题为

$$\min a+C\sum_{i=1}^{l}\xi_i \tag{5.80}$$

约束为

$$y_i\Big(\sum_{j=1}^{l}\alpha_j y_j K(x_j,x_i)+b\Big)\geqslant 1-\xi_i,\quad i=1,2,\cdots,l \tag{5.81}$$

$$a\geqslant \alpha_j,\quad j=1,2,\cdots,l \tag{5.82}$$

$$a\geqslant -\alpha_j,\quad j=1,2,\cdots,l \tag{5.83}$$

$$a,b\in \mathbf{R},\xi_i\geqslant 0,\quad i=1,2,\cdots,l \tag{5.84}$$

其中,对参数 w_j 的约束变为对 α_j 的约束,是因为 $\boldsymbol{w}$ 不需要实际求出,且不影响优化的几何意义。

当用 L_1 范数定义两个超平面之间的距离时,还可以选择另外一种优化途径。通过调整 $\boldsymbol{w}$ 和 b,使支持向量满足 $\langle \boldsymbol{w},\boldsymbol{x}_i\rangle+b=\pm\rho$,其中用 $\pm\rho$ 代替前面的 ±1。这时两个超平面的距离为 $d_1(H^+,H^-)=\dfrac{|(b+\rho)-(b-\rho)|}{\|\boldsymbol{w}\|_\infty}=\dfrac{2\rho}{\|\boldsymbol{w}\|_\infty}$。只考虑 $\boldsymbol{w}$ 的方向,不考虑其模的大小,因此可令 $\|\boldsymbol{w}\|_\infty=1$,于是优化问题为

$$\max \rho \tag{5.85}$$

约束为

$$y_i(\langle \boldsymbol{w},\boldsymbol{x}_i\rangle+b)\geqslant \rho,\quad i=1,2,\cdots,l \tag{5.86}$$

$$\|\boldsymbol{w}\|_\infty=1 \tag{5.87}$$

进一步将该优化写为

$$\max \rho \tag{5.88}$$

约束为

$$y_i(\langle \boldsymbol{w},\boldsymbol{x}_i\rangle+b)\geqslant \rho,\quad i=1,2,\cdots,l \tag{5.89}$$

$$-1\leqslant w_i\leqslant 1,\quad i=1,2,\cdots,d \tag{5.90}$$

对于非线性情况,同样将样本映射到高维空间,用核函数代替高维空间中的内积运算,并允许一定的误差存在,得到下面的优化:

$$\min -\rho+C\sum_{i=1}^{l}\xi_i \tag{5.91}$$

约束为

$$y_i\Big(\sum_{j=1}^{l}\alpha_j y_j K(\boldsymbol{x}_j,\boldsymbol{x}_i)+b\Big)\geqslant \rho-\xi_i,\quad i=1,2,\cdots,l \tag{5.92}$$

$$-1\leqslant \alpha_i\leqslant 1,\quad i=1,2,\cdots,l \tag{5.93}$$

$$\xi_i\geqslant 0,\quad i=1,2,\cdots,l \tag{5.94}$$

其中,同样对参数 $\boldsymbol{w}$ 的约束改为对 $\boldsymbol{\alpha}$ 的约束,因为令 $\|\boldsymbol{w}\|_\infty=1$ 和令 $\|\boldsymbol{w}\|_\infty$ 等于其他数

时不影响 $\boldsymbol{w}$ 的方向。

2. L_∞范数公式

若以 L_∞ 定义两个超平面之间的距离,则可以得到另外一种形式的线性优化方程。此时,两个超平面之间的距离为

$$d_\infty(H_1,H_2)=\frac{|b_1-b_2|}{\|\boldsymbol{w}\|_1} \tag{5.95}$$

对于线性可分情况,两个支持超平面之间的距离为

$$d_\infty(H^+,H^-)=\frac{|(1-b)-(-1-b)|}{\|\boldsymbol{w}\|_1}=\frac{2}{\sum_j |w_j|} \tag{5.96}$$

最大化式(5.96)等价于

$$\min_{\boldsymbol{w},b}\sum_j |w_j| \tag{5.97}$$

约束为

$$y_i(\langle \boldsymbol{w},\boldsymbol{x}_i\rangle+b)\geqslant 1,\quad i=1,2,\cdots,l \tag{5.98}$$

令 $|w_j|=a_j$,于是优化问题为

$$\min\sum_j a_j \tag{5.99}$$

约束为

$$y_i(\langle \boldsymbol{w},\boldsymbol{x}_i\rangle+b)\geqslant 1,\quad i=1,2,\cdots,l \tag{5.100}$$

$$a_j\geqslant w_j,\quad j=1,2,\cdots,d \tag{5.101}$$

$$a_j\geqslant -w_j,\quad j=1,2,\cdots,d \tag{5.102}$$

对于非线性分类情况,并允许一定的误差存在,有下面的优化方程:

$$\min\sum_{i=1}^{l}a_i+C\sum_{i=1}^{l}\xi_i \tag{5.103}$$

约束为

$$y_i\Big(\sum_{j=1}^{l}\alpha_j y_j K(\boldsymbol{x}_j,\boldsymbol{x}_i)+b\Big)\geqslant 1-\xi_i,\quad i=1,2,\cdots,l \tag{5.104}$$

$$a_j\geqslant \alpha_j,\quad j=1,2,\cdots,l \tag{5.105}$$

$$a_j\geqslant -\alpha_j,\quad j=1,2,\cdots,l \tag{5.106}$$

$$a_i,b_i\in\mathbf{R},\xi_i\geqslant 0,\quad i=1,2,\cdots,l \tag{5.107}$$

3. 几何性质

下面给出由几种范数定义的距离的几何性质。为了简便起见,只以二维欧式空间为例。L_2 范数距离是我们熟悉的;对于 L_1 范数,我们只能水平移动或垂直移动,两者度量和就是 L_1 范数距离;对于 L_∞ 范数,也只能水平移动或垂直移动,取其中大的度量即为 L_∞ 范数距离,如图 5.11 所示。

因此,对于任意两点 $\boldsymbol{a}$ 和 $\boldsymbol{b}$,有下面不等式:

$$\|\boldsymbol{a}-\boldsymbol{b}\|_\infty \leqslant \|\boldsymbol{a}-\boldsymbol{b}\|_2 \leqslant \|\boldsymbol{a}-\boldsymbol{b}\|_1$$

由 L_1 范数导出的支持向量机被记为 SVM_1,由 L_2 范数导出的支持向量机被记为 SVM_2,由 L_∞ 范数导出的支持向量机被记为 SVM_∞。图 5.12 显示了这三种不同的支持向量机对点(0,1)和点(2,0)的分类情况,其中,SVM_2 的分类线处于 SVM_1 和 SVM_∞ 之间。这就说明 SVM_1 和 SVM_∞ 的推广能力要弱于 SVM_2,这是为赢得算法效率而付出的性能代价,实际上这个代价并不大,随着训练样本数量的逐渐增大,三种分类线越来越接近。实际应用中,SVM_1 和 SVM_∞ 往往能达到与 SVM_2 几乎同样的分类精度,但运算时间却大大减少。

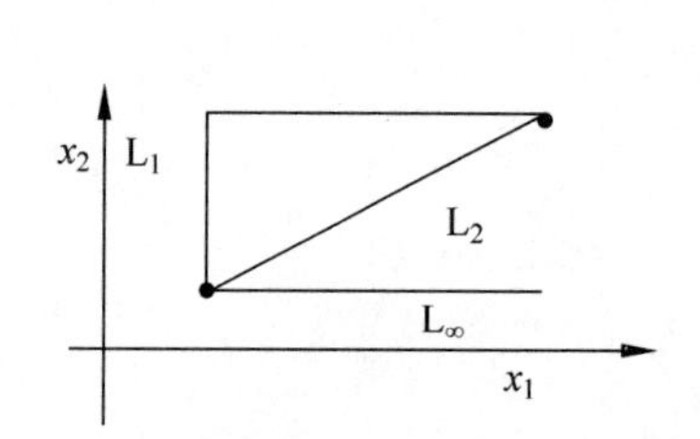

图 5.11 L_1,L_2,L_∞ 范数距离比较

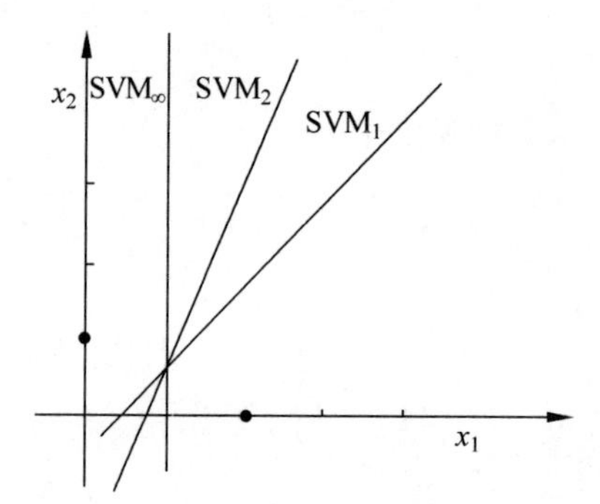

图 5.12 不同的 SVM 所获得的分类线

5.5.3 线性规划下的一类分类算法

为了给出线性规划下的一类分类方法,先给出二次规划下的一类分类的另外一种途径。

设给定一个正类样本点集$\{\boldsymbol{x}_i, i=1,2,\cdots,l\}$,$\boldsymbol{x}_i \in \mathbf{R}^d$,用一个非线性映射 ϕ 将样本点映射到高维特征空间。一类支持向量机(1-SVM)的目的就是要在高维空间中找一个超平面,使之以尽可能大的距离将尽可能多的样本从原点分离开,即估计一个函数 $f_w(\boldsymbol{x})=\langle \boldsymbol{w},\phi(\boldsymbol{x})\rangle$,当一个样本 $\boldsymbol{x}$ 满足 $f_w(\boldsymbol{x})\geqslant\rho$ 时,它被确定属于该类,否则不属于该类。$\langle \boldsymbol{w},\phi(\boldsymbol{x})\rangle=\rho$ 为分类超平面,如图 5.13 所示,其中 $d=\frac{\rho}{\|\boldsymbol{w}\|_2}$ 为原点到超平面的距离。

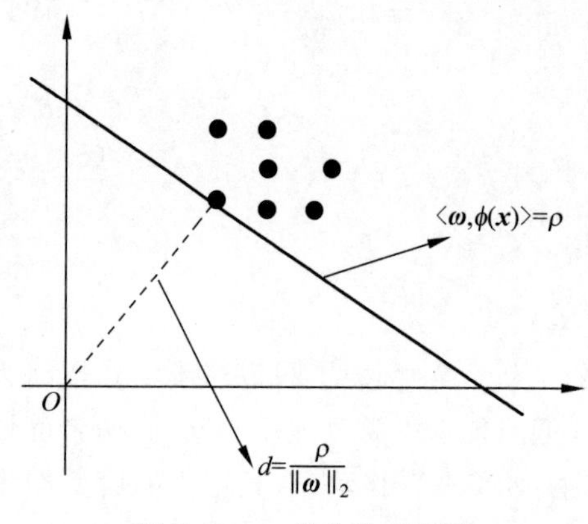

图 5.13 一类分类示意图

由于样本点映射到高维空间后会变得非常稀疏,这就使得在高维空间获得的与原点分离的超平面映射回到原空间后会变为包含所有样本点的紧致分类曲面。为了获得 $\boldsymbol{w}$ 和 ρ 的值,同时允许一定的误差存在,同样可以引入松弛变量,并根据距离$\frac{\rho}{\|\boldsymbol{w}\|_2}$最大化条件,将问题归结为下面的优化:

$$\min \frac{1}{2}\|\boldsymbol{w}\|_2^2-\rho+C\sum_{i=1}^{l}\xi_i \tag{5.108}$$

约束为

$$\langle \boldsymbol{w},\phi(\boldsymbol{x}_i)\rangle \geqslant \rho-\xi_i,\xi_i \geqslant 0,\quad i=1,2,\cdots,l \tag{5.109}$$

其中，$\frac{1}{2}\|\boldsymbol{w}\|_2^2$ 为规划项，参数 C 对误差项和规划项做出折中。

引入拉格朗日函数：

$$L=\frac{1}{2}\|\boldsymbol{w}\|^2-\rho+C\sum_{i=1}^{l}\xi_i-\sum_{i=1}^{l}\alpha_i(\langle \boldsymbol{w},\phi(\boldsymbol{x}_i)\rangle-\rho+\xi_i)-\sum_{i=1}^{l}\beta_i\xi_i \tag{5.110}$$

其中，$\alpha_i \geqslant 0,\beta_i \geqslant 0,i=1,2,\cdots,l$。

函数 L 的极值应满足条件

$$\frac{\partial}{\partial \boldsymbol{w}}L=0,\quad \frac{\partial}{\partial \rho}L=0,\quad \frac{\partial}{\partial \xi_i}L=0 \tag{5.111}$$

从而得

$$\boldsymbol{w}=\sum_{i=1}^{l}\alpha_i\phi(\boldsymbol{x}_i) \tag{5.112}$$

$$\sum_{i=1}^{l}\alpha_i=1 \tag{5.113}$$

$$C-\alpha_i-\beta_i=0,\quad i=1,2,\cdots,l \tag{5.114}$$

将式(5.112)～式(5.114)代入拉格朗日函数(5.110)中，并用核函数代替高维空间中的内积运算，最后可得优化问题的对偶形式为

$$\min \frac{1}{2}\sum_{i=1}^{l}\sum_{j=1}^{l}\alpha_i\alpha_jK(\boldsymbol{x}_i,\boldsymbol{x}_j) \tag{5.115}$$

约束为

$$0 \leqslant \alpha_i \leqslant C,\quad i=1,2,\cdots,l \tag{5.116}$$

$$\sum_{i=1}^{l}\alpha_i=1 \tag{5.117}$$

解出$\boldsymbol{\alpha}$ 值后，可得决策函数：

$$f(\boldsymbol{x})=\sum_{i=1}^{l}\alpha_iK(\boldsymbol{x}_i,\boldsymbol{x}) \tag{5.118}$$

根据 KKT 条件，可以求出 ρ 的值。

当取高斯核函数时，可以发现优化问题(5.115)与一类分类方法的另外一种优化形式(5.37)相同。这也说明在高维空间的一个分类超平面映射回到原空间后变为紧致的曲面。

若优化问题(5.108)中的规划项采用 L_1 范数，并令其等于 1，可以得到其等价的线性优化问题：

$$\min -\rho+C\sum_{i=1}^{l}\xi_i \tag{5.119}$$

约束为

$$\langle \boldsymbol{w}, \phi(\boldsymbol{x}_i) \rangle \geqslant \rho - \xi_i, \xi_i \geqslant 0, \quad i=1,2,\cdots,l \tag{5.120}$$

$$\| \boldsymbol{w} \|_1 = 1 \tag{5.121}$$

可以直接采用核展开式 $\sum_{j=1}^{l} \alpha_j k(\boldsymbol{x}_j, \boldsymbol{x}_i)$ 代替优化问题(5.119) 中的不等式约束项 $\langle \boldsymbol{w}, \phi(\boldsymbol{x}_i) \rangle$,于是可得到下面的线性规划形式：

$$\min -\rho + C \sum_{i=1}^{l} \xi_i \tag{5.122}$$

约束为

$$\sum_{i=1}^{l} \alpha_i k(\boldsymbol{x}_i, \boldsymbol{x}_j) \geqslant \rho - \xi_j, \quad j=1,2,\cdots,l \tag{5.123}$$

$$\sum_{i=1}^{l} \alpha_i = 1 \tag{5.124}$$

$$\alpha_i, \xi_i \geqslant 0, \quad i=1,2,\cdots,l \tag{5.125}$$

其中，由于 $\boldsymbol{w} = \sum_{i=1}^{l} \alpha_i \phi(\boldsymbol{x}_i)$，所以将约束 $\| \boldsymbol{w} \|_1 = 1$ 转换成对$\boldsymbol{\alpha}$ 的约束。解这个线性规划可以获得$\boldsymbol{\alpha}$ 和 ρ 的值，于是得到一个决策函数：

$$f(\boldsymbol{x}) = \sum_{i=1}^{l} \alpha_i k(\boldsymbol{x}_i, \boldsymbol{x}) \tag{5.126}$$

根据优化问题的意义，对于大部分训练样本将满足 $f(\boldsymbol{x}) \geqslant \rho$，参数 C 的意义就是控制满足条件 $f(\boldsymbol{x}) \geqslant \rho$ 的样本数量，较大的参数 C 值将使所有的样本满足条件。从而得到的决策超平面为

$$\sum_{i=1}^{l} \alpha_i k(\boldsymbol{x}_i, \boldsymbol{x}) = \rho \tag{5.127}$$

决策超平面映射回到原空间后，就成为包含训练样本的紧致区域。对于区域内的任意样本 $\boldsymbol{x}$，满足 $f(\boldsymbol{x}) \geqslant \rho$；而对于区域外的任意样本 $\boldsymbol{y}$，将满足 $f(\boldsymbol{y}) < \rho$。实际应用中，核函数中的参数 σ^2 的取值越小，获得原空间中包含训练样本的区域越紧致，这就说明参数 σ^2 将决定分类的精度。

5.6 支持向量回归

5.6.1 二次规划下的支持向量回归

支持向量回归是支持向量机用于回归中的情况，为了说明支持向量回归的几何意义，先考虑线性情况。设给定训练样本集：

$$S = \{(\boldsymbol{x}_1, y_1), \cdots, (\boldsymbol{x}_l, y_l)\} \in (X \times Y)^l, X = \mathbf{R}^n, Y = \mathbf{R}$$

定义 5.1：样本集 S 是 ε-线性近似的，如果存在一个超平面 $y = f(\boldsymbol{x}) = \langle \boldsymbol{w}, \boldsymbol{x} \rangle + b$，其中 $\boldsymbol{w} \in \mathbf{R}^n, b \in \mathbf{R}$，则下面的式子成立：

$$| y_i - f(\boldsymbol{x}_i) | \leqslant \varepsilon, \quad i=1,2,\cdots,l \tag{5.128}$$

图 5.14 显示的是 ε-线性近似，实线为超平面，将超平面沿 y 轴依次上下平移 ε 所扫

过的区域能够包含所有样本点。扫过的区域也称为该超平面的 ε-带。

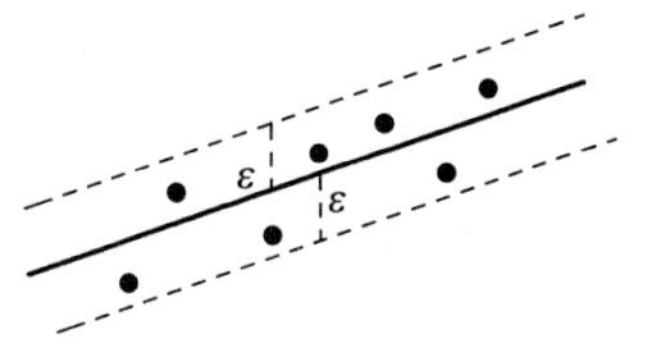

图 5.14　ε-线性近似

令 d_i 表示点$(\boldsymbol{x}_i, y_i) \in S$ 到超平面 $f(\boldsymbol{x})$的距离：

$$d_i = \frac{|\langle \boldsymbol{w}, \boldsymbol{x}_i \rangle + b - y_i|}{\sqrt{1 + \|\boldsymbol{w}\|^2}}$$

因为 S 集是 ε-线性近似的，所以有

$$|\langle \boldsymbol{w}, \boldsymbol{x}_i \rangle + b - y_i| \leqslant \varepsilon, \quad i = 1, 2, \cdots, l$$

可以得到

$$\frac{|\langle \boldsymbol{w}, \boldsymbol{x}_i \rangle + b - y_i|}{\sqrt{1 + \|\boldsymbol{w}\|^2}} \leqslant \frac{\varepsilon}{\sqrt{1 + \|\boldsymbol{w}\|^2}}, \quad i = 1, 2, \cdots, l$$

于是有

$$d_i \leqslant \frac{\varepsilon}{\sqrt{1 + \|\boldsymbol{w}\|^2}}, \quad i = 1, 2, \cdots, l$$

上式表明，$\dfrac{\varepsilon}{\sqrt{1 + \|\boldsymbol{w}\|^2}}$是 S 中的点到超平面距离的上界。

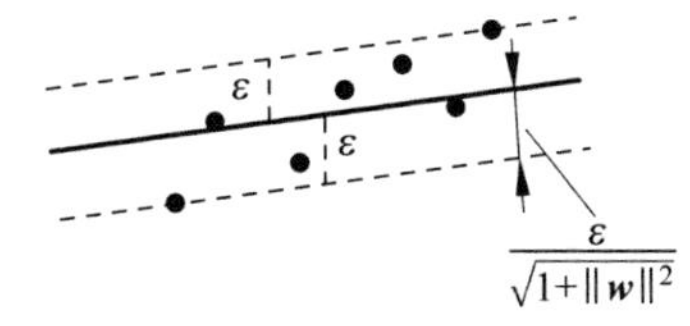

图 5.15　最优近似超平面

定义 5.2：ε-线性近似集 S 的最优近似超平面是通过最大化 S 中的点到超平面距离的上界而得到的超平面。

图 5.15 显示了最优近似超平面，即在满足 ε-线性近似的超平面中选择一个尽可能平坦的，才能保证 $\dfrac{\varepsilon}{\sqrt{1 + \|\boldsymbol{w}\|^2}}$达到最大。图 5.14 中的超平面更陡一些，ε-带较小，虽然能够包含所有样本点，但不是最优的。由这个定义能够得出最优近似超平面是通过最大化$\dfrac{\varepsilon}{\sqrt{1 + \|\boldsymbol{w}\|^2}}$得到的(即最小化$\sqrt{1 + \|\boldsymbol{w}\|^2}$)。因此，只要最小化 $\|\boldsymbol{w}\|^2$ 就可以得到最优近似超平面。于是线性回归问题就转化为求下面的优化问题：

$$\min \frac{1}{2} \|\boldsymbol{w}\|^2 \tag{5.129}$$

约束为

$$|\langle \boldsymbol{w}, \boldsymbol{x}_i \rangle + b - y_i| \leqslant \varepsilon, \quad i = 1, 2, \cdots, l \tag{5.130}$$

另外，考虑允许一定的误差存在，因此引入两个松弛变量：

$$\xi_i, \xi_i^* \geqslant 0, \quad i = 1, 2, \cdots, l$$

损失函数采用 ε-不敏感函数，它的定义为

$$|\xi|_\varepsilon := \begin{cases} 0, & |\xi| \leqslant \varepsilon \\ |\xi| - \varepsilon, & |\xi| > \varepsilon \end{cases} \tag{5.131}$$

此时的优化方程为

$$\min \frac{1}{2}\|\boldsymbol{w}\|^2 + C\sum_{i=1}^{l}(\xi_i + \xi_i^*) \tag{5.132}$$

约束为

$$\langle \boldsymbol{w}, \boldsymbol{x}_i \rangle + b - y_i \leqslant \xi_i^* + \varepsilon, \quad i = 1,2,\cdots,l \tag{5.133}$$

$$y_i - \langle \boldsymbol{w}, \boldsymbol{x}_i \rangle - b \leqslant \xi_i + \varepsilon, \quad i = 1,2,\cdots,l \tag{5.134}$$

$$\xi_i, \xi_i^* \geqslant 0, \quad i = 1,2,\cdots,l \tag{5.135}$$

优化式(5.132)中第一项使函数更为平坦,从而提高泛化能力；第二项则为减小误差,常数 C 对两者做出折中。ε 为一正常数,$f(\boldsymbol{x}_i)$与 y_i 的差别小于 ε 时不计入误差,大于 ε 时误差计为$|f(\boldsymbol{x}_i)-y_i|-\varepsilon$。

引入拉格朗日函数：

$$L(\boldsymbol{w}, b, \boldsymbol{\xi}, \boldsymbol{\alpha}, \boldsymbol{\alpha}^*, \gamma) = \frac{1}{2}\|\boldsymbol{w}\|^2 + C\sum_{i=1}^{l}(\xi_i + \xi_i^*) - \sum_{i=1}^{l}\alpha_i[\xi_i + \varepsilon - y_i + \langle \boldsymbol{w}, \boldsymbol{x}_i \rangle + b] - \sum_{i=1}^{l}\alpha_i^*[\xi_i^* + \varepsilon + y_i - \langle \boldsymbol{w}, \boldsymbol{x}_i \rangle - b] - \sum_{i=1}^{l}(\gamma_i\xi_i + \gamma_i^*\xi_i^*) \tag{5.136}$$

其中 $\alpha_i, \alpha_i^*, \gamma_i \geqslant 0, i = 1,2,\cdots,l$

函数 L 的极值应满足条件：

$$\frac{\partial}{\partial \boldsymbol{w}}L = 0, \quad \frac{\partial}{\partial b}L = 0, \quad \frac{\partial}{\partial \xi_i^{(*)}}L = 0 \tag{5.137}$$

于是得到下面的式子：

$$\boldsymbol{w} = \sum_{i=1}^{l}(\alpha_i - \alpha_i^*)\boldsymbol{x}_i \tag{5.138}$$

$$\sum_{i=1}^{l}(\alpha_i - \alpha_i^*) = 0 \tag{5.139}$$

$$C - \alpha_i - \gamma_i = 0, \quad i = 1,2,\cdots,l \tag{5.140}$$

$$C - \alpha_i^* - \gamma_i^* = 0, \quad i = 1,2,\cdots,l \tag{5.141}$$

将式(5.138)～式(5.141)代入式(5.136)中,得到优化问题的对偶形式为

$$\max -\frac{1}{2}\sum_{i=1}^{l}\sum_{j=1}^{l}(\alpha_i - \alpha_i^*)(\alpha_j - \alpha_j^*)\langle \boldsymbol{x}_i, \boldsymbol{x}_j \rangle + \sum_{i=1}^{l}(\alpha_i - \alpha_i^*)y_i - \sum_{i=1}^{l}(\alpha_i + \alpha_i^*)\varepsilon \tag{5.142}$$

约束为

$$\sum_{i=1}^{l}(\alpha_i - \alpha_i^*) = 0 \tag{5.143}$$

$$0 \leqslant \alpha_i, \alpha_i^* \leqslant C, \quad i = 1,2,\cdots,l \tag{5.144}$$

对于非线性回归,同分类情况一样,首先使用一个非线性映射 ϕ 把数据映射到一个高维特征空间,然后在高维特征空间进行线性回归,高维特征空间中的线性函数表示为 $f(\boldsymbol{x}) = \langle \boldsymbol{w}, \phi(\boldsymbol{x}) \rangle + b$。优化中目标函数、约束以及推导中的所有 $\boldsymbol{x}_i$ 都变成 $\phi(\boldsymbol{x}_i)$。

由于在优化过程中只涉及内积运算,所以对于高维特征空间中的内积运算$\langle \phi(\boldsymbol{x}), \phi(\boldsymbol{y})\rangle$用一个核函数$K(\boldsymbol{x},\boldsymbol{y})$代替,就可以实现非线性回归。所有推导与线性情况相同,例如式(5.138)表示为$\boldsymbol{w}=\sum_{i=1}^{l}(\alpha_i-\alpha_i^*)\phi(\boldsymbol{x}_i)$,将之代入函数$f(\boldsymbol{x})$中得到$f(\boldsymbol{x})=\sum_{i=1}^{l}(\alpha_i-\alpha_i^*)\langle\phi(\boldsymbol{x}_i),\phi(\boldsymbol{x})\rangle+b$,即$f(\boldsymbol{x})=\sum_{i=1}^{l}(\alpha_i-\alpha_i^*)k(\boldsymbol{x}_i,\boldsymbol{x})+b$;式(5.142)中的$\langle\boldsymbol{x}_i,\boldsymbol{x}_j\rangle$由$\langle\phi(\boldsymbol{x}_i),\phi(\boldsymbol{x}_j)\rangle$表示,然后由核函数$k(\boldsymbol{x}_i,\boldsymbol{x}_j)$代替,实际计算中并不需要知道具体的映射函数$\phi(x)$。

于是,非线性回归的优化问题的对偶形式为

$$\max_{\boldsymbol{\alpha},\boldsymbol{\alpha}^*}-\frac{1}{2}\sum_{i,j=1}^{l}(\alpha_i-\alpha_i^*)(\alpha_j-\alpha_j^*)K(\boldsymbol{x}_i,\boldsymbol{x}_j)+\sum_{i=1}^{l}(\alpha_i-\alpha_i^*)y_i-\sum_{i=1}^{l}(\alpha_i+\alpha_i^*)\varepsilon \tag{5.145}$$

约束条件为式(5.143)和式(5.144)。解出$\boldsymbol{\alpha}$的值后,可得$f(\boldsymbol{x})$的表达式为

$$f(\boldsymbol{x})=\sum_{i=1}^{l}(\alpha_i-\alpha_i^*)K(\boldsymbol{x}_i,\boldsymbol{x})+b \tag{5.146}$$

通常情况下,大部分α_i和α_i^*的值将为零,不为零的α_i或α_i^*所对应的样本被称为支持向量。

参照式(5.133)～式(5.135)的约束条件,并根据KKT条件有

$$\alpha_i[\xi_i+\varepsilon-y_i+f(\boldsymbol{x}_i)]=0,\quad i=1,2,\cdots,l \tag{5.147}$$

$$\alpha_i^*[\xi_i^*+\varepsilon+y_i-f(\boldsymbol{x}_i)]=0,\quad i=1,2,\cdots,l \tag{5.148}$$

$$(C-\alpha_i)\xi_i=0,\quad i=1,2,\cdots,l \tag{5.149}$$

$$(C-\alpha_i^*)\xi_i^*=0,\quad i=1,2,\cdots,l \tag{5.150}$$

根据式(5.147)或者式(5.148),其中$f(\boldsymbol{x}_i)=\sum_{j=1}^{l}(\alpha_j-\alpha_j^*)k(\boldsymbol{x}_j,\boldsymbol{x}_i)+b$,于是可得$b$的计算式如下:

$$b=y_i-\varepsilon-\sum_{j=1}^{l}(\alpha_j-\alpha_j^*)K(\boldsymbol{x}_j,\boldsymbol{x}_i)\quad 当\ \alpha_i\in(0,C) \tag{5.151}$$

$$b=y_i-\varepsilon-\sum_{j=1}^{l}(\alpha_j-\alpha_j^*)K(\boldsymbol{x}_j,\boldsymbol{x}_i)\quad 当\ \alpha_i^*\in(0,C) \tag{5.152}$$

用任意一个支持向量就可以计算出b的值。

5.6.2 几种线性规划下的支持向量回归

1. 模型1

用线性规划解回归问题,就是用下面的风险函数代替前面的风险函数:

$$R_{\text{reg}}[f]:=R_{\text{emp}}[f]+\lambda\|\boldsymbol{\alpha}\|_1 \tag{5.153}$$

其中,$\|\boldsymbol{\alpha}\|_1$表示参数空间中的$\mathrm{L}_1$范数($\|\boldsymbol{\alpha}\|_1=\sum_{i=1}^{n}|\alpha_i|$)。仍然使用SVM核

展开：

$$f(\boldsymbol{x})=\sum_{i=1}^{l}\alpha_i K(\boldsymbol{x}_i,\boldsymbol{x})+b \tag{5.154}$$

于是结构风险函数为

$$R_{\mathrm{reg}}[f]=R_{\mathrm{emp}}[f]+\lambda\sum_{i=1}^{l}|\alpha_i| \tag{5.155}$$

由于绝对值符号不易直接处理，所以采用两个参数 α_i 和 α_i^* 来解决，用 $\alpha_i-\alpha_i^*$ 代替(5.154)中的 α_i 并采用ε-不敏感损失函数，回归问题可以归结为

$$\min\sum_{i=1}^{l}(\alpha_i+\alpha_i^*)+C\sum_{i=1}^{l}(\xi_i+\xi_i^*) \tag{5.156}$$

约束为

$$y_i-\sum_{j=1}^{l}(\alpha_j-\alpha_j^*)K(\boldsymbol{x}_j,\boldsymbol{x}_i)-b\leqslant\varepsilon+\xi_i,\quad i=1,2,\cdots,l \tag{5.157}$$

$$\sum_{j=1}^{l}(\alpha_j-\alpha_j^*)K(\boldsymbol{x}_j,\boldsymbol{x}_i)+b-y_i\leqslant\varepsilon+\xi_i^*,\quad i=1,2,\cdots,l \tag{5.158}$$

$$\alpha_i,\alpha_i^*,\xi_i,\xi_i^*\geqslant 0,\quad i=1,2,\cdots,l \tag{5.159}$$

这是一个线性规划问题，优化速度显著快于二次规划。

2. 模型 2

模型 1 用两个参数 $\boldsymbol{\xi}$ 和 $\boldsymbol{\xi}^*$ 来控制误差项。这里采用一个参数来控制误差项，从而得出线性规划下的简化回归模型。同时可以证明该简化模型同原模型是等价的。该简化模型为

$$\min\sum_{i=1}^{l}(\alpha_i+\alpha_i^*)+C\sum_{i=1}^{l}\xi_i \tag{5.160}$$

约束为

$$y_i-\sum_{j=1}^{l}(\alpha_j-\alpha_j^*)K(\boldsymbol{x}_j,\boldsymbol{x}_i)-b\leqslant\varepsilon+\xi_i,\quad i=1,2,\cdots,l \tag{5.161}$$

$$\sum_{j=1}^{l}(\alpha_j-\alpha_j^*)K(\boldsymbol{x}_j,\boldsymbol{x}_i)+b-y_i\leqslant\varepsilon+\xi_i,\quad i=1,2,\cdots,l \tag{5.162}$$

$$\alpha_i,\alpha_i^*,\xi_i\geqslant 0,\quad i=1,2,\cdots,l \tag{5.163}$$

如果将该优化问题转变成对偶形式，并不能提高优化问题的结构。因此，该问题可以应用线性优化器直接求解。

3. 模型 3

在模型 1 中，用高斯损失函数代替ε-不敏感损失函数，并去掉参数ε，其他条件不变，得到以下的优化模型：

$$\min \sum_{i=1}^{l}(\alpha_i + \alpha_i^*) + \frac{1}{2}C\sum_{i=1}^{l}\xi_i^2 \tag{5.164}$$

约束为

$$y_i - \sum_{j=1}^{l}(\alpha_j - \alpha_j^*)K(\boldsymbol{x}_j, \boldsymbol{x}_i) - b = \xi_i, \quad i = 1,2,\cdots,l \tag{5.165}$$

$$\alpha_i, \alpha_i^* \geqslant 0, \quad i = 1,2,\cdots,l \tag{5.166}$$

这是一个二次优化问题,它比标准的支持向量回归模型简单,而且少了一个可调参数 ε,并且仍能保持较好的预测精度和稀疏性。该模型同样不必求其对偶形式,可直接进行二次规划求解。

4. 模型 4

将模型 1 中的 ε-不敏感损失函数用高斯损失函数代替,去掉参数 ε,并且在结构风险函数中,用 L_2 范数代替 L_1 范数,得到的优化模型为

$$\min \frac{1}{2}\sum_{i=1}^{l}\alpha_i^2 + \frac{1}{2}C\sum_{i=1}^{l}\xi_i^2 \tag{5.167}$$

约束为

$$y_i - \sum_{j=1}^{l}\alpha_j K(\boldsymbol{x}_j, \boldsymbol{x}_i) - b = \xi_i, \quad i = 1,2,\cdots,l \tag{5.168}$$

引入拉格朗日函数:

$$L = \frac{1}{2}\sum_{i=1}^{l}\alpha_i^2 + \frac{1}{2}C\sum_{i=1}^{l}\xi_i^2 - \sum_{i=1}^{l}\beta_i\left(\sum_{j=1}^{l}\alpha_j K(\boldsymbol{x}_j, \boldsymbol{x}_i) + b + \xi_i - y_i\right) \tag{5.169}$$

函数 L 的极值应满足条件:

$$\frac{\partial}{\partial \alpha_i}L = 0, \frac{\partial}{\partial b}L = 0, \frac{\partial}{\partial \xi_i}L = 0, \frac{\partial}{\partial \beta_i}L = 0, \quad i = 1,2,\cdots,l \tag{5.170}$$

从而得到:

$$\alpha_i - \sum_{j=1}^{l}\beta_j K(\boldsymbol{x}_i, \boldsymbol{x}_j) = 0, \quad i = 1,2,\cdots,l \tag{5.171}$$

$$\sum_{j=1}^{l}\beta_j = 0 \tag{5.172}$$

$$C\xi_i = \beta_i, \quad i = 1,2,\cdots,l \tag{5.173}$$

$$\sum_{j=1}^{l}\alpha_j K(\boldsymbol{x}_j, \boldsymbol{x}_i) + b + \xi_i - y_i = 0, \quad i = 1,2,\cdots,l \tag{5.174}$$

这是一个线性方程组,很容易求解。

5.6.3 最小二乘支持向量回归

最小二乘支持向量回归(Least Square Support Vector Regression,LSSVR)是支持向量机的一个版本,是将标准支持向量回归算法中的不等式约束转化成等式约束而得到的。

设样本为 n 维向量，某区域的 l 个样本及其值表示为

$$(\boldsymbol{x}_1, y_1), \cdots, (\boldsymbol{x}_l, y_l) \in \mathbf{R}^n \times \mathbf{R}$$

其中，$\boldsymbol{x}_i = (x_{i1}, x_{i2}, \cdots, x_{in})^{\mathrm{T}}, i=1,2,\cdots,l$。设线性回归函数为

$$f(\boldsymbol{x}) = \boldsymbol{w}^{\mathrm{T}}\boldsymbol{x} + b \tag{5.175}$$

优化问题为

$$\min \frac{1}{2}\|\boldsymbol{w}\|^2 + \gamma \frac{1}{2}\sum_{i=1}^{l}\xi_i^2 \tag{5.176}$$

约束为

$$y_i = \boldsymbol{w}^{\mathrm{T}}\boldsymbol{x}_i + b + \xi_i, \quad i=1,2,\cdots,l \tag{5.177}$$

定义拉格朗日函数为：

$$L = \frac{1}{2}\|\boldsymbol{w}\|^2 + \gamma \frac{1}{2}\sum_{i=1}^{l}\xi_i^2 - \sum_{i=1}^{l}\alpha_i(\boldsymbol{w}^{\mathrm{T}}\boldsymbol{x}_i + b + \xi_i - y_i) \tag{5.178}$$

对上式各变量求偏导数，得：

$$\frac{\partial L}{\partial \boldsymbol{w}} = 0 \rightarrow \boldsymbol{w} = \sum_{i=1}^{l}\alpha_i \boldsymbol{x}_i \tag{5.179}$$

$$\frac{\partial L}{\partial b} = 0 \rightarrow \sum_{i=1}^{l}\alpha_i = 0 \tag{5.180}$$

$$\frac{\partial L}{\partial \xi_i} = 0 \rightarrow \alpha_i = \gamma\xi_i, \quad i=1,2,\cdots,l \tag{5.181}$$

$$\frac{\partial L}{\partial \alpha_i} = 0 \rightarrow \boldsymbol{w}^{\mathrm{T}}\boldsymbol{x}_i + b + \xi_i - y_i = 0, \quad i=1,2,\cdots,l \tag{5.182}$$

可以被表示成下面的线性方程：

$$\begin{bmatrix} \boldsymbol{I} & 0 & 0 & -\boldsymbol{x} \\ 0 & 0 & 0 & \boldsymbol{1}^{\mathrm{T}} \\ 0 & 0 & \gamma\boldsymbol{I} & -\boldsymbol{I} \\ x^{\mathrm{T}} & \boldsymbol{1} & \boldsymbol{I} & 0 \end{bmatrix} \begin{bmatrix} \boldsymbol{w} \\ b \\ \boldsymbol{\xi} \\ \boldsymbol{\alpha} \end{bmatrix} = \begin{bmatrix} 0 \\ 0 \\ 0 \\ \boldsymbol{y} \end{bmatrix} \tag{5.183}$$

其中，$\boldsymbol{x} = [\boldsymbol{x}_1, \boldsymbol{x}_2, \cdots, \boldsymbol{x}_l]$，$\boldsymbol{y} = [y_1, y_2, \cdots, y_l]^{\mathrm{T}}$，$\boldsymbol{1} = [1, 1, \cdots, 1]^{\mathrm{T}}$，$\boldsymbol{\xi} = [\xi_1, \xi_2, \cdots, \xi_l]^{\mathrm{T}}$，$\boldsymbol{\alpha} = [\alpha_1, \alpha_2, \cdots, \alpha_l]^{\mathrm{T}}$，$\boldsymbol{I}$ 为单位矩阵。

用向量矩阵的形式表示式(5.179)～式(5.182)，分别为

$$w = \boldsymbol{x\alpha}$$

$$\boldsymbol{1}^{\mathrm{T}}\boldsymbol{\alpha} = 0$$

$$\boldsymbol{\alpha} = \gamma\boldsymbol{\xi}$$

$$\boldsymbol{x}^{\mathrm{T}}w + \boldsymbol{1}b + \boldsymbol{I\xi} = \boldsymbol{y}$$

因为需要解出参数 w, b，根据式(5.179)只要解出 $\boldsymbol{\alpha}$ 即解出 w，因此只要解出参数 $\boldsymbol{\alpha}$ 和 b 即可。将 $w = \boldsymbol{x\alpha}$ 和 $\boldsymbol{\xi} = \frac{\boldsymbol{\alpha}}{\gamma}$ 代入式(5.182)得 $\boldsymbol{x}^{\mathrm{T}}\boldsymbol{x\alpha} + \boldsymbol{1}b + \boldsymbol{I}\frac{\boldsymbol{\alpha}}{\gamma} = \boldsymbol{y}$。

因此最后的解为

$$\begin{bmatrix} 0 & \boldsymbol{1}^{\mathrm{T}} \\ \boldsymbol{1} & \boldsymbol{x}^{\mathrm{T}}\boldsymbol{x}+\gamma^{-1}\boldsymbol{I} \end{bmatrix} \begin{bmatrix} b \\ \boldsymbol{\alpha} \end{bmatrix} = \begin{bmatrix} 0 \\ \boldsymbol{y} \end{bmatrix} \tag{5.184}$$

其中，$\boldsymbol{w}=\sum_i \alpha_i \boldsymbol{x}_i$，$\xi_i=\alpha_i/\gamma$。

对于非线性回归，同样使用一个非线性映射 ϕ 把数据映射到一个高维特征空间，再在高维特征空间进行线性回归，然后高维空间中的内积运算用核函数 $K(\boldsymbol{x},\boldsymbol{y})$代替，即 $K(\boldsymbol{x}_i,\boldsymbol{x}_j)=\phi(\boldsymbol{x}_i)^{\mathrm{T}}\phi(\boldsymbol{x}_j)$，最后这个最小二乘支持向量机的非线性回归函数可以表示为

$$f(x)=\sum_{i=1}^{l}\alpha_i K(\boldsymbol{x}_i,\boldsymbol{x})+b \tag{5.185}$$

求解非线性回归只需对式(5.184)进行调整：

$$\boldsymbol{x}^{\mathrm{T}}\boldsymbol{x}=\begin{bmatrix} \boldsymbol{x}_1^{\mathrm{T}} \\ \boldsymbol{x}_2^{\mathrm{T}} \\ \vdots \\ \boldsymbol{x}_l^{\mathrm{T}} \end{bmatrix} \begin{bmatrix} \boldsymbol{x}_1 & \boldsymbol{x}_2 & \cdots & \boldsymbol{x}_l \end{bmatrix} = \begin{bmatrix} \boldsymbol{x}_1^{\mathrm{T}}\boldsymbol{x}_1 & \boldsymbol{x}_1^{\mathrm{T}}\boldsymbol{x}_2 & \cdots & \boldsymbol{x}_1^{\mathrm{T}}\boldsymbol{x}_l \\ \boldsymbol{x}_2^{\mathrm{T}}\boldsymbol{x}_1 & \boldsymbol{x}_2^{\mathrm{T}}\boldsymbol{x}_2 & \cdots & \boldsymbol{x}_2^{\mathrm{T}}\boldsymbol{x}_l \\ \vdots & \vdots & & \vdots \\ \boldsymbol{x}_l^{\mathrm{T}}\boldsymbol{x}_1 & \boldsymbol{x}_l^{\mathrm{T}}\boldsymbol{x}_2 & \cdots & \boldsymbol{x}_l^{\mathrm{T}}\boldsymbol{x}_l \end{bmatrix}$$

由下式替换：

$$\begin{bmatrix} \phi(\boldsymbol{x}_1)^{\mathrm{T}} \\ \phi(\boldsymbol{x}_2)^{\mathrm{T}} \\ \vdots \\ \phi(\boldsymbol{x}_l)^{\mathrm{T}} \end{bmatrix} \begin{bmatrix} \phi(\boldsymbol{x}_1) & \phi(\boldsymbol{x}_2) & \cdots & \phi(\boldsymbol{x}_l) \end{bmatrix} = \begin{bmatrix} K(\boldsymbol{x}_1,\boldsymbol{x}_1) & K(\boldsymbol{x}_1,\boldsymbol{x}_2) & \cdots & K(\boldsymbol{x}_1,\boldsymbol{x}_l) \\ K(\boldsymbol{x}_2,\boldsymbol{x}_1) & K(\boldsymbol{x}_2,\boldsymbol{x}_2) & \cdots & K(\boldsymbol{x}_2,\boldsymbol{x}_l) \\ \vdots & \vdots & & \vdots \\ K(\boldsymbol{x}_l,\boldsymbol{x}_1) & K(\boldsymbol{x}_l,\boldsymbol{x}_2) & \cdots & K(\boldsymbol{x}_l,\boldsymbol{x}_l) \end{bmatrix}$$

然后解出参数$\boldsymbol{\alpha}$，b 的值。本算法中只有参数 γ 是待选的，比支持向量机的其他版本的待选参数少。另外，采用最小二乘法就使得运算速度快得多。

5.7 R 语言实验

5.7.1 分类问题

(1) 多类分类问题。

```
> library(e1071)                              #加载工具包.
> fit = svm(Species~.,data = iris)            #采用默认参数.
> fit                                         #可以通过 summary(fit)显示更详细的信息.
Call:
svm(formula = Species ~ ., data = iris)
Parameters:
SVM-Type:  C-classification
SVM-Kernel:  radial
     cost:  1
Number of Support Vectors:  51
```

其中参数都取默认值(当然可以事先设定)，核函数默认为高斯函数：radial，惩罚参数默认为 $C=1$。

```
> pre = predict(fit,newdata = iris)      #用训练样本进行测试.
```

```
> c = table(pre,iris[,5])                    #生成混淆矩阵.
> sum(diag(c))/sum(c)                        #计算精度.
[1] 0.9733333
> fittune = tune.svm(Species~.,data = iris,cost = 2^( - 3:3),gamma = 2^( - 4:1))  #该命令
#可以进行最优参数网格搜索.
> fittune                                    #查看搜索结果.
> fit1 = svm(Species~.,data = iris,cost = 1,gamma = 0.125)  #用搜索到的参数进行优化.
> pre1 = predict(fit1,newdata = iris)
> b = table(pre1,iris[,5])
> sum(diag(b))/sum(b)                        #计算精度.
[1] 0.98                                     #精度有所提高.
```

(2) 一类分类问题。

```
> x = matrix(rnorm(20 * 2),ncol = 2)       #构造一类训练样本.
> fit2 = svm(x,type = "one - classification",kernel = "linear",cost = 1,nu = 0.01)
> plot(x)
> points(x[fit2 $ index,],col  =  "blue",cex  =  2)  #如图 5.16 所示.
> pre = predict(fit2,newdata = x)          #用训练样本测试.
> pre
   1     2     3     4     5     6     7     8     9    10    11
TRUE FALSE  TRUE  TRUE FALSE  TRUE FALSE  TRUE FALSE  TRUE FALSE
   12    13    14    15    16    17    18    19    20
FALSE  TRUE  TRUE  TRUE  TRUE  TRUE FALSE FALSE FALSE
```

结果显示 TRUE 对应的样本点位于超球内,FALSE 对应的样本点在超球外。

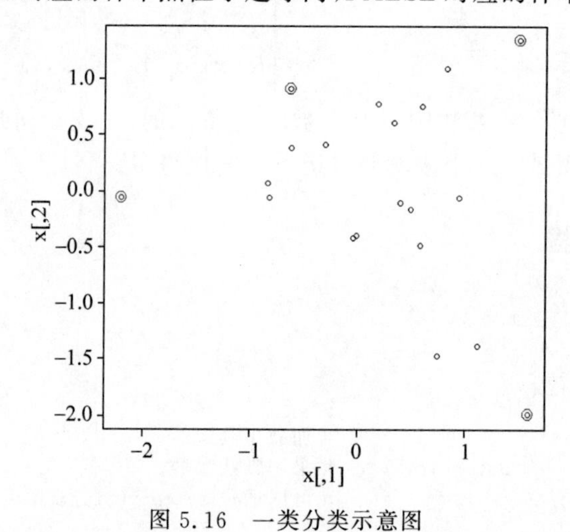

图 5.16 一类分类示意图

5.7.2 回归问题

(1) 基于支持向量回归的正弦函数拟合。

```
> library(e1071)
> x = seq(0,2 * pi,0.1)
> y = sin(x)
> n = length(y)
> fit = svm(y~x,epsilon = 0.01)
> pre = predict(fit,newdata = x)
```

```
> plot(x,y,type = "l")
> points(x,pre,pch = 8)              # pch = 8 表示画 * 号,如图 5.17 所示.
> mse = sqrt(sum((y - pre)^2))/n     # 计算拟合精度.
> mse
[1] 0.001368594
```

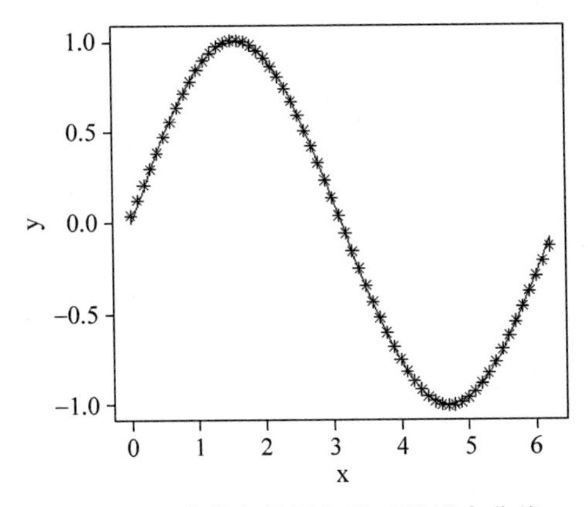

图 5.17 支持向量回归的正弦拟合曲线

(2) 基于最小二乘支持向量回归的正弦函数拟合。

根据式(5.184)和式(5.185)自编程序如下：

```
x = seq(0,2 * pi,0.1)
y = sin(x)
n = length(y)
rou = 0.5
gama = 15
yi = rep(1,n)
yi = matrix(yi)
h = matrix(1:(n * n),n,n)
for (i in 1:n)
{ for (j in 1:n)
{h[i,j] = exp( - (x[i] - x[j])^2/rou)
}
}
a1 = cbind(0,t(yi))
I = diag(rep(1,n))
a2 = h + I/5
a3 = cbind(yi,a2)
H = rbind(a1,a3)
d1 = cbind(0,yi)
b1 = rbind(0,matrix(y))
alf = solve(H,b1)
b = alf[1]
af = alf[2:64]
pre[1:n] = 0
for (i in 1:n)
{s = 0
for (j in 1:n)
{s = s + af[j] * exp( - (x[j] - x[i])^2/rou)}
```

```
pre[i] = s + b
}
plot(x,y,type = "l")
points(x,pre,pch = 8)                  # 拟合结果如图 5.18 所示.
mse = sqrt(sum((y - pre)^2))/n
mse
[1] 0.001891594
```

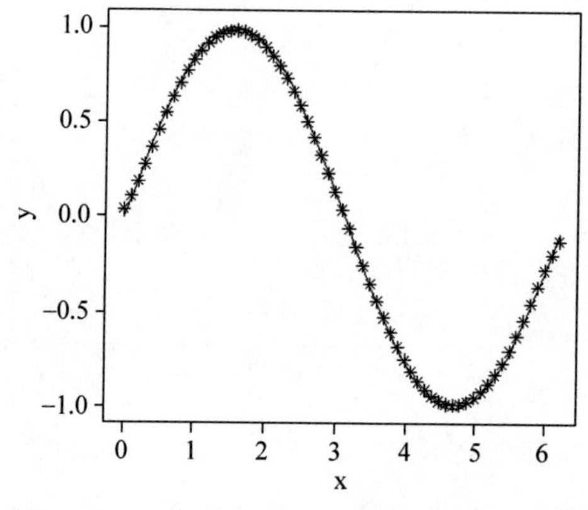

图 5.18 最小二乘支持向量回归的拟合曲线

第 6 章

决 策 树

6.1 决策树的概念

决策树又称为判定树,是用于分类和预测的一种树结构。决策树学习是以实例为基础的归纳学习算法。决策树的基本组成部分:决策节点、分支和叶节点。每个内部节点代表对某一属性的一次测试,每条边代表一个测试结果,叶节点代表着某个类或类的分布。

例 6.1 图 6.1 是根据头疼、体温和咳嗽几个指标诊断是否患流感的决策树。

每个内部节点(椭圆)代表对某个属性的一次检测,每个叶节点(方框)代表一个类:流感或非流感。

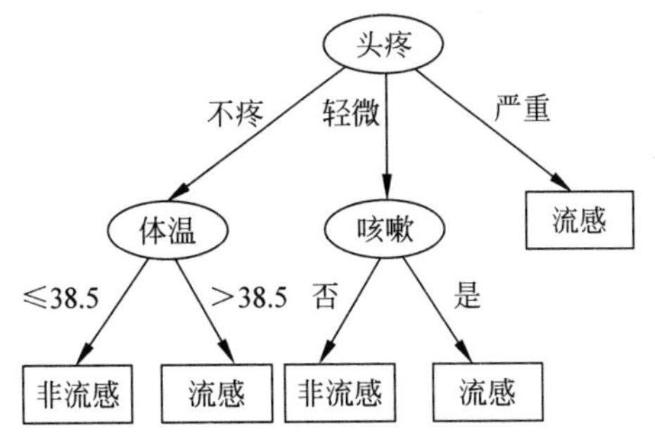

图 6.1 判断是否患流感的决策树
(包含二叉和多叉节点)

6.2 决策树分类器设计

6.2.1 ID3 算法

1. 基本步骤

Quinlan 提出的 ID3 算法是决策树算法的代表,其基本步骤如下:

(1) 选取一个属性作为决策树的根节点,然后就这个属性所有的取值创建树的分支。

(2) 用这棵树对训练进行分类,如果一个叶节点的所有实例都属于同一类,则以该类为标记标识此叶节点;如果所有的叶节点都有类标记,则算法终止。

(3) 否则,选取一个从该节点到根节点的路径中没有出现过的属性为标记,标识该节点,然后就这个属性的所有取值继续创建树的分支。

(4) 重复算法步骤(2)和(3),直到收敛为止。

2. 属性选择度量

ID3算法在树的每个节点上以信息增益作为度量来选择测试属性。这种度量称为属性选择度量或分裂的优良性度量。选择具有最高信息增益(或最大熵压缩)的属性作为当前节点的测试属性。该属性使得对结果划分的样本分类所需要的信息量最小,并确保找到一棵简单的(但不一定是最简单的)决策树。

定义 6.1 期望信息量:设训练集为 $\widetilde{X}$,样品总数为 N,其中包含 M 个不同的类 ω_i,$i=1,2,\cdots,M$。设 N_i 是 $\widetilde{X}$ 中属于类 ω_i 的样品的个数。对一个给定样品分类所需要的期望信息(熵)为:

$$I(N_1,N_2,\cdots,N_M)=-\sum_{i=1}^{M}p_i\log_2(p_i)$$

其中,p_i 是样品属于 ω_{i} 的概率,用 $\mathrm{N_i}/N$ 来估计。

熵是一个衡量系统混乱程度的统计量。熵越大,表示系统越混乱。信息熵 I 的性质:

(1) 对称性;

(2) 非负性;

(3) 确定性;若存在某个 $p_i=1$,则 $I(\cdot)=0$;

(4) 等概率最大性:$I(p_1,p_2,\cdots,p_n)\leqslant I\left(\frac{1}{n},\frac{1}{n},\cdots,\frac{1}{n}\right)=\log_2(n)$。

例如:设 $n=2,p_1=p_2=\frac{1}{2}$时,$I=1$;$p_1=\frac{1}{4},p_2=\frac{3}{4}$时,

$$I=-\frac{1}{4}\log_2\left(\frac{1}{4}\right)-\frac{3}{4}\log_2\left(\frac{3}{4}\right)=2-\frac{3}{4}\log_2 3=0.8112。$$

利用R语言可以画出概率 p 与熵之间的关系图形,如图6.2所示。

```
p = seq(0,1.01,0.05)
n = length(p)
I = rnorm(n)
k = 1
for (i in p)
{
if (i == 0||i == 1)
{I[k] = 0;k = k + 1}
else{
I[k] = - i * log2(i) - (1 - i) * log2(1 - i);
k = k + 1
}
```

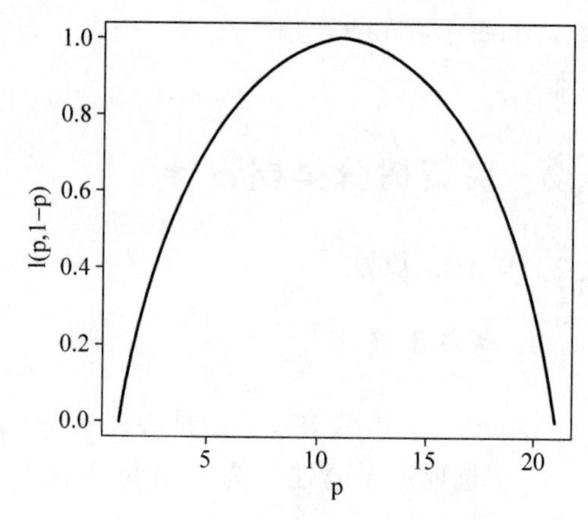

图6.2 概率与熵之间的关系图

```
}
plot(I,type = 'l',xlab = "p",ylab = "I(p,1 - p)")
```

定义 6.2 属性 A 是有 k 个不同值的属性$\{a_1,a_2,\cdots,a_j,\cdots,a_k\}$，$A$ 可以把全体训练集分成 k 个子集 $S_1,S_2\cdots,S_k$，其中 $S_j=\{X\mid X\in\widetilde{X},X.A=a_j\}$。如果 A 选为测试属性，那么 k 个子集代表所有树枝。设 N_{ij} 表示 S_j 中类为 ω_i 的样品个数。根据属性 A 划分的子集的熵，也就是系统总熵定义为

$$E(A)=\sum_{j=1}^{k}\left[\left(\frac{N_{1j}+N_{2j}+\cdots+N_{Mj}}{N}\right)\cdot I(N_{1j},N_{2j},\cdots,N_{Mj})\right]$$

对于给定子集 S_j，有

$$I(N_{1j},N_{2j},\cdots,N_{Mj})=-\sum_{i=1}^{M}p_{ij}\log_2(p_{ij})$$

式中，$p_{ij}=N_{ij}/|S_j|$，$|S_j|$表示 S_j 中的样品个数。

定义在属性 A 上分支获得的信息增益表示为

$$\mathrm{Gain}(A)=I(N_1,N_2,\cdots,N_M)-E(A)$$

Gain(A)是指由于知道属性 A 的值而导致的熵的期望压缩。分类的目的是提取系统信息，使系统向更加有序、有规则、有组织的方向发展。所以最佳的分裂方案是使熵减少量最大的分裂方案，就是使 Gain(A)最大的分裂方案。算法计算每个属性的信息增益，具有最高信息增益的属性选作给定集合的测试属性，创建一个节点。

6.2.2 C4.5 算法

C4.5 算法是对 ID3 算法的改进，能够处理连续和不连续的属性特征，在选择划分节点的属性时，使用信息增益来选择，不会过分倾向于取值数量较多的特征。

例 6.2 例 6.1 的决策树是根据表 6.1 的流感数据得到的，其中有 3 个属性指标：咳嗽、头疼和体温，1 个类别指标：流感。根据信息增益进行属性选择构造决策树。对于连续型属性体温采用二分离散化方法，对于离散型属性咳嗽和头疼根据属性个数划分，例如头疼根据严重、不疼和轻微进行三叉划分，咳嗽根据是和否进行二叉划分。

表 6.1 流感数据

样品编号	咳嗽	头疼	体温	流感
1	是	严重	39.5	是
2	是	不疼	36.5	否
3	是	轻微	36.7	是
4	否	轻微	36.8	否
5	是	严重	36.8	是
6	否	不疼	38.5	否
7	是	不疼	38.8	是
8	否	严重	40.5	是

解：$N=8$，$M=2$，ω_1 对应“流感”，ω_2 对应“非流感”，$N_1=5$，$N_2=3$，于是期望信息(熵)为

$$I(N_1,N_2)=I(5,3)=0.954434$$

然后计算每个属性的熵。

第一步：选择根节点。

(1) 属性“头疼”。

头疼＝“不疼”：$N_{11}=1,N_{21}=2,I(N_{11},N_{21})=0.9182958$。

头疼＝“轻微”：$N_{12}=1,N_{22}=1,I(N_{12},N_{22})=1$。

头疼＝“严重”：$N_{13}=3,N_{23}=0,I(N_{13},N_{23})=0$。

于是 $E(\text{头疼})=\frac{3}{8}I(N_{11},N_{21})+\frac{2}{8}I(N_{12},N_{22})+\frac{3}{8}I(N_{13},N_{23})=0.5943609$，信息增益为

$$\text{Gain}(\text{头疼})=0.3600731$$

(2) 属性“咳嗽”。

咳嗽＝“是”：$N_{11}=4,N_{21}=1,I(N_{11},N_{21})=0.7219281$。

咳嗽＝“否”：$N_{12}=1,N_{22}=2,I(N_{12},N_{22})=0.9182958$。

于是 $E(\text{咳嗽})=\frac{5}{8}I(N_{11},N_{21})+\frac{3}{8}I(N_{12},N_{22})=0.795566$，信息增益为

$$\text{Gain}(\text{咳嗽})=0.158868$$

(3) 属性“体温”。

由于体温是连续值，所以需要进行二分离散化，先把取值从小到大排序，然后选择切点如下：

① 切点一：“≤36.5”和“>36.5”。

切点一＝“≤36.5”：$N_{11}=0,N_{21}=1,I(N_{11},N_{21})=0$。

切点一＝“>36.5”：$N_{12}=5,N_{22}=2,I(N_{11},N_{21})=0.8631206$。

$$E(\text{切点一})=0.7552305$$

信息增益为

$$\text{Gain}(\text{切点一})=0.1992035$$

② 切点二：“≤36.7”和“>36.7”。

切点二＝“≤36.7”：$N_{11}=1,N_{21}=1,I(N_{11},N_{21})=1$。

切点二＝“>36.7”：$N_{12}=4,N_{22}=2,I(N_{11},N_{21})=0.9182958$。

$$E(\text{切点二})=0.9387218$$

信息增益为

$$\text{Gain}(\text{切点二})=0.01571215$$

③ 切点三：“≤36.8”和“>36.8”。

切点三＝“≤36.8”：$N_{11}=2,N_{21}=2,I(N_{11},N_{21})=1$。

切点三＝“>36.8”：$N_{12}=3,N_{22}=1,I(N_{11},N_{21})=0.8112781$。

$$E(\text{切点三})=0.9056391$$

信息增益为

$$\text{Gain}(\text{切点三})=0.0487949$$

④ 切点四："≤38.5"和">38.5"。

切点四="≤38.5"：$N_{11}=2, N_{21}=3, I(N_{11}, N_{21})=0.9709506$。

切点四=">38.5"：$N_{12}=3, N_{22}=0, I(N_{11}, N_{21})=0$。

$$E(\text{切点四})=0.6068441$$

信息增益为

$$\text{Gain}(\text{切点四})=0.3475899$$

⑤ 切点五："≤38.8"和">38.8"。

切点五="≤38.8"：$N_{11}=3, N_{21}=3, I(N_{11}, N_{21})=1$。

切点五=">38.8"：$N_{12}=2, N_{22}=0, I(N_{11}, N_{21})=0$。

$$E(\text{切点五})=0.75$$

信息增益为

$$\text{Gain}(\text{切点五})=0.204434$$

⑥ 切点六："≤39.5"和">39.5"。

切点六="≤39.5"：$N_{11}=4, N_{21}=3, I(N_{11}, N_{21})=0.9852281$。

切点六=">39.5"：$N_{12}=1, N_{22}=0, I(N_{11}, N_{21})=0$。

$$E(\text{切点六})=0.8620746$$

信息增益为

$$\text{Gain}(\text{切点六})=0.0923594$$

根据信息增益，选择头疼作为根节点，结果如图 6.3 所示。

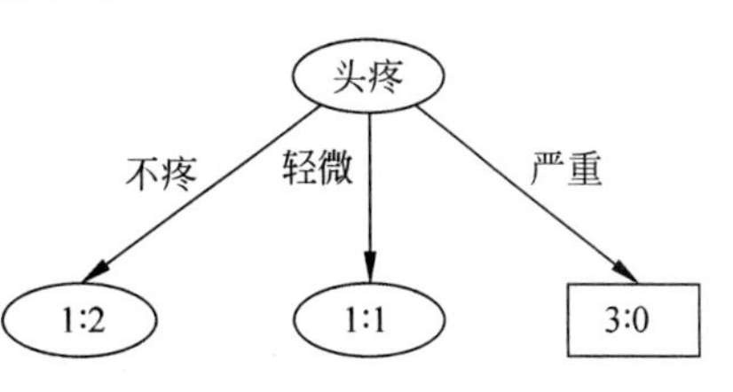

图 6.3 增益结果

其中的比例为流感与非流感数之比，其中，头疼严重的都为流感，作为叶节点不再分裂；不疼和轻微还需要继续分裂，分别从剩余的两个属性"咳嗽"和"体温"中选择。

第二步："不疼"分支。

样本如表 6.2 所示。

表 6.2 样本数据(一)

样品编号	咳嗽	头疼	体温	流感
2	是	不疼	36.5	否
6	否	不疼	38.5	否
7	是	不疼	38.8	是

此时的期望信息(熵)为

$$I(N_1, N_2)=I(1,2)=0.9182958$$

(1) 属性"咳嗽"。

咳嗽="是"：$N_{11}=1, N_{21}=1, I(N_{11}, N_{21})=1$。

咳嗽="否"：$N_{12}=0, N_{22}=1, I(N_{12}, N_{22})=0$。

于是 $E(\text{咳嗽})=\frac{2}{3}I(N_{11}, N_{21})+\frac{1}{3}I(N_{12}, N_{22})=0.6666667$，信息增益为

$$\text{Gain}(\text{咳嗽})=0.2516291$$

(2) 属性“体温”。

由于体温是连续值，所以需要进行二分离散化，先把取值从小到大排序，然后选择切点如下：

① 切点一：“≤36.5”和“>36.5”。

切点一=“≤36.5”：$N_{11}=0, N_{21}=1, I(N_{11}, N_{21})=0$。

切点一=“>36.5”：$N_{12}=1, N_{22}=1, I(N_{11}, N_{21})=1$。

$$E(\text{切点一})=0.6666667$$

信息增益为

$$\text{Gain}(\text{切点一})=0.2516291$$

② 切点二：“≤38.5”和“>38.5”

切点二=“≤38.5”：$N_{11}=0, N_{21}=2, I(N_{11}, N_{21})=0$

切点二=“>38.5”：$N_{12}=1, N_{22}=0, I(N_{11}, N_{21})=0$

$$E(\text{切点二})=0$$

信息增益为

$$\text{Gain}(\text{切点二})=0.9182958。$$

所以选择体温属性的切点二：“≤38.5”和“>38.5”。

第三步：“轻微”分支。

表格如表6.3所示。

表6.3 样本数据(二)

样品编号	咳嗽	头疼	体温	流感
3	是	轻微	36.7	是
4	否	轻微	36.8	否

此时的期望信息(熵)为

$$I(N_1, N_2)=I(1,1)=1$$

(1) 属性“咳嗽”。

咳嗽=“是”：$N_{11}=1, N_{21}=0, I(N_{11}, N_{21})=0$。

咳嗽=“否”：$N_{12}=0, N_{22}=1, I(N_{12}, N_{22})=0$。

于是 $E(\text{咳嗽})=\frac{1}{2}I(N_{11}, N_{21})+\frac{1}{2}I(N_{12}, N_{22})=0$，信息增益为

$$\text{Gain}(\text{咳嗽})=1$$

(2) 属性“体温”。

切点：“≤36.7”和“>36.7”。

切点=“≤36.7”：$N_{11}=1, N_{21}=0, I(N_{11}, N_{21})=0$。

切点=“>36.7”：$N_{12}=0, N_{22}=1, I(N_{11}, N_{21})=0$。

$$E(\text{切点})=0$$

信息增益为

$$\text{Gain}(\text{切点})=1$$

所以选择咳嗽为该节点的属性。最终构造的决策树如图 6.1 所示,所有样本都已正确分类。

6.2.3 决策树剪枝

由于训练集中的数据一般不可能是完美的,有些属性缺值或不准确,即存在噪声数据。对于有噪声数据情况,完全拟合将导致过分适应。剪枝阶段的任务是利用统计学方法,去掉最不可靠、可能是噪声的一些枝条。

在建树的过程中,当满足一定条件,例如 Gain(A)达到某个预先设定的阈值时,节点不再继续分裂,内部节点成为一个叶节点。叶节点取子集中频率最大的类作为自己的标识,或者仅存储这些实例的概率分布函数。

6.2.4 从决策树提取分类规则

从决策树中可以提取分类规则,并以 if-then 的形式表示。对于例 6.1 的决策树可提取分类规则如下:

if 头疼=“严重”then 流感=“是”;

if 头疼=“不疼”and 体温=“≤38.5”then 流感=“否”;

if 头疼=“不疼”and 体温=“>38.5”then 流感=“是”;

if 头疼=“轻微”and 咳嗽=“是”then 流感=“是”;

if 头疼=“轻微”and 咳嗽=“否”then 流感=“否”。

6.3 决策树的 CART 算法实现

6.3.1 分类树

ID3 使用信息熵量化数据集的混乱程度,分类与回归树(Classification and Regression Tree,CART)算法使用基尼指数(Gini Index)和均方误差(MSE)量化数据集的混乱程度。

1. 基尼指数

数据集 D 有 k 个分类,其样本总数为$|D|$,每个分类的样本个数分别为$|D_1|$,$|D_2|$,…,$|D_k|$,则一个样本属于第 i 类的概率为 $p_i=\frac{|D_i|}{|D|}$。数据集 D 的基尼指数定义如下:

$$\mathrm{Gini}(D)=\sum_{i=1}^{k}p_i(1-p_i)=1-\sum_{i=1}^{k}p_i^2$$

基尼指数和信息熵的一半的曲线是很接近的。同样可以定义在特征 A 的条件下 D 的基尼指数,设数据集 D 根据特征 A 切分成 D_1 和 D_2,在特征 A 条件下 D 的基尼指数定义如下:

$$\mathrm{Gini}(D,A)=\frac{|D_1|}{|D|}\mathrm{Gini}(D_1)+\frac{|D_2|}{|D|}\mathrm{Gini}(D_2)$$

如果特征 A 不是两个特征值，可以选取一个阈值作为划分点（切分点），小于或等于该切分点的作为一类，大于切分点的作为一类，同样可以把数据集 D 切分成两个子集。计算完每个特征条件下的基尼指数后，选择其中使得基尼指数最小的特征作为根节点，然后依次选择分支节点。

例 6.3 根据表 6.1 中的数据，采用基尼指数建立一棵二叉决策树。

解：原始数据见表 6.1。

(1) 当选择{咳嗽}分类时，对应的样本数据如表 6.4 所示。

表 6.4 样本数据(三)

流感	咳嗽	不咳嗽
是	4	1
否	1	2
Total	5	3

$$G_{是}=1-\left(\frac{4}{5}\right)^2-\left(\frac{1}{5}\right)^2=0.32$$

$$G_{否}=1-\left(\frac{1}{3}\right)^2-\left(\frac{2}{3}\right)^2=0.4444$$

$$G_{\{咳嗽\}}=\frac{5}{8}\times G_{是}+\frac{3}{8}\times G_{否}=0.3667$$

其中，$G_{是}$ 表示划分为咳嗽一类的 D_1 的基尼指数 $G(D_1)$，其余解释类似。

(2) 当选择{头疼}分类时，有以下三种切分方法。

① 按照严重和非严重分类，对应的样本数据如表 6.5 所示。

表 6.5 样本数据(四)

流感	严重	非严重
是	3	2
否	0	3
Total	3	5

$$G_{严重}=1-\left(\frac{3}{3}\right)^2-\left(\frac{0}{3}\right)^2=0$$

$$G_{非严重}=1-\left(\frac{2}{5}\right)^2-\left(\frac{3}{5}\right)^2=0.48$$

$$G_{\{头疼\text{-}严重\}}=\frac{5}{8}\times G_{非严重}+\frac{3}{8}\times G_{严重}=0.3$$

② 按照轻微和非轻微分类，对应的样本数据如表 6.6 所示。

表 6.6 样本数据(五)

流感	轻微	非轻微
是	1	4
否	1	2
Total	2	6

$$G_{轻微}=1-\left(\frac{1}{2}\right)^2-\left(\frac{1}{2}\right)^2=0.5$$

$$G_{非轻微}=1-\left(\frac{4}{6}\right)^2-\left(\frac{2}{6}\right)^2=0.4444$$

$$G_{\{头疼-轻微\}}=\frac{2}{8}\times G_{轻微}+\frac{6}{8}\times G_{非轻微}=0.4583$$

③ 按照不疼和非不疼分类,对应的样本数据如表 6.7 所示。

表 6.7 样本数据(六)

流感	不疼	非不疼
是	1	4
否	2	1
Total	3	5

$$G_{不疼}=1-\left(\frac{1}{3}\right)^2-\left(\frac{2}{3}\right)^2=0.4444$$

$$G_{非不疼}=1-\left(\frac{4}{5}\right)^2-\left(\frac{1}{5}\right)^2=0.32$$

$$G_{\{头疼-不疼\}}=\frac{3}{8}\times G_{不疼}+\frac{5}{8}\times G_{非不疼}=0.3667$$

(3) 当选择{体温}分类时,由于是连续值,从小到大排列(见表 6.8),然后选取相邻两个值的均值作为分界点(为了方便根据小于或等于和大于划分):

表 6.8 样本数据从小到大排列

流感	否	是	否	是	否	是	是	是
体温	36.5	36.7	36.8	36.8	38.5	38.8	39.5	40.5

① 以 36.5 为分界点时,对应的样本数据如表 6.9 所示。

表 6.9 样本数据(七)

流感	≤36.5	>36.5
是	0	5
否	1	2
Total	1	7

$$G_{\leqslant 36.5}=1-\left(\frac{1}{1}\right)^2-\left(\frac{0}{1}\right)^2=0$$

$$G_{>36.5}=1-\left(\frac{5}{7}\right)^2-\left(\frac{2}{7}\right)^2=0.4082$$

$$G_{\{体温-36.5\}}=\frac{7}{8}\times G_{>36.5}+\frac{1}{8}\times G_{\leqslant 36.5}=0.3572$$

② 以 36.7 为分界点时,对应的样本数据如表 6.10 所示。

表 6.10 样本数据(八)

流感	≤36.7	>36.7
是	1	4
否	1	2
Total	2	6

$$G_{\leqslant 36.7}=1-\left(\frac{1}{2}\right)^2-\left(\frac{1}{2}\right)^2=0.5$$

$$G_{>36.7}=1-\left(\frac{4}{6}\right)^2-\left(\frac{2}{6}\right)^2=0.4444$$

$$G_{\{体温\text{-}36.7\}}=\frac{2}{8}\times G_{\leqslant 36.7}+\frac{6}{8}\times G_{>36.7}=0.4583$$

③ 以 36.8 为分界点时,对应的样本数据如表 6.11 所示。

表 6.11 样本数据(九)

流感	≤36.8	>36.8
是	2	3
否	2	1
Total	4	4

$$G_{\leqslant 36.8}=1-\left(\frac{2}{4}\right)^2-\left(\frac{2}{4}\right)^2=0.5$$

$$G_{>36.8}=1-\left(\frac{3}{4}\right)^2-\left(\frac{1}{4}\right)^2=0.375$$

$$G_{\{体温\text{-}36.8\}}=\frac{4}{8}\times G_{\leqslant 36.8}+\frac{4}{8}\times G_{>36.8}=0.4375$$

④ 以 38.5 为分界点时,对应的样本数据如表 6.12 所示。

表 6.12 样本数据(十)

流感	≤38.5	>38.5
是	2	3
否	3	0
Total	5	3

$$G_{\leqslant 38.5}=1-\left(\frac{2}{5}\right)^2-\left(\frac{3}{5}\right)^2=0.48$$

$$G_{>38.5}=1-\left(\frac{3}{3}\right)^2-\left(\frac{0}{3}\right)^2=0$$

$$G_{\{体温\text{-}38.5\}}=\frac{5}{8}\times G_{\leqslant 38.5}+\frac{3}{8}\times G_{>38.5}=0.3$$

⑤ 以 38.8 为分界点时,对应的样本数据如表 6.13 所示。

表 6.13 样本数据(十一)

流感	≤38.8	>38.8
是	3	2
否	3	0
Total	6	2

$$G_{\leqslant 38.8}=1-\left(\frac{3}{6}\right)^2-\left(\frac{3}{6}\right)^2=0.5$$

$$G_{>38.8}=1-\left(\frac{2}{2}\right)^2-\left(\frac{0}{2}\right)^2=0$$

$$G_{\{体温\text{-}38.8\}}=\frac{6}{8}\times G_{\leqslant 38.8}+\frac{2}{8}\times G_{>38.8}=0.375$$

⑥ 以 39.5 为分界点时,对应的样本数据如表 6.14 所示。

表 6.14 样本数据(十二)

流感	≤39.5	>39.5
是	4	1
否	3	0
Total	7	1

$$G_{\leqslant 39.5}=1-\left(\frac{3}{7}\right)^2-\left(\frac{4}{7}\right)^2=0.4898$$

$$G_{>39.5}=1-\left(\frac{1}{1}\right)^2-\left(\frac{0}{1}\right)^2=0$$

$$G_{\{体温\text{-}39.5\}}=\frac{7}{8}\times G_{\leqslant 39.5}+\frac{1}{8}\times G_{>39.5}=0.4286$$

(4) 比较以上各个分类的基尼指数,基尼指数最小的属性为 $G_{\{头疼\text{-}严重\}}=0.3$ 和 $G_{\{体温\text{-}38.5\}}=0.3$,选择第一次出现的属性,则根节点选择头疼,分为严重和非严重,结果如图 6.4 所示。

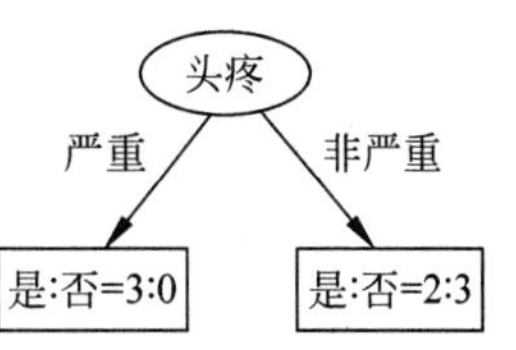

图 6.4 基尼指数的选择

(5) 左支都是流感,不用再分类,右支的数据如表 6.15 所示。

表 6.15 "头疼"非严重数据(一)

样品编号	咳嗽	体温	流感
2	是	36.5	否
3	是	36.7	是
4	否	36.8	否
6	否	38.5	否
7	是	38.8	是

以咳嗽和体温两种属性,再分别计算基尼指数。

(6) 当选择{咳嗽}分类时,对应的样本数据如表 6.16 所示。

表 6.16 样本数据(十三)

流感	咳嗽	不咳嗽
是	2	0
否	1	2
Total	3	2

$$G_{是}=1-\left(\frac{2}{3}\right)^2-\left(\frac{1}{3}\right)^2=0.4444$$

$$G_{否}=1-\left(\frac{2}{2}\right)^2-\left(\frac{0}{2}\right)^2=0$$

$$G_{\{咳嗽\}}=\frac{3}{5}\times G_{是}+\frac{2}{5}\times G_{否}=0.26667$$

(7) 当选择{体温}分类时,由于是连续值,从小到大排列(见表 6.17),然后选取体温值作为分界点。

表 6.17 {体温}数据从小到大排列(一)

否	是	否	否	是
36.5	36.7	36.8	38.5	38.8

① 以 36.5 为分界点时,对应的样本数据如表 6.18 所示。

表 6.18 样本数据(十四)

流感	≤36.5	>36.5
是	0	2
否	1	2
Total	1	4

$$G_{\leqslant 36.5}=1-\left(\frac{1}{1}\right)^2-\left(\frac{0}{1}\right)^2=0$$

$$G_{>36.5}=1-\left(\frac{2}{4}\right)^2-\left(\frac{2}{4}\right)^2=0.5$$

$$G_{\{体温\text{-}36.5\}}=\frac{1}{5}\times G_{\leqslant 36.5}+\frac{4}{5}\times G_{>36.5}=0.4$$

② 以 36.7 为分界点时,对应的样本数据如表 6.19 所示。

表 6.19 样本数据(十五)

流感	≤36.7	>36.7
是	1	1
否	1	2
Total	2	3

$$G_{\leqslant 36.7}=1-\left(\frac{1}{2}\right)^2-\left(\frac{1}{2}\right)^2=0.5$$

$$G_{>36.7}=1-\left(\frac{1}{3}\right)^2-\left(\frac{2}{3}\right)^2=0.4444$$

$$G_{\{体温-36.7\}}=\frac{2}{5}\times G_{\leqslant 36.7}+\frac{3}{5}\times G_{>36.7}=0.46667$$

③ 以36.8为分界点时，对应的样本数据如表6.20所示。

表6.20　样本数据(十六)

流感	≤36.8	>36.8
是	1	1
否	2	1
Total	3	2

$$G_{\leqslant 36.8}=1-\left(\frac{1}{3}\right)^2-\left(\frac{2}{3}\right)^2=0.4444$$

$$G_{>36.8}=1-\left(\frac{1}{2}\right)^2-\left(\frac{1}{2}\right)^2=0.5$$

$$G_{\{体温-36.8\}}=\frac{3}{5}\times G_{\leqslant 36.8}+\frac{2}{5}\times G_{>36.8}=0.46667$$

④ 以38.5为分界点时，对应的样本数据如表6.21所示。

表6.21　样本数据(十七)

流感	≤38.5	>38.5
是	1	1
否	3	0
Total	4	1

$$G_{\leqslant 38.5}=1-\left(\frac{1}{4}\right)^2-\left(\frac{3}{4}\right)^2=0.375$$

$$G_{>38.85}=1-\left(\frac{1}{1}\right)^2-\left(\frac{0}{1}\right)^2=0$$

$$G_{\{体温-38.5\}}=\frac{4}{5}\times G_{\leqslant 38.5}+\frac{1}{5}\times G_{>38.5}=0.3$$

(8) 比较以上两个分类的基尼指数，基尼指数最小的属性为 $G_{\{咳嗽\}}=0.26667$，则节点是咳嗽，分为咳嗽和不咳嗽，进一步分叉结果如图6.5所示。

(9) 左支都是否，不用再分类，右支的数据如表6.22所示。

表6.22　"头疼"非严重数据(二)

样品编号	体温	流感
2	36.5	否
3	36.7	是
7	38.8	是

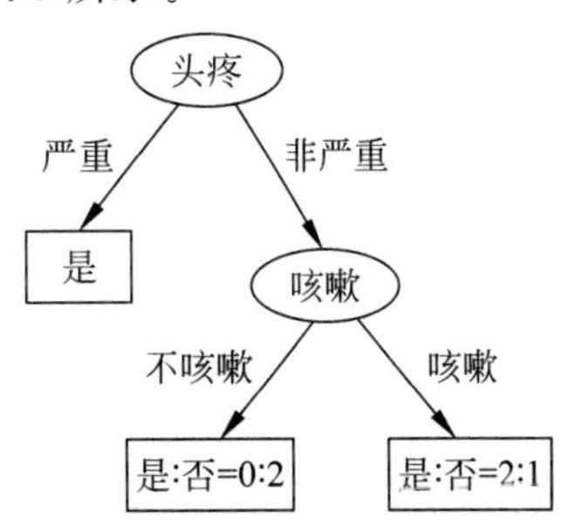

图6.5　基尼指数进一步的选择

剩下体温一种属性，计算基尼指数。

(10) 当选择{体温}分类时，由于是连续值，从小到大排列(见表6.23)，然后选取体温值作为分界点。

表6.23 {体温}数据从小到大排列(二)

流感	否	是	是
体温	36.5	36.7	38.8

以36.5为分界点时，对应的样本数据如表6.24所示。

表6.24 样本数据(十八)

流感	≤36.5	>36.5
是	0	2
否	1	0
Total	1	2

$$G_{\leqslant 36.5}=1-\left(\frac{1}{1}\right)^2-\left(\frac{0}{1}\right)^2=0$$

$$G_{>36.5}=1-\left(\frac{2}{2}\right)^2-\left(\frac{0}{2}\right)^2=0$$

$$G_{\{体温\text{-}36.5\}}=0$$

(11) 以36.7为分界点时，对应的样本数据如表6.25所示。

表6.25 样本数据(十九)

流感	≤36.7	>36.7
是	1	1
否	1	0
Total	2	1

$$G_{\leqslant 36.7}=1-\left(\frac{1}{2}\right)^2-\left(\frac{1}{2}\right)^2=0.5$$

$$G_{>36.7}=1-\left(\frac{1}{1}\right)^2-\left(\frac{0}{1}\right)^2=0$$

$$G_{\{体温\text{-}36.7\}}=\frac{2}{3}\times G_{\leqslant 36.7}+\frac{1}{3}\times G_{>36.7}=0.3333$$

所以选择36.5作为分界点。现在每个叶子节点属性都确定了，不需要再分类，一棵简单的CART树就完成了，如图6.6所示。

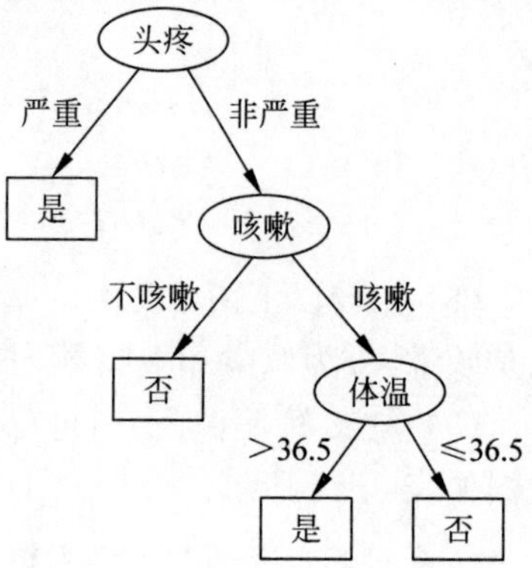

图6.6 决策树

2. 小结

CART算法根据基尼指数选择分类属性，进行二叉树分类，不断递归这个过程，直到出现下面两种情况：

(1) 当前节点包含的样本全属于同一类别，无须划分；

（2）当前属性集为空，或是所有样本在所有属性上取值相同，无法划分。

3. 剪枝

剪枝过程：首先将样本分为训练集和验证集。

（1）预剪枝。

预剪枝要对划分前后验证集精度进行估计，如精度提高则进行划分。

（2）后剪枝。

后剪枝先从训练集生成一棵完整决策树，再依次对每个叶枝剪除前后验证集精度进行评估，如精度提高则剪枝。

后剪枝决策树通常比预剪枝决策树保留了更多的分支。一般情形下后剪枝决策树的欠拟合风险很小，泛化性能往往优于预剪枝决策树。但后剪枝过程是在生成完全决策树之后进行的，并且要自底向上地对树中的所有非叶节点进行逐一考察，因此其训练时间开销比未剪枝决策树和预剪枝决策树都要大得多。

6.3.2 回归树

CART 回归树构造算法为递归算法，流程如下：

（1）如果当前数据集 D 中样本数量小于“最小切分数”（参数预设），或 D 的 MSE 小于“MSE 阈值”（参数预设）：创建叶节点，节点的值为所有样本目标值的平均值。

（2）否则：

① 创建内部节点。

② 使用每个特征值将数据集切分成 D_1 和 D_2，并计算切分后总体的 MSE，从而找到最佳切分特征。

③ 使用由最佳切分特征切分得到的 D_1 和 D_2，递归调用 CART 回归树构造算法，创建左右子树。

④ 将当前内部节点作为两棵子树的父节点。

CART 算法处理回归问题时，要求算法输出的是连续实数值，回归树的构造过程实际上就是将特征空间逐步进行二分切割的过程，每个节点的值就是对位于相应单元内任意实例点的预测值。

假设在训练时，某节点（某单元）被划入 m 个样本，令 $\hat{c}$ 为该节点的值（单元内实例点的预测值），可以使用 MSE 作为指标量化训练误差：

$$E(\hat{c})=\frac{1}{m}\sum_{i=1}^{m}(y_i-\hat{c})^2$$

以使训练误差 $E(\hat{c})$ 最小化作为准则，令 $\partial E(\hat{c})/\partial\hat{c}=0$，可求解出最优预测值：

$$\hat{c}=\frac{1}{m}\sum_{i=1}^{m}y_i$$

假设数据集 D 根据某一特征变量 j 的切分点 s 切分成 D_1 和 D_2 两个子集，切分后总体的 MSE 定义为

$$\left[\sum_{x_i\in D_1(j,s)}(y_i-\hat{c}_1)^2+\sum_{x_i\in D_2(j,s)}(y_i-\hat{c}_2)^2\right]$$

CART 回归树构造算法在选择切分特征时，只需计算由一个特征切分后的总体 MSE，然后选择其中使得总体 MSE 最小的特征，即选择最优切分变量 j 与切分点 s，需要求解

$$\min_{j,s}\left[\sum_{x_i\in D_1(j,s)}(y_i-\hat{c}_1)^2+\sum_{x_i\in D_2(j,s)}(y_i-\hat{c}_2)^2\right]$$

遍历变量 j，对固定的切分变量 j 扫描切分点 s，选择使上式达到最小值的 (j,s)。

下面采用一个简单的例子说明构造 CART 回归决策树的过程。

例 6.4 回归数据如表 6.26 所示，其中 x 为自变量，y 为因变量。采用 CART 回归算法构造回归决策树。

表 6.26 回归数据

x	0.5	0.7	0.9
y	1.1	1.3	1.7

解：

(1) 选择第一个切分点(0.6)，则划分的两个空间记为 D_1 和 D_2：

$$D_1=\{0.5\}$$

$$D_2=\{0.7,0.9\}$$

$$\hat{c}_1=1.1$$

$$\hat{c}_2=\frac{1}{2}(1.3+1.7)=1.5$$

则平方误差为 $\text{MSE}(0.6)=(1.1-1.1)^2+(1.5-1.3)^2+(1.5-1.7)^2=0.08$。

(2) 选择第二个切分点(0.8)，则划分的两个空间记为 D_1 和 D_2：

$$D_1=\{0.5,0.7\}$$

$$D_2=\{0.9\}$$

$$\hat{c}_1=\frac{1}{2}(1.1+1.3)=1.2$$

$$\hat{c}_2=1.7$$

则平方误差为 $\text{MSE}(0.8)=(1.1-1.2)^2+(1.3-1.2)^2+(1.7-1.7)^2=0.02$。

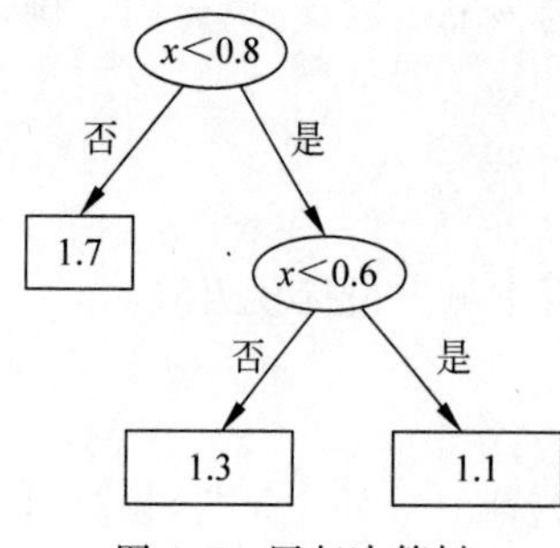

图 6.7 回归决策树

从上面的 MSE 得出，“$x=0.8$”为最佳切分点，以此将特征空间划分为两个区域(D_1 和 D_2)。

(3) 对于第二步得到的 D_1 和 D_2，其中，D_2 的预测误差为 0，停止切分。现在考虑集合 $D_1=\{0.5,0.7\}$，取切分点(0.6)进行同样操作，得到两个空间：

$$D_{11}=\{0.5\},D_{12}=\{0.7\},\hat{c}_{11}=1.1,\hat{c}_{12}=1.3$$

则平方误差为 $\text{MSE}(0.6)=(1.1-1.1)^2+(1.3-1.3)^2=0$，自此切分结束。得到回归决策树如图 6.7 所示。

6.4　R 语言实验

6.4.1　分类树

（1）iris 数据。

```
> library(rpart)
> set.seed(1)                    # 默认进行 10 折交叉验证,保证结果的可重复性.
> fit = rpart(Species~.,data = iris,parms = list(split = "information"))  # information 表
#示采用信息熵分裂.
> op = par(no.readonly = TRUE)   # 将当前所有的画图参数设置为 op.
> par(mar = c(1,1,1,1))          # 将画布四周的边宽均调整为 1.
> plot(fit,margin = 0.1)         # 参数"margin = 0.1"表示在决策树的边框留下 0.1 的空间,
#默认值是 0,防止无法显示后续的文字.
> text(fit)                      # 在图上添加文字信息,如图 6.8 所示.
> par(op)
> plotcp(fit)                    # 画出交叉验证误差图,如图 6.9 所示.
> pre = predict(fit,newdata = iris,type = "class")
> a = table(pre,iris[,5])
> sum(diag(a))/sum(a)
[1] 0.96
```

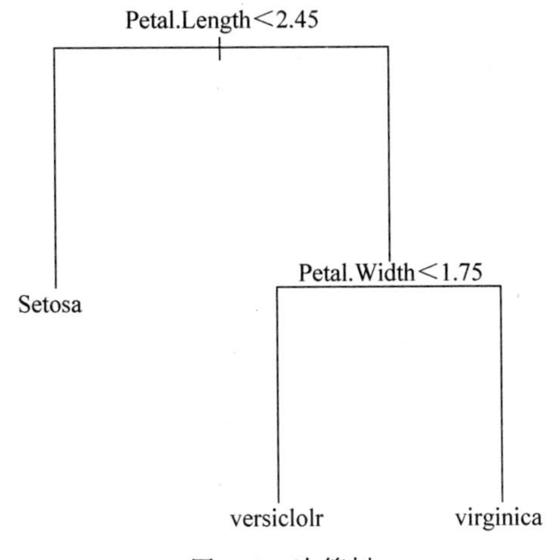

图 6.8　决策树

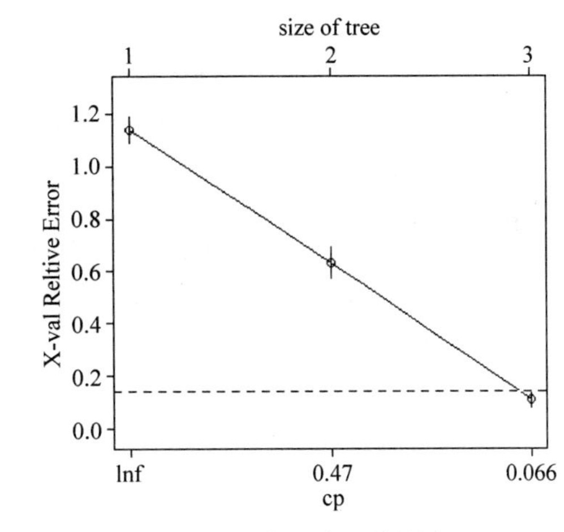

图 6.9　交叉验证误差图

也可以采用函数 rpart.plot 画决策树图,需要先安装包 rpart.plot。

```
> install.packages("rpart.plot")
> library(rpart.plot)
> rpart.plot(fit,branch = 1, fallen.leaves = T,cex = 0.6)   # 决策树如图 6.10 所示.
```

（2）根据表 6.1 数据采用信息增益法构造决策树。

先将表 6.1 数据进行如下变换(见表 6.27),其中 cough 属性中 1 表示是,0 表示否；headache 属性中 2 表示严重,1 表示轻微,0 表示不疼；influenza 中 Y 表示是,N 表示否。数据存于文件 6.2.txt 中,且文件存于 R 的默认目录中。

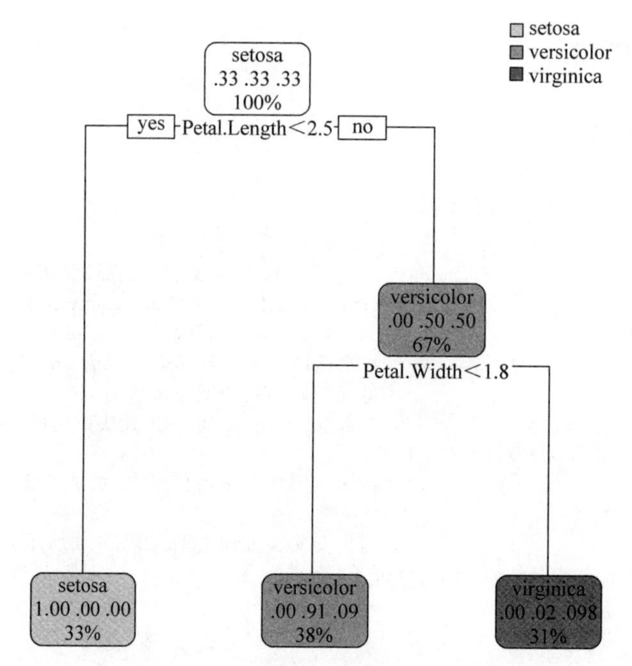

图 6.10 决策树图

表 6.27 数据变换

cough	headache	temperature	influenza
1	2	39.5	Y
1	0	36.5	N
1	1	36.7	Y
0	1	36.8	N
1	2	36.8	Y
0	0	38.5	N
1	0	38.8	Y
0	2	40.5	Y

```
> library(rpart)
> dat = read.table("6.2.txt",header = T)   # 载入数据.
> dat $ cough = as.factor(dat $ cough)
> dat $ headache = as.factor(dat $ headache)
> set.seed(1)
> fit = rpart(influenza ~ ., data = dat, parms = list(split = "information"), control = rpart.
control(minsplit = 2, minbucket = 1))
> library(rpart.plot)
> rpart.plot(fit, branch = 1, fallen.leaves = T, cex = 0.6, digits = 0)
```

结果产生的是二叉树结构，如图 6.11 所示。

以上程序默认进行二叉树切分，如果是数值型，程序按照从小到大排序后进行切分，例如 headache 有 3 个值，从小到大分别为 0、1 和 2，那么切分点为小于 1 和大于或等于 1，或者小于 2 和大于或等于 2。

如果将属性转换为因子后，此时的数字代表的是类别，例如 headache 的 0、1 和 2 分

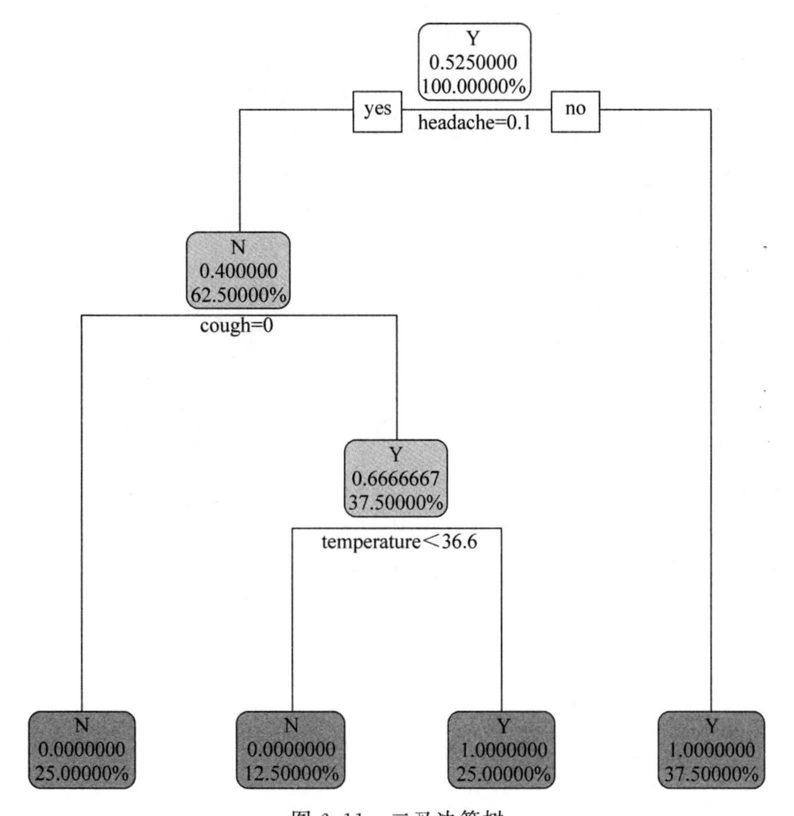

图 6.11 二叉决策树

别代表 3 个类别，这时进行二叉树切分时，就为 0 类和非 0 类、1 类和非 1 类、2 类和非 2 类三种方式。

如果要实现例 6.1 中的带有三叉树结构的形式，需要安装 RWeka 包实现，这是一款基于 Java 开发的免费数据挖掘工具，所以安装该包后，还需要安装 jdk-16_windows-x64_bin 后才能运行。该包应用时因变量必须为因子型，自变量可以为数值型或因子型，只有将自变量都转换成因子型时才能实现三叉树。

```
> install.packages("RWeka")
> library(RWeka)
> dat $ influenza = as.factor(dat $ influenza)
> fit1 = J48(influenza~.,data = dat,control = Weka_control(U = TRUE,M = 1))
> install.packages("partykit")      #决策树可视化需要的包.
> library(partykit)
> plot(fit1)
```

产生的决策树如图 6.12 所示，与图 6.1 结果一致。

(3) 根据表 6.1 数据采用基尼指数法构造决策树。

```
> library(rpart)
> dat = read.table("6.2.txt",header = T)
> dat $ cough = as.factor(dat $ cough)
> dat $ headache = as.factor(dat $ headache)
> set.seed(1)
> fit = rpart(influenza~.,data = dat,parms = list(split = "gini"),control = rpart.control
```

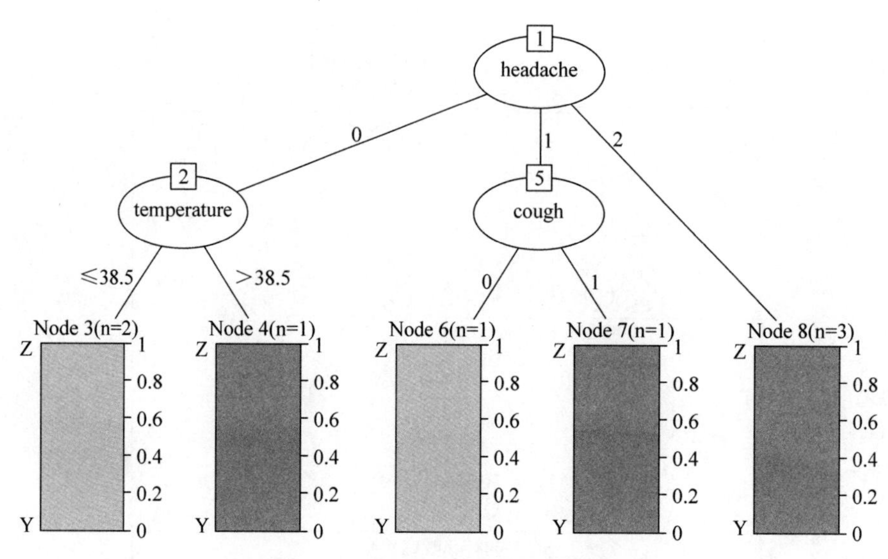

图 6.12　含有三叉树结构的决策树

```
(minsplit = 3,minbucket = 1))   #将(2)中的参数改为 split = "gini"即可实现基尼指数法.
> library(rpart.plot)
> rpart.plot(fit,branch = 1,fallen.leaves = T,cex = 0.6,digits = 0)
```

产生的决策树如图 6.13 所示，是二叉树结构，与图 6.6 一致，其中“<=36.5”分界点是取 36.5 和 36.7 的中间值“< 36.6”。

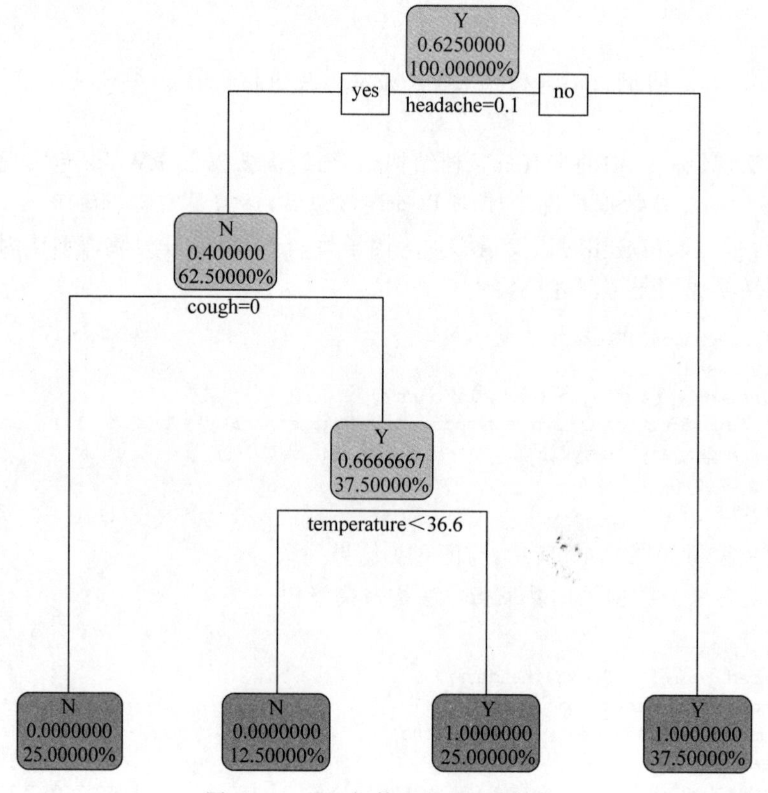

图 6.13　基尼指数法产生的决策树

6.4.2 回归树

(1) 表 6.26 数据。

```
> library(rpart)
> x = c(0.5,0.7,0.9)
> y = c(1.1,1.3,1.7)
> fit = rpart(y~x, parms = list(split = "gini"), control = rpart.control(minsplit = 1,
minbucket = 1))  #参数 minsplit = 1 表示最小切分到含 1 个样本的节点.
> library(rpart.plot)
> rpart.plot(fit,branch = 1,fallen.leaves = T,cex = 0.6,digits = 0)
```

产生的决策树如图 6.14 所示，与图 6.7 一致。

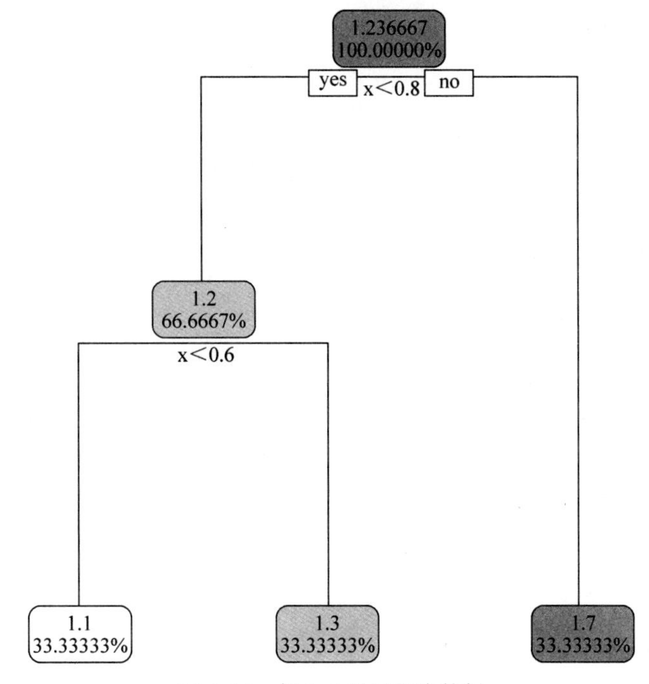

图 6.14 例 6.4 的回归决策树

(2) 正弦波数据。

```
> library(rpart)
> set.seed(1)
> x = seq(0,2 * pi,0.01)
> y = sin(x)
> fit = rpart(y~x,control = rpart.control(cp = 0.00001),parms = list(split = "gini"))
#其中参数 cp 是控制误差的,gini 表示采用基尼指数法,即 CART 算法.
> op = par(no.readonly = TRUE)
> par(mar = c(1,1,1,1))
> plot(fit,margin = 0.1)            #画决策树图,如图 6.15 所示.
> text(fit)                         #添加数据.
> par(op)
> plotcp(fit)                       #画出交叉验证误差图,如图 6.16 所示.
> xt = seq(0.013,2 * pi,0.3)        #产生不同于训练样本的测试样本.
```

```
> yt = sin(xt)
> xtt = data.frame(xt)                    # 格式要求数据框形式.
> names(xtt) = c('x')                     # 将生成的数据框中默认名字 xt 改成 x.
> yc = predict(fit,newdata = xtt)
> plot(x,y,type = 'l')
> points(xt,yc,pch = 8)                   # 拟合曲线,如图 6.17 所示.
> m = length(xt)
> mse = sum((yt - yc)^2)/m
> mse
[1] 0.001050696
```

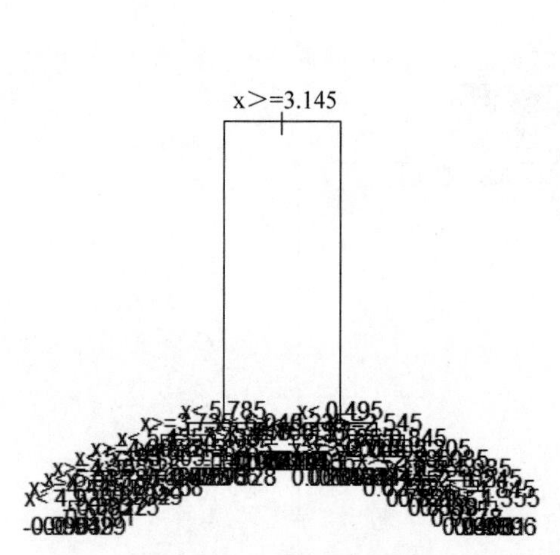

图 6.15 回归决策树

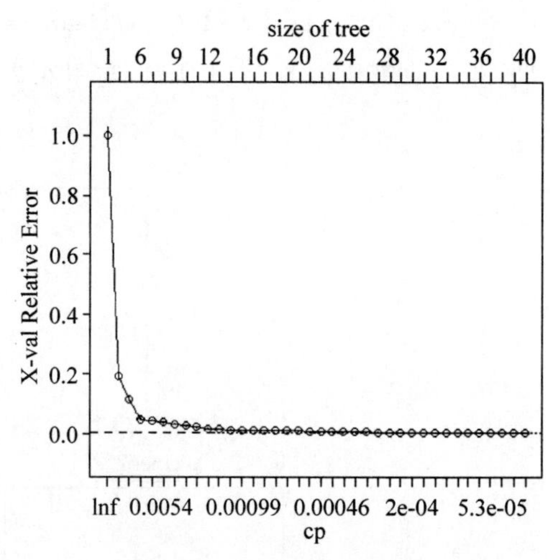

图 6.16 交叉验证误差图

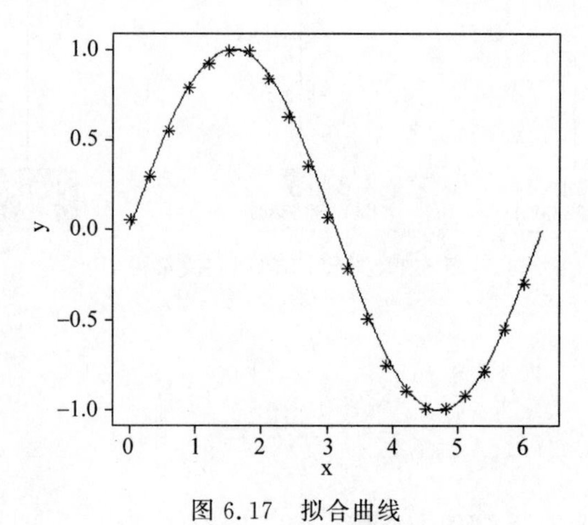

图 6.17 拟合曲线

第 7 章

集成学习

7.1 个体与集成

集成学习(Ensemble Learning)通过构建并结合多个学习器来完成学习任务,有时被称为多分类器系统(Multi-classifier System)、基于委员会的学习(Committee-based Learning)等,如图 7.1 所示。

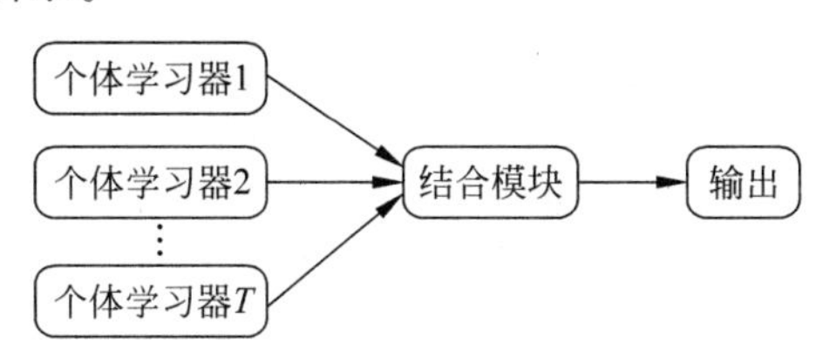

图 7.1 集成学习示意图

同种类型的个体学习器亦称为"基学习器",这样的集成称为"同质"的。而"异质"的个体学习器一般不称为基学习器,常称为"组件学习器"。

个体学习器要有一定的准确性,即学习器不能太坏,并且要有多样性,即学习器间有差异,如图 7.2(a)～图 7.2(d)所示。

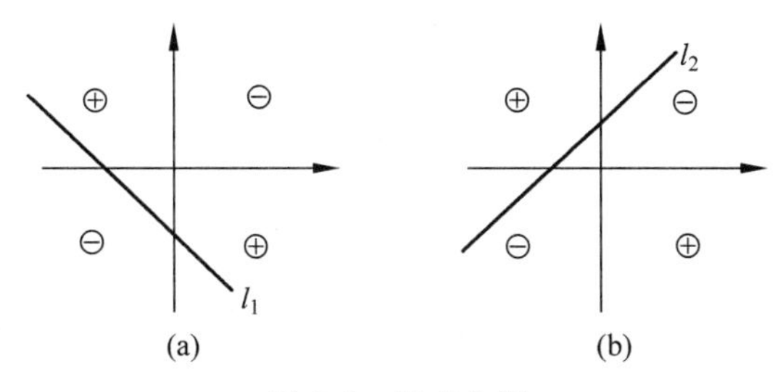

图 7.2 异或分类

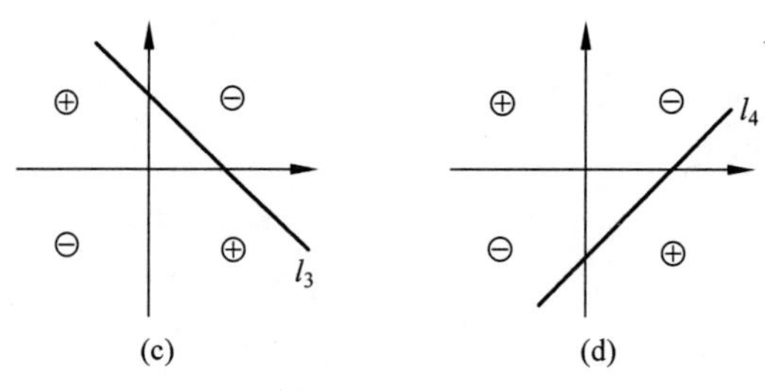

图 7.2 （续）

7.2 自适应提升算法

提升算法(Boosting)是一族可将弱学习器提升为强学习器的算法。这族算法的工作机制类似：先从初始训练集训练出一个基学习器，再根据基学习器的表现对训练样本分布进行调整，使得先前基学习器做错的训练样本在后续受到更多关注，然后基于调整后的样本分布来训练下一个基学习器；直至基学习器数目达到事先指定的值 T，最终将这 T 个基学习器进行加权结合。

提升算法中最著名的代表是自适应提升算法(Adaptive Boosting，简记 AdaBoost)，是由 Freund 和 Schapire 提出的。二分类问题的算法如下：

输入：训练数据集 $T=\{(\boldsymbol{x}_1,y_1),(\boldsymbol{x}_2,y_2),\cdots,(\boldsymbol{x}_n,y_n)\}$，其中实例 $\boldsymbol{x}_i\in X\subseteq\mathbf{R}^m$，标记 $y_i\in Y=\{-1,+1\}$。

输出：最终分类器 $G(\boldsymbol{x})$。

(1) 初始化训练数据每个样本的权重

$$D_1=(w_1,\cdots,w_i,\cdots,w_n),w_i=\frac{1}{n},\quad i=1,2,\cdots,n$$

这意味着，刚开始时所有观测值的权重均相同。

(2) 对 $t=1,2,\cdots,T$：

(a) 使用具有权值分布 D_t 的训练数据集学习，估计第 t 个基本分类器

$$G_t(\boldsymbol{x}):X\rightarrow\{-1,+1\}$$

(b) 计算 $G_t(\boldsymbol{x})$在训练数据集上的分类误差率

$$e_t=\sum_{i=1}^{n}P(G_t(\boldsymbol{x}_i)\neq y_i)=\sum_{i=1}^{n}w_iI(G_t(\boldsymbol{x}_i)\neq y_i)$$

(c) 计算正确分类的对数概率，即 $G_t(\boldsymbol{x})$的系数

$$\alpha_t=\ln\left(\frac{1-e_t}{e_t}\right)$$

(d) 更新训练数据集的权值分布

$$w_i\leftarrow w_i\cdot\exp\{\alpha_tI[y_i\neq G_t(\boldsymbol{x}_i)]\}=\begin{cases}w_i\left(\dfrac{1-e_t}{e_t}\right), & y_i\neq G_t(\boldsymbol{x}_i)\\ w_i, & y_i=G_t(\boldsymbol{x}_i)\end{cases}$$

$$w_i \leftarrow \frac{w_i}{\sum_{j=1}^{n} w_j}$$

假设分类器 $G_t(x_i)$的错分率至少比随机猜测低，则概率$\frac{1-e_t}{e_t}>1$，因此更新公式中分类错误的观测值权重增加，分类正确的权重不变。为了保持权重值之和为1，再进行归一化处理。

(3) 构建基本分类器的线性组合

$$f(\boldsymbol{x}) = \sum_{t=1}^{T} \alpha_t G_t(\boldsymbol{x})$$

得到最终分类器为

$$G(\boldsymbol{x}) = \operatorname{sgn}(f(\boldsymbol{x})) = \operatorname{sgn}\left(\sum_{t=1}^{T} \alpha_t G_t(\boldsymbol{x})\right)$$

例 7.1 表 7.1 的训练数据为异或问题。假设弱分类器由直线产生，选取分类直线使该分类器在训练数据集上分类误差率最低。使用 AdaBoost 算法学习一个强分类器。

表 7.1 异或问题

输入向量 x	期望响应 y
(−1,−1)	−1
(−1,+1)	+1
(+1,−1)	+1
(+1,+1)	−1

解：初始化数据权值分布

$$D_1 = (w_1, w_2, w_3, w_4), w_i = 0.25, \quad i = 1,2,3,4$$

对 $m=1$：

(a) 在权值分布为 D_1 的训练数据上，取 $y=x_1+x_2+1$ 时分类误差率最低，故基本分类器为

$$G_1(\boldsymbol{x}) = \operatorname{sgn}(x_1 + x_2 + 1)$$

(b) $G_1(\boldsymbol{x})$在训练数据集上的误差率 $e_1 = \sum_{i=1}^{4} w_i I(G_t(\boldsymbol{x}_i) \neq y_i) = 0.25$。

(c) 计算 $G_1(\boldsymbol{x})$的系数：$\alpha_1 = \ln\left(\frac{1-e_1}{e_1}\right) = 1.098612$。

(d) 更新训练数据的权值分布：

$$w_i = w_i \cdot \exp\{\alpha_1 \cdot I[y_i \neq G_1(\boldsymbol{x}_i)]\}, \quad i = 1,2,3,4$$

$$D_2 = (0.25, 0.25, 0.25, 0.75) \xrightarrow{\text{归一化}} (0.1666667, 0.1666667, 0.1666667, 0.5000000)$$

$$f_1(\boldsymbol{x}) = 1.098612 G_1(\boldsymbol{x})$$

分类器 $\operatorname{sgn}[f_1(\boldsymbol{x})]$在训练样本上的第 4 个样本点误分，其余正确分类。

对 $m=2$：

(a) 在权值分布为 D_2 的训练数据上，取分类器为 $y=x_1-x_2-1$ 时分类误差率最

低，故基本分类器为

$$G_2(\boldsymbol{x})=\operatorname{sgn}(x_1-x_2-1)$$

(b) $G_2(\boldsymbol{x})$ 在训练数据集上的误差率 $e_2=\sum_{i=1}^{4}w_iI(G_t(\boldsymbol{x}_i)\neq y_i)=0.1666667$。

(c) 计算 $G_2(\boldsymbol{x})$的系数：$\alpha_2=\ln\left(\frac{1-e_2}{e_2}\right)=1.609438$。

(d) 更新训练数据的权值分布：

$$D_3=(0.1666667,0.8333336,0.1666667,0.5)\xrightarrow{\text{归一化}}(0.1,0.5,0.1,0.3)$$

$$f_2(\boldsymbol{x})=1.098612G_1(\boldsymbol{x})+1.609438G_2(\boldsymbol{x})$$

分类器 $\operatorname{sgn}[f_2(\boldsymbol{x})]$在训练数据集上第 2 个样本点误分，其余分类正确。

对 $m=3$：

(a) 在权值分布为 D_3 的训练数据上，取 $y=-x_1+x_2-1$ 时分类误差率最低，故基本分类器为

$$G_3(\boldsymbol{x})=\operatorname{sgn}(-x_1+x_2-1)$$

(b) $G_3(\boldsymbol{x})$在训练数据集上的误差率 $e_3=\sum_{i=1}^{4}w_iI(G_t(\boldsymbol{x}_i)\neq y_i)=0.1$。

(c) 计算 $G_3(\boldsymbol{x})$的系数：$\alpha_3=\ln\left(\frac{1-e_3}{e_3}\right)=2.197225$。

(d) 更新训练数据的权值分布：

$$D_3=(0.1,0.5,0.9,0.3)\xrightarrow{\text{归一化}}(0.05555556,0.27777778,0.5,0.16666667)$$

$$f_3(\boldsymbol{x})=1.1G_1(\boldsymbol{x})+1.6G_2(\boldsymbol{x})+2.197G_3(\boldsymbol{x})$$

分类器 $\operatorname{sgn}[f_3(\boldsymbol{x})]$在训练数据集上误分类点个数为 0。于是最终的分类器为

$$G(\boldsymbol{x})=\operatorname{sgn}[f_3(\boldsymbol{x})]$$

Adaboost 算法可以看作使用指数损失函数时的前向分段加法模型，相关证明可以参考文献[2]。对学到的函数 $f(\boldsymbol{x})$进行“基函数展开”，由此得到“加法模型”：

$$f(\boldsymbol{x})=\sum_{m=1}^{M}\beta_m h(\boldsymbol{x};\boldsymbol{\alpha}_m)$$

其中，β_m 为展开系数，$h(\boldsymbol{x};\boldsymbol{\alpha}_m)$为基函数，$\boldsymbol{\alpha}_m$ 为基函数中的参数向量。目标函数如下：

$$\min_{\{\beta_m,\boldsymbol{\alpha}_m\}}\sum_{i=1}^{n}L\left(y_i,\sum_{m=1}^{M}\beta_m h(\boldsymbol{x}_i;\boldsymbol{\alpha}_m)\right)$$

其中，$L(y_i,f(\boldsymbol{x}_i))$为损失函数。该优化问题直接求解往往很困难，一般采用“前向分段算法”：

(1) 初始化 $f(\boldsymbol{x})$，令 $f_0(\boldsymbol{x})=0$。

(2) 对于基函数 $m=1,2,\cdots,M$ 进行循环：

(a) 在已知 $f_{m-1}(\boldsymbol{x})$情况下，求下一轮的最优参数。

$$(\beta_m,\boldsymbol{\alpha}_m)=\min_{\{\beta,\boldsymbol{\alpha}\}}\sum_{i=1}^{n}L(y_i,f_{m-1}(\boldsymbol{x}_i)+\beta h(\boldsymbol{x}_i;\boldsymbol{\alpha}))$$

(b) 更新加法模型。

$$f_m(\boldsymbol{x})=f_{m-1}(\boldsymbol{x})+\beta_m h(\boldsymbol{x};\boldsymbol{\alpha}_m)$$

这里分段的含义是已经加入的基函数,在之后的优化中不再调整。

7.3 梯度提升算法

Friedman 将 AdaBoost 推广到更一般的梯度提升算法(Gradient Boosting Machine,简记 GBM)。GBM 是以非参数方法估计基学习器(也称基函数),并在"函数空间"使用"梯度下降"法进行近似求解。

"函数空间"可以理解为对于每一个特征向量 $\boldsymbol{x}$,都对应一个函数值 $F(\boldsymbol{x})$。由此,函数 $F(\boldsymbol{x})$可视为无穷维向量。实际中,样本一般只有有限个,因此函数空间的维度也看作有限的$(F(\boldsymbol{x}_1),F(\boldsymbol{x}_2),\cdots,F(\boldsymbol{x}_n))^{\mathrm{T}}$,其中 n 为训练样本个数。

假设采用下面的加法模型来估计函数 $F(\boldsymbol{x})$,经过 M 次迭代得到最优的函数 $F^*(\boldsymbol{x})$为

$$F^*(\boldsymbol{x})=F_M(\boldsymbol{x})=\sum_{m=0}^{M}f_m(\boldsymbol{x})$$

其中,$f_m(\boldsymbol{x})$表示加法模型的第 m 项。

在梯度提升的 $m(0\leqslant m\leqslant M)$步中,假设已经有一些弱的模型 F_{m-1}(最初可以是非常弱的模型,可以只是预测输出训练集的平均值)。梯度提升算法不改变 F_{m-1},而是通过增加估计器 f_m 构建新的模型 $F_m(\boldsymbol{x})=F_{m-1}(\boldsymbol{x})+f_m(\boldsymbol{x})$来提高整体模型的效果。最好的 f_m 应该满足:

$$F_m(\boldsymbol{x})=F_{m-1}(\boldsymbol{x})+f_m(\boldsymbol{x})=y$$

即

$$f_m(\boldsymbol{x})=y-F_{m-1}(\boldsymbol{x})$$

因此,梯度提升算法将 f_m 与残差 $y-F_{m-1}(\boldsymbol{x})$拟合。此时的残差 $y-F_{m-1}(\boldsymbol{x})$是平方损失函数$\frac{1}{2}(y-F(\boldsymbol{x}))^2$ 的负梯度方向,也可以将其推广到其他不是平方误差的损失函数。

损失函数 $L(y,F(\boldsymbol{x}))$在 $F(\boldsymbol{x})=F_{m-1}(\boldsymbol{x})$处的泰勒展开式为

$$L(y,F(\boldsymbol{x}))\approx L(y,F_{m-1}(\boldsymbol{x}))+\left[\frac{\partial L(y,F(\boldsymbol{x}))}{\partial F(\boldsymbol{x})}\right]_{F(\boldsymbol{x})=F_{m-1}(\boldsymbol{x})}(F(\boldsymbol{x})-F_{m-1}(\boldsymbol{x}))$$

将 $F(\boldsymbol{x})=F_m(\boldsymbol{x})$代入上式,可得

$$L(y,F_m(\boldsymbol{x}))\approx L(y,F_{m-1}(\boldsymbol{x}))+\left[\frac{\partial L(y,F(\boldsymbol{x}))}{\partial F(\boldsymbol{x})}\right]_{F(\boldsymbol{x})=F_{m-1}(\boldsymbol{x})}(F_m(\boldsymbol{x})-F_{m-1}(\boldsymbol{x}))$$

因此,$-\left[\frac{\partial L(y,F(\boldsymbol{x}))}{\partial F(\boldsymbol{x})}\right]_{F(\boldsymbol{x})=F_{m-1}(\boldsymbol{x})}$对应于平方误差函数中的 $y-F_{m-1}(\boldsymbol{x})$,这也是为什么说对于平方损失函数拟合的是残差;对于一般损失函数,拟合的就是残差的近似值。因此只要$(F_m(\boldsymbol{x})-F_{m-1}(\boldsymbol{x}))=f_m(\boldsymbol{x})=-\rho_m\left[\frac{\partial L(y,F(\boldsymbol{x}))}{\partial F(\boldsymbol{x})}\right]_{F(\boldsymbol{x})=F_{m-1}(\boldsymbol{x})}$ $(\rho_m>0)$,就

能保证迭代后损失函数减小，即每增加一个弱学习器可以导致损失函数值下降。令 $g_m(\boldsymbol{x})=\left[\frac{\partial L(y,F(\boldsymbol{x}))}{\partial F(\boldsymbol{x})}\right]_{F(\boldsymbol{x})=F_{m-1}(\boldsymbol{x})}$，则

$$f_m(\boldsymbol{x})=-\rho_m g_m(\boldsymbol{x})$$

偏导数 $g_m(\boldsymbol{x})$ 是在 $F_{m-1}(\boldsymbol{x})=\sum_{k=0}^{m-1}f_k(\boldsymbol{x})$（即上一阶段的函数估计）处进行的。在函数空间里进行梯度下降，相当于求出函数在每个样本函数值方向上的负梯度，也称为准残差，即

$$-g_m(\boldsymbol{x}_i)=-\left[\frac{\partial L(y_i,F(\boldsymbol{x}_i))}{\partial F(\boldsymbol{x}_i)}\right]_{F(\boldsymbol{x})=F_{m-1}(\boldsymbol{x})},\quad i=1,2,\cdots,n$$

然而，无法计算不在样本内的其他 $\boldsymbol{x}$ 处的梯度，因为没有相应的观测值 y。当采用加法模型的时候，考虑负梯度方向 $-g_m(\boldsymbol{x})$ 用基函数（基学习器）进行估计，即

$$f_m(\boldsymbol{x})\equiv\beta_m h(\boldsymbol{x};\boldsymbol{\alpha}_m)$$

其中，$h(\boldsymbol{x};\boldsymbol{\alpha}_m)$ 为基函数，$\boldsymbol{\alpha}_m$ 为基函数的参数。

具体来说，选择与负梯度向量 $(-g_m(\boldsymbol{x}_1),-g_m(\boldsymbol{x}_2),-g_m(\boldsymbol{x}_n))^{\mathrm{T}}$ 最为接近的基函数向量 $(h_m(\boldsymbol{x}_1;\alpha_m),h_m(\boldsymbol{x}_2;\alpha_m),\cdots,h_m(\boldsymbol{x}_n;\alpha_m))^{\mathrm{T}}$，这可以利用最小二乘法估计。

梯度提升算法步骤如下：

(1) 选择最优的常值函数初始化 $F_0(\boldsymbol{x})=\underset{c\in\mathbf{R}}{\operatorname{argmin}}\sum_{i=1}^{n}L(y_i,c)$。

(2) 对于基函数 $m=1,2,\cdots,M$ 进行循环：

(a) 计算准残差：

$$-g_m(\boldsymbol{x}_i)=-\left[\frac{\partial L(y_i,F(\boldsymbol{x}_i))}{\partial F(\boldsymbol{x}_i)}\right]_{F(\boldsymbol{x})=F_{m-1}(\boldsymbol{x})},\quad i=1,2,\cdots,n$$

(b) 将准残差对 $\boldsymbol{x}$ 进行回归：

$$\boldsymbol{\alpha}_m=\underset{\boldsymbol{\alpha},\beta}{\operatorname{argmin}}\sum_{i=1}^{n}[-g_m(\boldsymbol{x}_i)-\beta h(\boldsymbol{x}_i;\boldsymbol{\alpha})]^2$$

(c) 计算最优步长：

$$\rho_m=\underset{\rho}{\operatorname{argmin}}\sum_{i=1}^{n}L[y_i,F_{m-1}(\boldsymbol{x}_i)+\rho h(\boldsymbol{x}_i;\boldsymbol{\alpha}_m)]$$

(d) 更新函数：

$$F_m(\boldsymbol{x})=F_{m-1}(\boldsymbol{x})+\rho_m h(\boldsymbol{x};\boldsymbol{\alpha}_m)$$

(3) 输出结果 $F_M(\boldsymbol{x})$。

7.4 提升树

当梯度提升算法中的基学习器采用决策树时就称为提升树。提升树以分类树或者回归树为基本学习器，提升树是统计学习中性能较好的方法之一。

7.4.1 提升树模型

提升算法也是采用了前向分步算法的加法模型（即基函数的线性组合），对分类问题，

决策树是二叉分类树，对回归问题，决策树是二叉回归树。提升树模型表示为决策树的加法模型：

$$f_M(\boldsymbol{x})=\sum_{m=1}^{M}G_m(\boldsymbol{x};\Theta_m)$$

其中，$G_m(\boldsymbol{x};\Theta_m)$表示决策树，$\Theta_m$ 为决策树的参数（表示分裂变量、在何处分裂以及最终节点的预测值），M 为树的棵数。

7.4.2 提升树算法

首先确定初始提升树 $f_0(\boldsymbol{x})=0$，第 m 步的模型是

$$f_m(\boldsymbol{x})=f_{m-1}(\boldsymbol{x})+G_m(\boldsymbol{x};\Theta_m)$$

其中，$f_{m-1}(\boldsymbol{x})$为当前模型，通过经验风险极小化原则确定下一棵决策树的参数 Θ_m，

$$\hat{\Theta}_m=\underset{\Theta_m}{\mathrm{argmin}}\sum_{i=1}^{N}L(y_i,f_{m-1}(\boldsymbol{x}_i)+G_m(\boldsymbol{x}_i;\Theta_m))$$

其中，$L(\boldsymbol{x})$为损失函数，选取不同的损失函数可以解决不同的问题，平方误差损失函数 $[y_i-f(\boldsymbol{x}_i)]^2$ 可以解决回归问题，0-1 损失函数 $I[y_i\neq f(\boldsymbol{x}_i)]$可以解决分类问题。下面给出回归问题的提升树。

使用误差平方损失函数，则优化为

$$\begin{aligned}\hat{\Theta}_m&=\underset{\Theta_m}{\mathrm{argmin}}\sum_{i=1}^{N}(y_i-f_{m-1}(\boldsymbol{x}_i)-G_m(\boldsymbol{x}_i;\Theta_m))^2\\&=\underset{\Theta_m}{\mathrm{argmin}}\sum_{i=1}^{N}(r_i^{(m-1)}-G_m(\boldsymbol{x}_i;\Theta_m))^2\end{aligned}$$

其中，$r_i^{(m-1)}=y_i-f_{m-1}(\boldsymbol{x}_i)$为当前模型的回归残差。因此，只要以当前残差为响应变量，对 $\boldsymbol{x}_i$ 进行回归即可。

在进行回归树估计中，有较多的参数需要考虑，也称为“超参数”：

(1) 决策树数量 M。

(2) 决策树的分裂次数 d。$d=1$ 时，仅为分裂 1 次的树桩。一般根据样本数量选择 $d=4\sim8$ 比较合适。

下面给出分裂次数 $d=1$ 且二叉树的简单情况的回归树构造方法。已知训练数据集 $T=\{(\boldsymbol{x}_1,y_1),(\boldsymbol{x}_2,y_2),\cdots,(\boldsymbol{x}_N,y_N)\}$，$\boldsymbol{x}_i\in\chi\subseteq\mathbf{R}^n$，$y_i\in Y\subseteq\mathbf{R}$。如果将输入空间划分为两个互不相交的区域 R_1,R_2，并且每个区域上确定输出的常量为 c_j，那么树可以表示为

$$G_m(\boldsymbol{x};\Theta_m)=\begin{cases}c_1, & \boldsymbol{x}\in R_1\\ c_2, & \boldsymbol{x}\in R_2\end{cases}$$

其中，参数 $\Theta_m=\{(R_1,c_1),(R_2,c_2)\}$。

采用二叉树进行回归时，以一元回归为例，区域 R_1,R_2 的构造方式是求解训练数据的切分点 s：

$$R_1=\{x\mid x\leqslant s\},\quad R_2=\{x\mid x>s\}$$

使得平方损失误差达到最小值，即

$$\min_{s}\left[\min_{c_1}\sum_{x_i\in R_1}(y_i-c_1)^2+\min_{c_2}\sum_{x_i\in R_2}(y_i-c_2)^2\right]$$

设 R_1 包含 N_1 个样本，R_2 包含 N_2 个样本，令 $Q_j=\sum_{x_i\in R_j}(y_i-c_j)^2, j=1,2$，则求最小值，可以通过求导的方式令

$$\frac{\partial Q_j}{\partial c_j}=-2\sum_{x_i\in R_j}(y_i-c_j)=0,\quad j=1,2$$

解得

$$\hat{c}_1=\frac{1}{N_1}\sum_{x_i\in R_1}y_i,\quad \hat{c}_2=\frac{1}{N_2}\sum_{x_i\in R_2}y_i$$

回归问题提升树步骤如下：

$$f_0(x)=0$$

$$f_m(x)=f_{m-1}(x)+G_m(x;\Theta_m),\quad m=1,2,\cdots,M$$

$$f_M(x)=\sum_{m=1}^{M}G_m(x;\Theta_m)$$

例 7.2 已知数据见表 7.2，学习这个回归问题的提升树模型，考虑只用一次分裂的决策树作为基函数。

表 7.2 实例数据

x	0.5	0.7	0.9
y	1.1	1.3	1.7

解：第一步求 $f_1(x)$，即回归树 $G_1(x)$。

首先通过以下优化问题：

$$\min_{s}\left[\min_{c_1}\sum_{x_i\in R_1}(y_i-c_1)^2+\min_{c_2}\sum_{x_i\in R_2}(y_i-c_2)^2\right]$$

求解训练数据的切分点 s：

$$R_1=\{x\mid x\leqslant s\},\quad R_2=\{x\mid x>s\}$$

采用平方损失差达到最小值，易知

$$\hat{c}_1=\frac{1}{N_1}\sum_{x_i\in R_1}y_i,\quad \hat{c}_2=\frac{1}{N_2}\sum_{x_i\in R_2}y_i$$

求训练数据的切分点，根据所给数据，考虑切分点 0.6 和 0.8：

当 $s=0.6$ 时，$R_1=\{0.5\}$，$R_2=\{0.7,0.9\}$，$\hat{c}_1=1.1$，$\hat{c}_2=1.5$，$m(s)=0.08$；当 $s=0.8$ 时，$R_1=\{0.5,0.7\}$，$R_2=\{0.9\}$，$\hat{c}_1=1.2$，$\hat{c}_2=1.7$，$m(s)=0.02$。

因此，选择 $s=0.8$ 作为切分点，所以回归树 $G_1(x)$ 为

$$G_1(x)=\begin{cases}1.2, & x\leqslant 0.8\\ 1.7, & x>0.8\end{cases}$$

$$f_1(x)=G_1(x)$$

用 $f_1(x)$ 拟合训练数据的残差见表 7.3。

表 7.3　$f_1(x)$残差数据

x_i	0.5	0.7	0.9
r_{2i}	−0.1	0.1	0

$f_1(x)$拟合的平方误差为 0.02。

第二步求 $G_2(x)$，方法与求 $G_1(x)$一样，只是拟合的数据是表 7.3 的残差。同样，当 $s=0.6$ 时，$R_1=\{0.5\}$，$R_2=\{0.7,0.9\}$，$\hat{c}_1=-0.1$，$\hat{c}_2=0.05$，$m(s)=0.005$；当 $s=0.8$ 时，$R_1=\{0.5,0.7\}$，$R_2=\{0.9\}$，$\hat{c}_1=0$，$\hat{c}_2=0$，$m(s)=0.02$。

因此，选择 $s=0.6$ 作为切分点，所以回归树 $G_2(x)$为

$$G_2(x)=\begin{cases}-0.1, & x\leqslant 0.6\\ 0.05, & x>0.6\end{cases}$$

$$f_2(x)=f_1(x)+G_2(x)=\begin{cases}1.1, & x\leqslant 0.6\\ 1.25, & 0.6<x\leqslant 0.8\\ 1.75, & x>0.8\end{cases}$$

用 $f_2(x)$拟合训练数据的残差见表 7.4。

表 7.4　$f_2(x)$残差数据

x_i	0.5	0.7	0.9
r_{2i}	0	0.05	−0.05

用 $f_2(x)$拟合训练数据的平方损失误差是 0.005。

第三步求 $G_3(x)$，拟合的数据是表 7.4 的残差。同样，当 $s=0.6$ 时，$R_1=\{0.5\}$，$R_2=\{0.7,0.9\}$，$\hat{c}_1=0$，$\hat{c}_2=0$，$m(s)=0.005$；当 $s=0.8$ 时，$R_1=\{0.5,0.7\}$，$R_2=\{0.9\}$，$\hat{c}_1=0.025$，$\hat{c}_2=-0.05$，$m(s)=0.00125$。

因此，选择 $s=0.8$ 作为切分点，所以回归树 $G_3(x)$为

$$G_3(x)=\begin{cases}0.025, & x\leqslant 0.8\\ -0.05, & x>0.8\end{cases}$$

$$f_3(x)=f_2(x)+G_3(x)=\begin{cases}1.125, & x\leqslant 0.6\\ 1.275, & 0.6<x\leqslant 0.8\\ 1.7, & x>0.8\end{cases}$$

用 $f_3(x)$拟合训练数据的残差见表 7.5。

表 7.5　$f_3(x)$残差数据

x_i	0.5	0.7	0.9
r_{2i}	−0.025	0.025	0

用 $f_3(x)$拟合训练数据的平方损失误差是 0.00125。

第四步求 $G_4(x)$，拟合的数据是表 7.5 的残差。同样，当 $s=0.6$ 时，$R_1=\{0.5\}$，$R_2=\{0.7,0.9\}$，$\hat{c}_1=-0.025$，$\hat{c}_2=0.0125$，$m(s)=0.0003125$；当 $s=0.8$ 时，$R_1=\{0.5,0.7\}$，$R_2=\{0.9\}$，$\hat{c}_1=0$，$\hat{c}_2=0$，$m(s)=0.00125$。

因此，选择 $s=0.6$ 作为切分点，所以回归树 $G_4(x)$为

$$G_4(x)=\begin{cases}-0.025, & x\leqslant 0.6\\ 0.0125, & x>0.6\end{cases}$$

$$f_4(x)=f_3(x)+G_4(x)=\begin{cases}1.1, & x\leqslant 0.6\\ 1.2875, & 0.6<x\leqslant 0.8\\ 1.7125, & x>0.8\end{cases}$$

用 $f_4(x)$拟合训练数据的残差见表 7.6。

表 7.6 $f_4(x)$残差数据

x_i	0.5	0.7	0.9
r_{2i}	0	0.0125	−0.0125

用 $f_4(x)$拟合训练数据的平方损失误差是 0.0003125。

可以看到,随着决策树的增加,拟合精度越来越高,如果达到精度要求,则算法停止,$f_4(x)=\sum_{i=1}^{4}G_i(x)$ 即为所求。

7.5 Bagging 与随机森林

前面给出的提升树算法中,每棵决策树的作用并不相同,它们是依次而种的,相对位置不能随意变动,这种提升法是一种“序贯集成法”。

还有一些集成算法,其中每个基学习器的作用完全对称,可以随意更换位置。这种情况下,欲得到泛化性能强的集成,集成中的个体学习器应尽可能相互独立。虽然“独立”在现实任务中无法做到,但可以设法使基学习器尽可能具有较大的差异。给定一个训练数据集,一种可能的做法是对训练样本进行采样,产生出若干不同的子集,再从每个数据集中训练出一个基学习器。这样,由于训练数据不同,获得的基学习器可望具有比较大的差异。然而为了获得好的集成,同时还希望个体学习器不能太差。如果采样出的每个子集都完全不同,则每个基学习器只用到了一小部分训练数据,甚至不足以进行有效学习,这显然无法确保产生出较好的基学习器。为了解决这个问题,可以考虑使用相互有交叠的采样子集。

7.5.1 Bagging

Bagging 是并行式集成学习方法最著名的代表,也称为装袋法,它采用的是自助采样法。假设给定包含 m 个样本的数据集,先随机取出一个样本集放入采样集中,再把该样本放回初始数据集,使得下次采样时该样本仍有可能被选中,这样,经过 m 次随机采样操作,得到含有 m 个样本的采样集,初始训练集中有的样本在采样集中多次出现,有的可能从未出现。

这样可以采样出 T 个含 m 个训练样本的采样集,然后基于每个采样集训练出一个基学习器,再将这些基学习器进行结合。这就是 Bagging 的基本流程。在对预测输出进行结合时,Bagging 通常对分类任务使用简单投票法,对回归任务使用简单平均法。

7.5.2 随机森林

随机森林(RandomForest,RF)是 Bagging 的一个扩展变体。RF 在以决策树为基学习器构建 Bagging 集成的基础上,进一步在决策树的训练过程中引入了随机属性选择。具体说,传统决策树在选择划分属性时是在当前节点的属性集合(假定有 d 个属性)中选择一个最优属性。而在 BF 中,对基决策树的每个节点,先从该节点的属性集合中随机选择一个包含 k 个属性的子集,然后再从这个子集中选择一个最优属性用于划分。参数 k 控制随机性的引入程度,若令 $k=d$,则基决策树的构建与传统决策树相同;若令 $k=1$,则是随机选择一个属性用于划分,一般情况下,推荐值 $k=\log_2 d$。

随机森林简单、容易实现、计算开销小,在很多现实任务中展现出强大的性能。

7.5.3 结合策略

1. 平均法

对数值型输出的学习器,最常见的策略是使用平均法。

(1) 简单平均法

$$H(\boldsymbol{x})=\frac{1}{T}\sum_{i=1}^{T}h_i(\boldsymbol{x})$$

(2) 加权平均法

$$H(\boldsymbol{x})=\sum_{i=1}^{T}w_ih_i(\boldsymbol{x})$$

其中,w_i 是个体学习器 h_i 的权重,通常要求 $w_i\geqslant 0$,$\sum_{i=1}^{T}w_i=1$。

2. 投票法

对分类任务来说,通常采用投票法。

(1) 绝对多数投票法

若某标记得票数过半数,则预测为该标记;否则拒绝预测。

(2) 相对多数投票法

预测为得票数最多的标记,若同时有多个标记获得最高,则从中随机选取一个。

(3) 加权投票法

根据分类器的权重给出一个加权结果进行预测。

3. 学习法

当训练数据很多时,可以使用“学习法”,即通过另一个学习器来进行结合。这里把个体学习器称为初级学习器,用于结合的学习器称为次级学习器。

7.6 R 语言实验

7.6.1 装袋法回归

为了比较分析,先给出前面决策树的例子,这里训练样本为间隔 0.1 选取。

```
> library(rpart)
> set.seed(1)
> x = seq(0,2 * pi,0.1)
> y = sin(x)
> fit = rpart(y~x,control = rpart.control(cp = 0.00001))
> xt = seq(0.013,2 * pi,0.3)            # 产生不同于训练样本的测试样本.
> yt = sin(xt)
> xtt = data.frame(xt)                  # 格式要求数据框形式.
> names(xtt) = c('x')                   # 将生成的数据框中默认名字 xt 改成 x.
> yc = predict(fit,newdata = xtt)
> plot(x,y,type = 'l')
> points(xt,yc,pch = 8)
```

由于训练样本取值较少,单棵决策树估计的回归函数为“阶梯函数”,在细节上比较粗糙,存在“欠拟合”,如图 7.3 所示。下面采用 R 包 randomForest 中的 randomForest()函数进行装袋法估计,结果如图 7.4 所示。

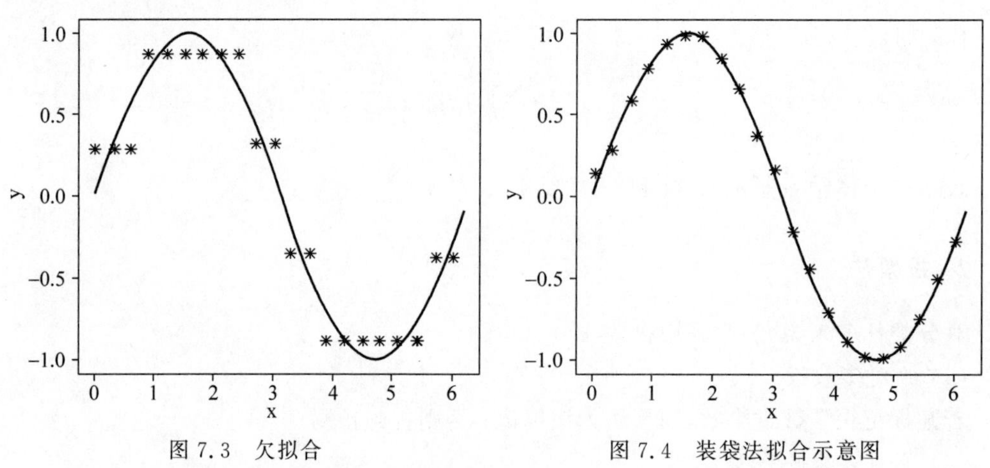

图 7.3 欠拟合

图 7.4 装袋法拟合示意图

```
> library(randomForest)
> set.seed(1)
> x = seq(0,2 * pi,0.1)
> y = sin(x)
> fit1 = randomForest(y~x,mtry = 1,ntree = 1000)   # 参数 mtry = 1 表示选用一个特征变量,当
m = p 时,即选用全部特征变量时,随机森林即为装袋法.因为此例只有一个特征变量,所以此时的
随机森林即是装袋法.
> xt = seq(0.013,2 * pi,0.3)            # 产生不同于训练样本的测试样本.
> yt = sin(xt)
> xtt = data.frame(xt)
> names(xtt) = c('x')                   # 将数据框的名字由 xt 改成 x 后才能进行后面的预测.
```

```
> pred = predict(fit1,xtt)
> plot(x,y,type = 'l')
> points(xt,pred,pch = 8)
```

7.6.2 随机森林分类

```
> library(randomForest)
> fit2 = randomForest(Species~.,data = iris,mtry = 1)
> pre = predict(fit2,newdata = iris)
> a = table(iris[,5],pre)
> a
             pre
              Setosa   versicolor   virginica
   setosa        50        0            0
   versicolor    0        50            0
   virginica     0         0           50
> sum(diag(a))/sum(a)
>[1] 1
```

其中 mytry=1,2,3 时是随机森林法,mytry=4(取全部特征变量)时为装袋法,此例显示,通过集成可以达到 100%的拟合精度。

7.6.3 提升法

对于随机森林,每棵树的作用完全对称,可以随意更换决策树的位置。对于提升法,每棵决策树的作用并不相同,这些依次而种的决策树之间的相对位置不能随意变动。另外,随机森林使用自助样本,所以可以计算袋外误差,而提升树则基于原始样本,一般无法计算袋外误差,但可以使用不同的观测值权重。下面给出的是自适应提升法(AdaBoost),该算法最初仅适用于分类问题,后来推广到回归问题。

(1) 回归提升树

```
> x = seq(0,2 * pi,0.01)
> y = sin(x)
> n = length(y)
> dat = cbind(x,y)
> dat = data.frame(dat)
> train_index = sample(1:n,400)
> train = dat[train_index,];
> test = dat[ - train_index,];
> reg = gbm(y~x,data = train,distribution = "gaussian",n.trees = 2000)   #其中参数解释,
distribution = "gaussian"表示使用误差平方的损失函数,进行的是回归操作;n.trees = 2000 表
示 2000 棵树,默认值是 100.
> pred = predict(reg,newdata = test,n.trees = 2000)
> plot(x,y,type = "l")
> points(x1,pred,type = "o")          #拟合结果如图 7.5 所示.
> mean((test[,2] - pred)^2)
[1] 0.00100714
```

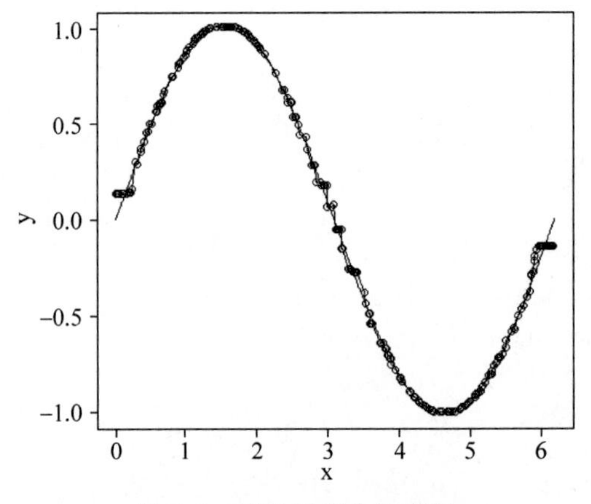

图 7.5 提升树拟合示意图

(2) 分类提升树

```
> library(gbm)
> set.seed(1)
> train_index = sample(150,105)
> train = iris[train_index,]
> test = iris[ - train_index,]
> fit = gbm(Species~.,data = train,distribution = "multinomial",n.trees = 5000,cv.folds =
5,interaction.depth = 4,shrinkage = 0.01,bag.fraction = 0.5,n.minobsinnode = 5)
```

其中,参数 distribution="multinomial"表示多类分类; distribution="bernoulli"表示两类分类; cv. folds=5 表示进行 5 折交叉验证,默认是 0,表示不进行交叉验证; interaction. depth=4 表示交互深度(分裂次数),默认值是 1; shrinkage=0.01 表示学习率,默认值是 0.1; bag. fraction=0.5 表示设定子抽样的比例,默认值就是 0.5(每次随机抽取一半的样本); n. minobsinnode=5 表示限定终节点的最小规模为 5 个观测值,默认值为 10。

```
> prob = predict(fit,newdata = test,n.trees = 5000,type = "response")
> prob = prob[,,1]
```

其中,输出 prob 是三维数组,第 3 维表示决策树数目,去掉后变成二维矩阵,矩阵的每一行为测试集的观测值,每一列为各类别的预测概率,以概率最大的那个类别进行预测。

```
> pred = as.factor(colnames(prob)[max.col(prob)])  #命令"max.col(prob)"找出矩阵中每一
行取值最大的那个列,"colnames(prob)"提取相应的列名,然后计算混淆矩阵.
> a = table(test[,5],pred)
> sum(diag(a))/sum(a)
[1] 0.9555556
```

第 8 章

主成分分析与因子分析

8.1 主成分分析

主成分分析(Principal Component Analysis, PCA)是最常用的一种降维方法,利用降维思想,在损失很少信息的前提下把各个指标转化为少数几个综合指标的多元统计分析方法,综合指标称为主成分。

8.1.1 基本原理

设原始的 d 维随机变量 $\boldsymbol{X}=(X_1,X_2,\cdots,X_d)^{\mathrm{T}}$,设 $\boldsymbol{X}$ 的均值向量为 $\boldsymbol{\mu}$,协方差矩阵为 $\boldsymbol{\Sigma}$ 。一般来说,欲获得低维子空间,最简单的办法是对原始高维空间进行线性变换,变换成 $d'(\leqslant d)$维的随机变量 $\boldsymbol{Y}=(Y_1,Y_2,\cdots,Y_{d'})^{\mathrm{T}}$。

$$\boldsymbol{Y}=\boldsymbol{W}^{\mathrm{T}}\boldsymbol{X} \tag{8.1}$$

其中,$\boldsymbol{W}\in\mathbf{R}^{d\times d'}$ 是变换矩阵,$\boldsymbol{W}=[w_1,w_2,\cdots,w_{d'}]$,$w_i$ 是 d 维列向量。

主成分分析的一个解释见图 8.1,通过变换在低维空间的投影尽可能分开,也就是使投影后的方差最大化,即每个投影 Y_i 的方差 $D(Y_i)$达到最大。

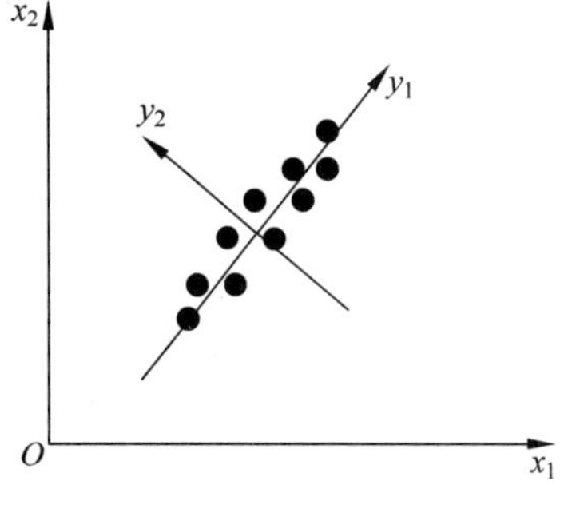

图 8.1 主成分几何解释图

随机变量 $\boldsymbol{Y}$ 的协方差矩阵为 $D(\boldsymbol{Y})=D(\boldsymbol{W}^{\mathrm{T}}\boldsymbol{X})=\boldsymbol{W}^{\mathrm{T}}D(\boldsymbol{X})\boldsymbol{W}=\boldsymbol{W}^{\mathrm{T}}\boldsymbol{\Sigma}\boldsymbol{W}$,于是优化目标可以写为

$$\max_{\boldsymbol{W}} \operatorname{tr}(\boldsymbol{W}^{\mathrm{T}}\boldsymbol{\Sigma}\boldsymbol{W}) \tag{8.2}$$

$$\text{s.t.}\quad \boldsymbol{W}^{\mathrm{T}}\boldsymbol{W}=I$$

其中,tr(·)表示矩阵的迹,根据拉格朗日乘子法有

$$L(\boldsymbol{W})=\operatorname{tr}(\boldsymbol{W}^{\mathrm{T}}\boldsymbol{\Sigma}\boldsymbol{W})-\lambda(\boldsymbol{W}^{\mathrm{T}}\boldsymbol{W}-\boldsymbol{I})$$

$$\frac{\partial L(\boldsymbol{W})}{\partial \boldsymbol{W}}=2\boldsymbol{\Sigma}\boldsymbol{W}-2\lambda\boldsymbol{W}=0$$

于是得

$$\boldsymbol{\Sigma}\boldsymbol{W}=\lambda\boldsymbol{W} \tag{8.3}$$

根据式(8.3)求协方差矩阵$\boldsymbol{\Sigma}$的特征根和特征向量可以解出$\boldsymbol{W}$。将求得的特征值排序：$\lambda_1\geqslant\lambda_2\geqslant\cdots\geqslant\lambda_d$，再取前$d'$个特征值对应的特征向量构成$\boldsymbol{W}=(w_1,w_2,\cdots,w_{d'})$，这就是主成分分析的解。

降维后低维空间的维数d'通常是由用户事先指定，一般根据贡献率进行选取，使下式成立的最小d'值：

$$\frac{\sum_{i=1}^{d'}\lambda_i}{\sum_{i=1}^{d}\lambda_i}\geqslant t \tag{8.4}$$

例如$t=85\%$。

解出$\boldsymbol{W}$后，$Y_i=\boldsymbol{w}_i^{\mathrm{T}}\boldsymbol{X},i=1,2,\cdots,d'$，于是有

$$D(Y_i)=D(\boldsymbol{w}_i^{\mathrm{T}}\boldsymbol{X})=\boldsymbol{w}_i^{\mathrm{T}}D(\boldsymbol{X})\boldsymbol{w}_i=\boldsymbol{w}_i^{\mathrm{T}}\boldsymbol{\Sigma}\boldsymbol{w}_i=\boldsymbol{w}_i^{\mathrm{T}}\lambda_i\boldsymbol{w}_i=\lambda_i$$

并且$\operatorname{cov}(Y_i,Y_j)=\operatorname{cov}(\boldsymbol{w}_i^{\mathrm{T}}\boldsymbol{X},\boldsymbol{w}_j^{\mathrm{T}}\boldsymbol{X})=\boldsymbol{w}_i^{\mathrm{T}}\boldsymbol{\Sigma}\boldsymbol{w}_j=\boldsymbol{w}_i^{\mathrm{T}}\lambda_j\boldsymbol{w}_j=0(i\neq j)$，于是可知$Y_1$是方差最大的，被称为第一主成分，$Y_2$是与$Y_1$不相关的方差最大者，称为第二主成分，以此类推。

实际中协方差矩阵$\boldsymbol{\Sigma}$往往未知，需要用样本协方差来估计。取n个样本，得样本观测值为：

$$\boldsymbol{X}=\begin{bmatrix} x_{11} & x_{12} & \cdots & x_{1d} \\ x_{21} & x_{22} & \cdots, & x_{2d} \\ \vdots & \vdots & & \vdots \\ x_{n1} & x_{n2} & \cdots & x_{nd} \end{bmatrix}$$

每一行为原始d维随机变量的一个观测值，这里用$\boldsymbol{X}$表示数据矩阵(与随机变量$\boldsymbol{X}$不同)。

样本离差阵为：

$$\boldsymbol{A}=\boldsymbol{X}^{\mathrm{T}}X-n\bar{\boldsymbol{X}}\bar{\boldsymbol{X}}^{\mathrm{T}}$$

样本协方差阵为：

$$\boldsymbol{S}=\frac{1}{n-1}\boldsymbol{A}$$

当原始样本标准化后，此时的协方差阵可以用$\frac{1}{n-1}\boldsymbol{X}^{\mathrm{T}}\boldsymbol{X}$来估计。为了消除量纲的影响，也常常用相关矩阵进行主成分分析。

确定$\boldsymbol{W}$后，可以将原始数据矩阵$\boldsymbol{X}$降维后得到如下的数据矩阵：

$$\boldsymbol{Y}=\boldsymbol{W}^{\mathrm{T}}\boldsymbol{X}^{\mathrm{T}}=\begin{bmatrix} y_{11} & y_{21} & \cdots & y_{n1} \\ y_{12} & y_{22} & \cdots & y_{n2} \\ \vdots & \vdots & & \vdots \\ y_{1d'} & y_{2d'} & \cdots & y_{nd'} \end{bmatrix}$$

这样原始数据由 d 维降到 d' 维：

$$\begin{bmatrix} x_{11} & x_{21} & \cdots & x_{n1} \\ x_{12} & x_{22} & \cdots, & x_{n2} \\ \vdots & \vdots & & \vdots \\ x_{1d} & x_{2d} & \cdots & x_{nd} \end{bmatrix} \to \begin{bmatrix} y_{11} & y_{21} & \cdots & y_{n1} \\ y_{12} & y_{22} & \cdots & y_{n2} \\ \vdots & \vdots & & \vdots \\ y_{1d'} & y_{2d'} & \cdots & y_{nd'} \end{bmatrix}$$

8.1.2　主成分应用

主成分提取后，可以用于聚类、回归、综合评价等分析中。

例 8.1（数据取自文献[12]）　随机抽取某中学某年级 30 名同学，测量其身体的 4 项指标：X_1（身高），X_2（体重），X_3（胸围），X_4（坐高），数据见表 8.1，然后进行主成分分析。

表 8.1　身体 4 项指标数据

序号	X_1	X_2	X_3	X_4	序号	X_1	X_2	X_3	X_4
1	148	41	72	78	16	152	35	73	79
2	139	34	71	76	17	149	47	82	79
3	160	49	77	86	18	145	35	70	77
4	149	36	67	79	19	160	47	74	87
5	159	45	80	86	20	156	44	78	85
6	142	31	66	76	21	151	42	73	82
7	153	43	76	83	22	147	38	73	78
8	150	43	77	79	23	157	39	68	80
9	151	42	77	80	24	147	30	65	75
10	139	31	68	74	25	157	48	80	88
11	140	29	64	74	26	151	36	74	80
12	161	47	78	84	27	144	36	68	76
13	158	49	78	83	28	141	30	67	76
14	140	33	67	77	29	139	32	68	73
15	137	31	66	73	30	148	38	70	78

解：采用 R 语言的 procomp 函数计算，命令如下：

```
> data = read.csv('8.1.csv',header = T)  # 调入数据,设数据存于文件 8.1.csv 中,且存于默认
目录下.
> fit = prcomp(data,scale = TRUE)  # 主成分分析函数,参数"scale = TURE"表示计算主成分得分.
> fit $ rotation                   # 提取主成分负荷.
        PC1          PC2          PC3          PC4
x1 0.4969661  - 0.5432128   0.4496271   0.5057471
x2 0.5145705    0.2102455   0.4623300 - 0.6908436
x3 0.4809007    0.7246214 - 0.1751765   0.4614884
x4 0.5069285  - 0.3682941 - 0.7439083 - 0.2323433
> summary(fit)
Importance of components:
                         PC1     PC2     PC3     PC4
Standard deviation     1.8818 0.55981 0.28180 0.25712
Proportion of Variance 0.8853 0.07835 0.01985 0.01653
Cumulative Proportion  0.8853 0.96362 0.98347 1.00000
```

程序默认采用相关矩阵进行计算。根据运行结果可知，前两个主成分的贡献率达到96.36%，这样提取两个主成分即可，求得的两个主成分为：

$$Y_1=0.49X_1+0.5146X_2+0.48X_3+0.51X_4 \quad \text{(大小因子)}$$

$$Y_2=-0.54X_1+0.21X_2+0.72X_3-0.368X_4 \quad \text{(胖瘦因子)}$$

其中，Y_1 关于4项指标的系数都比较大，且为正数，因此4项指标的值大，Y_1 值也大，4项指标的值小，Y_1 的值也小，因此该主成分表示大小特征，一般称为大小因子；Y_2：身高和坐高越大该值越小，而体重和胸围越大该值越小，所以 Y_2 值大表示又重又矮，Y_2 的值小表示又高又轻，所以表示的是体型特征，一般称为胖瘦因子。

进一步可以对上例进行综合评价，计算出综合评价得分，计算流程如下：

$$\begin{bmatrix} x_{11} & \cdots & x_{14} \\ \vdots & & \vdots \\ x_{30,1} & \cdots & x_{30,4} \end{bmatrix} \Rightarrow \begin{bmatrix} y_{11} & y_{12} \\ \vdots & \vdots \\ y_{30,1} & y_{30,2} \end{bmatrix} \Rightarrow \begin{bmatrix} F_1 \\ \vdots \\ F_{30} \end{bmatrix}$$

其中，$F=\frac{\lambda_1}{\lambda_1+\lambda_2}Y_1+\frac{\lambda_2}{\lambda_1+\lambda_2}Y_2$，$\lambda_1,\lambda_2$ 为最大的两个特征根。读者可以自行计算。

8.2 因子分析

因子分析法可以得到多元试验数据的一组公因子，这些公因子是多元试验数据的原指标或样品观测值中潜在的、不能直接观测的随机变量，代替原指标或样品作为新的研究对象。因子分析是由心理学家首先提出的，用来研究学生的智力、计算能力、表达能力及灵活性等因子对各科学习成绩的影响。这些因子都是潜在的、不能直接观测的随机变量，想对它们进行表达和度量，就产生了因子分析法。

一般而言，在有多个指标的问题中，用因子分析法可以寻找出支配多个指标的少数几个公因子或共性因子。这些公因子是彼此独立或不相关的，在所研究的问题中，以公因子(新变量)代替原指标(原变量)作为研究的对象，可以不损失或很少损失原指标所包含的信息。对指标的因子分析简称 R 型因子分析，对样品的因子分析简称为 Q 型因子分析，下面给出 R 型因子分析。

8.2.1 因子分析模型

原始变量及标准化后的变量均用 $\boldsymbol{X}=(X_1,X_2,\cdots,X_p)^{\mathrm{T}}$ 表示，$F_1,F_2,\cdots,F_m(m<p)$表示标准化后的公因子，因子分析模型满足下列条件：

(1) $\boldsymbol{X}=(X_1,X_2,\cdots,X_p)^{\mathrm{T}}$ 是可观测的随机向量，$E(\boldsymbol{X})=\boldsymbol{0}$，$D(\boldsymbol{X})=\boldsymbol{\Sigma}$；

(2) $\boldsymbol{F}=(F_1,F_2,\cdots,F_m)^{\mathrm{T}}$ 是不可观测的，$E(\boldsymbol{F})=\boldsymbol{0}$，$D(F)=\boldsymbol{I}$；

(3) $\boldsymbol{\varepsilon}=(\varepsilon_1,\varepsilon_2,\cdots,\varepsilon_p)^{\mathrm{T}}$ 与 $\boldsymbol{F}$ 互不相关，且 $E(\boldsymbol{\varepsilon})=\boldsymbol{0}$，协方差矩阵是对角矩阵[即各分量之间也是互不相关的，$\Sigma_\varepsilon=\mathrm{diag}(\varphi_{11}^2,\cdots,\varphi_{pp}^2)$]。

因子分析模型为：

$$\begin{cases} X_1 = a_{11}F_1 + a_{12}F_2 + \cdots + a_{1m}F_m + \varepsilon_1 \\ X_2 = a_{21}F_1 + a_{22}F_2 + \cdots + a_{2m}F_m + \varepsilon_2 \\ \vdots \\ X_p = a_{p1}F_1 + a_{p2}F_2 + \cdots + a_{pm}F_m + \varepsilon_p \end{cases} \tag{8.5}$$

设 $\boldsymbol{A} = \begin{bmatrix} a_{11} & a_{12} & \cdots & a_{1m} \\ a_{21} & a_{22} & \cdots & a_{2m} \\ \vdots & \vdots & & \vdots \\ a_{p1} & a_{p2} & \cdots & a_{pm} \end{bmatrix}$,则因子分析模型可以表示为:

$$\boldsymbol{X} = \boldsymbol{AF} + \boldsymbol{\varepsilon} \tag{8.6}$$

其中,$\boldsymbol{A}$ 称为因子载荷矩阵,ε 称为特殊因子。

易知,$\mathrm{cov}(X_i, F_j) = \mathrm{cov}\left(\sum_{k=1}^{m} a_{ik}F_k + \varepsilon_i, F_j\right) = a_{ij}$,所以 a_{ij} 是 X_i 与 F_j 的相关系数,称 $h_i^2 = a_{i1}^2 + a_{i2}^2 + \cdots + a_{im}^2 (i=1,2,\cdots,p)$ 为 X_i 的共同度,表明 X_i 对公共因子的依赖程度,其值越大表明公共因子解释 X_i 方差的比例越大,因子分析效果越好。$g_j^2 = a_{1j}^2 + a_{2j}^2 + \cdots + a_{pj}^2 (j=1,2,\cdots,m)$ 为公共因子 F_j 对 $\boldsymbol{X}$ 所提供的方差贡献,通过该值的大小可以提炼出最有影响的公共因子。

8.2.2 因子分析模型的计算

(1) 确定因子载荷

求解因子分析模型(8.6)首先要确定因子载荷矩阵 $\boldsymbol{A}$,常用的因子载荷确定方法有主成分法、主轴因子法等,下面只介绍主成分法。

由式(8.6)可得:

$$\begin{aligned} \boldsymbol{\Sigma} &= D(\boldsymbol{X}) = E[(\boldsymbol{X} - E(\boldsymbol{X}))(\boldsymbol{X} - E(\boldsymbol{X}))^{\mathrm{T}}] = E[(\boldsymbol{AF} + \boldsymbol{\varepsilon})(\boldsymbol{AF} + \boldsymbol{\varepsilon})^{\mathrm{T}}] \\ &= E(\boldsymbol{AFF}^{\mathrm{T}}\boldsymbol{A}^{\mathrm{T}} + \boldsymbol{\varepsilon F}^{\mathrm{T}}\boldsymbol{A}^{\mathrm{T}} + \boldsymbol{AF\varepsilon}^{\mathrm{T}} + \boldsymbol{\varepsilon\varepsilon}^{\mathrm{T}}) = \boldsymbol{AA}^{\mathrm{T}} + \boldsymbol{\Sigma}_{\boldsymbol{\varepsilon}} \end{aligned}$$

由于 $\boldsymbol{X}$ 的协方差矩阵 $\boldsymbol{\Sigma}$ 是非负定矩阵,所以其特征值均为非负,设 $\boldsymbol{\Sigma}$ 的特征值为 $\lambda_1 \geqslant \lambda_2 \geqslant \cdots \geqslant \lambda_p \geqslant 0$,$\boldsymbol{e}_1, \boldsymbol{e}_2, \cdots, \boldsymbol{e}_p$ 为对应的标准正交化特征向量,则 $\boldsymbol{\Sigma}$ 可以写为:

$$\boldsymbol{\Sigma} = \lambda_1 \boldsymbol{e}_1 \boldsymbol{e}_1^{\mathrm{T}} + \lambda_2 \boldsymbol{e}_2 \boldsymbol{e}_2^{\mathrm{T}} + \cdots + \lambda_p \boldsymbol{e}_p \boldsymbol{e}_p^{\mathrm{T}} = [\sqrt{\lambda_1}\boldsymbol{e}_1, \cdots, \sqrt{\lambda_p}\boldsymbol{e}_p] \begin{bmatrix} \sqrt{\lambda_1}\boldsymbol{e}_1^{\mathrm{T}} \\ \vdots \\ \sqrt{\lambda_p}\boldsymbol{e}_p^{\mathrm{T}} \end{bmatrix}$$

若 $\boldsymbol{\Sigma}$ 的最后 $p-m$ 个特征值很小,可略去其对 $\boldsymbol{\Sigma}$ 的贡献,于是得:

$$\boldsymbol{\Sigma} \approx \lambda_1 \boldsymbol{e}_1 \boldsymbol{e}_1^{\mathrm{T}} + \lambda_2 \boldsymbol{e}_2 \boldsymbol{e}_2^{\mathrm{T}} + \cdots + \lambda_m \boldsymbol{e}_m \boldsymbol{e}_m^{\mathrm{T}} = [\sqrt{\lambda_1}\boldsymbol{e}_1, \cdots, \sqrt{\lambda_m}\boldsymbol{e}_m] \begin{bmatrix} \sqrt{\lambda_1}\boldsymbol{e}_1^{\mathrm{T}} \\ \vdots \\ \sqrt{\lambda_m}\boldsymbol{e}_m^{\mathrm{T}} \end{bmatrix} = \boldsymbol{AA}^{\mathrm{T}}$$

解得 $\boldsymbol{A} = [\sqrt{\lambda_1}\boldsymbol{e}_1, \cdots, \sqrt{\lambda_m}\boldsymbol{e}_m]$,$\boldsymbol{A}$ 可以由 $\boldsymbol{\Sigma}$ 的特征根和特征向量确定,实际中 $\boldsymbol{\Sigma}$ 未知,可由样本协方差矩阵估计。

(2) 因子旋转

不管用何种方法确定的因子载荷矩阵都不是唯一的，可以通过因子旋转的方法得到公共因子更好的解释，常用的旋转方法是正交旋转。正交旋转由 $\boldsymbol{A}$ 右乘一正交矩阵而得到，新公共因子仍然彼此不相关。

设 $\boldsymbol{T}$ 为 $m\times m$ 阶的正交阵，令 $\boldsymbol{A}^*=\boldsymbol{AT}$，$\boldsymbol{F}^*=\boldsymbol{T}^{\mathrm{T}}\boldsymbol{F}$，则模型可以表示为：

$$\boldsymbol{X}=\boldsymbol{A}^*\boldsymbol{F}^*+\boldsymbol{\varepsilon}$$

旋转的意义是使每个变量仅在一个公共因子上有较大载荷，其在其余的公共因子上载荷比较小，即载荷矩阵的每一列，它在部分变量上的载荷较大，在其他变量上的载荷较小，使同一列上的载荷尽可能靠近1和靠近0，两极分化，也就是每一列的方差最大，也称为最大方差旋转法。

(3) 计算因子得分

因子载荷确定后，还要知道样本在各个公共因子上的得分，一般采用建立回归模型的方法计算因子得分。以公共因子为因变量，原始变量为自变量的回归模型：

$$F_j=\beta_{j1}X_1+\beta_{j2}X_2+\cdots+\beta_{jp}X_p,\quad j=1,2,\cdots,m$$

记 $\boldsymbol{B}=\begin{bmatrix}\beta_{11} & \beta_{12} & \cdots & \beta_{1p}\\ \beta_{21} & \beta_{22} & \cdots & \beta_{2p}\\ \vdots & \vdots & & \vdots\\ \beta_{m1} & \beta_{n2} & \cdots & \beta_{mp}\end{bmatrix}$，则回归模型可写为：$\boldsymbol{F}=\boldsymbol{BX}$。

因为

$$\begin{aligned}a_{ij}&=\mathrm{cov}(X_i,F_j)=E(X_iF_j)\\&=E[X_i(\beta_{j1}X_1+\beta_{j2}X_2+\cdots+\beta_{jp}X_p)]\\&=\beta_{j1}r_{i1}+\beta_{j2}r_{i2}+\cdots+\beta_{jp}r_{jp}=(r_{i1},r_{i2},\cdots,r_{ip})\times(\beta_{j1},\beta_{j2},\cdots,\beta_{jp})^{\mathrm{T}}\end{aligned}$$

令 $\boldsymbol{R}=\begin{bmatrix}r_{11} & r_{12} & \cdots & r_{1p}\\ r_{21} & r_{22} & \cdots & r_{2p}\\ \vdots & \vdots & & \vdots\\ r_{p1} & r_{p2} & \cdots & r_{pp}\end{bmatrix}$，其中 $r_{ij}=E(X_iX_j)$ 表示相关系数。于是有

$$\boldsymbol{A}=\boldsymbol{RB}^{\mathrm{T}}\quad 或者\quad \boldsymbol{A}^{\mathrm{T}}=\boldsymbol{BR}^{\mathrm{T}}=\boldsymbol{BR}$$

解得

$$\boldsymbol{B}=\boldsymbol{A}^{\mathrm{T}}\boldsymbol{R}^{-1}$$

于是

$$\boldsymbol{F}=\boldsymbol{BX}=\boldsymbol{A}^{\mathrm{T}}\boldsymbol{R}^{-1}\boldsymbol{X}$$

设从 $\boldsymbol{X}$ 中取容量为 n 的一个样本，得一个数据集，仍然用 $\boldsymbol{X}$ 表示：

$$\boldsymbol{X}=\begin{bmatrix}x_{11} & x_{12} & \cdots & x_{1p}\\ x_{21} & x_{22} & \cdots & x_{2p}\\ \vdots & \vdots & & \vdots\\ x_{n1} & x_{n2} & \cdots & x_{np}\end{bmatrix}\rightarrow\begin{bmatrix}F_{11} & F_{12} & \cdots & F_{1m}\\ F_{21} & F_{22} & \cdots & F_{2m}\\ \vdots & \vdots & & \vdots\\ F_{n1} & F_{n2} & \cdots & F_{nm}\end{bmatrix}\ (m<p)$$

于是实现了降维的目的。

8.3 R语言试验

8.3.1 主成分分析

对自带数据 iris 进行主成分分析。

```
> dat = iris[,1:4]                         # 采用 iris 数据的前 4 列数据进行主成分分析.
> fit = prcomp(dat, scale = TRUE)          # 参数 scale = TRUE 表示计算主成分得分.
> names(fit)                               # 查看输出的列表变量有哪些.
> fit $ sdev                               # 主成分的标准差.
[1] 1.7083611 0.9560494 0.3830886 0.1439265
> fit $ rotation                           # 旋转矩阵,即主成分载荷.
                   PC1          PC2         PC3         PC4
Sepal.Length   0.5210659  -0.37741762   0.7195664   0.2612863
Sepal.Width   -0.2693474  -0.92329566  -0.2443818  -0.1235096
Petal.Length   0.5804131  -0.02449161  -0.1421264  -0.8014492
Petal.Width    0.5648565  -0.06694199  -0.6342727   0.5235971
```

较低版本 R 的计算结果与 SAS、SPSS 和 Matlab 等软件的计算结果正负号有所不同,是由于载荷系数代表的是特征向量,对特征向量加一个负号不影响结果。R3.6.0 版后已将符号调整。

```
> fit $ center                             # 样本均值.
   Sepal.Length   Sepal.Width   Petal.Length  Petal.Width
     5.843333       3.057333      3.758000      1.199333
> fit $ scale                              # 样本标准差.
   Sepal.Length    Sepal.Width  Petal.Length  Petal.Width
     0.8280661      0.4358663    1.7652982     0.7622377
> pc = fit $ x                             # 主成分得分向量,此处给出前 8 行数据.
            PC1           PC2           PC3           PC4
  [1,] -2.25714118  -0.478423832   0.127279624   0.024087508
  [2,] -2.07401302   0.671882687   0.233825517   0.102662845
  [3,] -2.35633511   0.340766425  -0.044053900   0.028282305
  [4,] -2.29170679   0.595399863  -0.090985297  -0.065735340
  [5,] -2.38186270  -0.644675659  -0.015685647  -0.035802870
  [6,] -2.06870061  -1.484205297  -0.026878250   0.006586116
  [7,] -2.43586845  -0.047485118  -0.334350297  -0.036652767
  [8,] -2.22539189  -0.222403002   0.088399352  -0.024529919
> cor(pc)                                  # 计算主成分变量的相关系数.
            PC1             PC2             PC3             PC4
PC1   1.000000e+00    2.906325e-16   -4.776167e-16    2.153446e-15
PC2   2.906325e-16    1.000000e+00    9.341844e-17   -2.309745e-16
PC3  -4.776167e-16    9.341844e-17    1.000000e+00   -1.384981e-15
PC4   2.153446e-15   -2.309745e-16   -1.384981e-15    1.000000e+00
> cor(dat)                                 # 计算原始变量的自相关系数.
              Sepal.Length   Sepal.Width   Petal.Length   Petal.Width
Sepal.Length    1.0000000    -0.1175698     0.8717538      0.8179411
Sepal.Width    -0.1175698     1.0000000    -0.4284401     -0.3661259
Petal.Length    0.8717538    -0.4284401     1.0000000      0.9628654
Petal.Width     0.8179411    -0.3661259     0.9628654      1.0000000
```

可以看到,原始变量间有较强的相关性,而主成分之间没有相关性。

```
> plot(fit,type = "line",main = "scree plot")  # 画碎石图,如图 8.2 所示.
> biplot(fit,cex = 0.8,col = c(1,4))  # 画双标图,即第 1 主成分与第 2 主成分的得分散点图,
如图 8.3 所示.
```

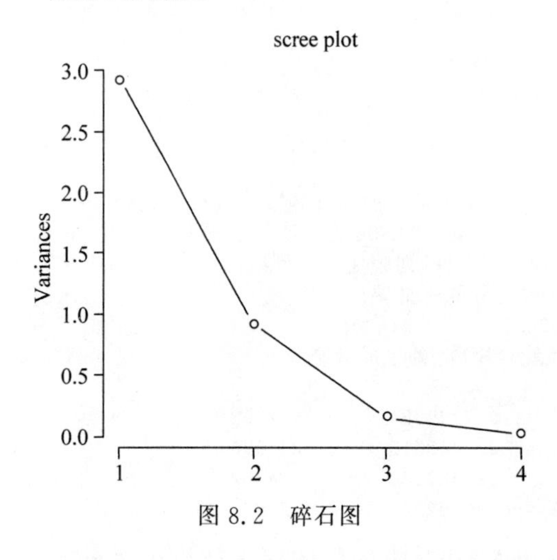

图 8.2 碎石图

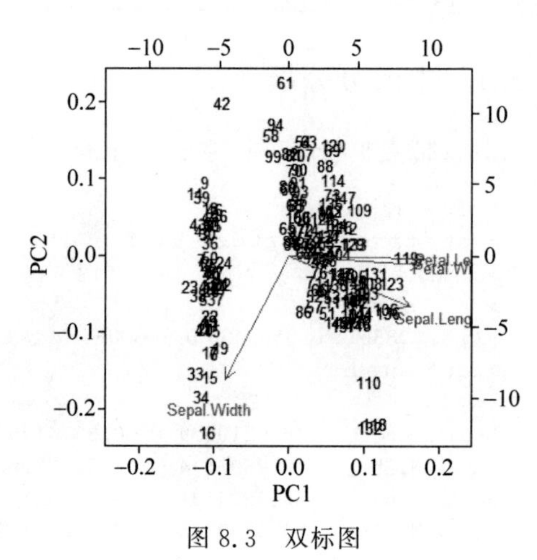

图 8.3 双标图

也可以根据数据类别画出上色的双标图。

```
> plot(fit$x[,1:2],col = iris[,5])   # 如图 8.4 所示.
> summary(fit)                       # 输出列表可以查看贡献率.
Importance of components:
                          PC1    PC2     PC3     PC4
Standard deviation     1.7084 0.9560 0.38309 0.14393
Proportion of Variance 0.7296 0.2285 0.03669 0.00518
Cumulative Proportion  0.7296 0.9581 0.99482 1.00000
```

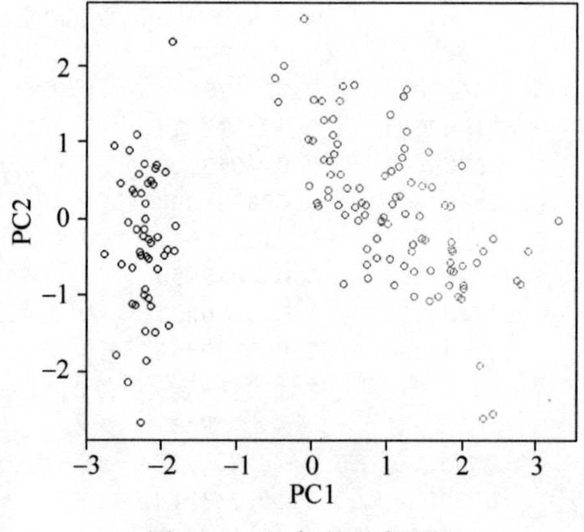

图 8.4 上色的双标图

结果显示前两个主成分的累积贡献率为 95.81%,因此提取前两个主成分即可。

8.3.2 因子分析

(1) 采用内置函数 factanal()进行因子分析

可以使用 R 语言的内置函数 factanal()进行因子分析,该函数使用的是极大似然估

计法，使用数据是自带的数据 mtcars。

```
> dat = mtcars                              # 将自带的数据 mtcars 存入变量 dat 中.
> fit1 = factanal(dat,3,rotation = "varimax",scores = "regression")  # 参数 3 表示提取 3 个
因子,rotation = "varimax"表示采用方差最大旋转法,scores = "regression"表示采用回归法计算
因子得分.
> fit1          # 也可使用"print(fit1,digits = 3,cutoff = 0.3,sort = TRUE)"命令.
Call:
factanal(x = dat, factors = 3, scores = "regression", rotation = "varimax")
Uniquenesses:
  mpg   cyl  disp    hp  drat    wt  qsec    vs    am  gear  carb
0.135 0.055 0.090 0.127 0.290 0.060 0.051 0.223 0.208 0.125 0.158
Loadings:
     Factor1 Factor2 Factor3
mpg   0.643  -0.478  -0.473
cyl  -0.618   0.703   0.261
disp -0.719   0.537   0.323
hp   -0.291   0.725   0.513
drat  0.804  -0.241
wt   -0.778   0.248   0.524
qsec -0.177  -0.946  -0.151
vs    0.295  -0.805  -0.204
am    0.880
gear  0.908           0.224
carb  0.114   0.559   0.719
               Factor1 Factor2 Factor3
SS loadings      4.380   3.520   1.578
Proportion Var   0.398   0.320   0.143
Cumulative Var   0.398   0.718   0.862
Test of the hypothesis that 3 factors are sufficient.
The chi square statistic is 30.53 on 25 degrees of freedom.
The p - value is 0.205
```

结果显示前 3 个因子的累计贡献率为 86.2%，提取 3 个因子是充分的。

```
> load <- fit1 $ loadings[,1:2]             # 提取前两个因子载荷.
> plot(load,type = "n")                     # 画两个因子载荷图,如图 8.5 所示.
> text(load,labels = names(dat),cex = 1)    # 添加变量名.
> head(fit1 $ scores)                       # 显示因子得分矩阵的前几行.

                     Factor1    Factor2     Factor3
Mazda RX4          0.8465901  0.6721175 -0.27829936
Mazda RX4 Wag      0.7221255  0.3835219  0.02456662
Datsun 710         0.6862740 -0.5921496 -0.56444514
Hornet 4 Drive    -0.8657898 -0.6733527 -0.76659243
Hornet Sportabout -0.8925154  0.8621069 -1.01495860
Valiant           -1.0615105 -1.0688503 -0.38290802
> plot(fit1 $ scores[,1:2])                 # 画前两个因子的散点图,如图 8.6 所示.
```

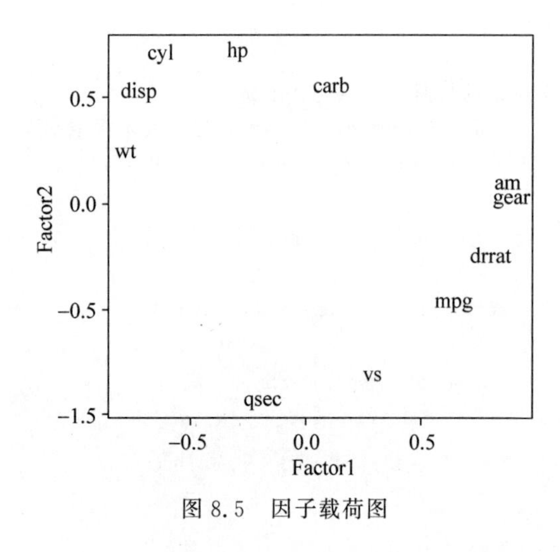

图 8.5 因子载荷图

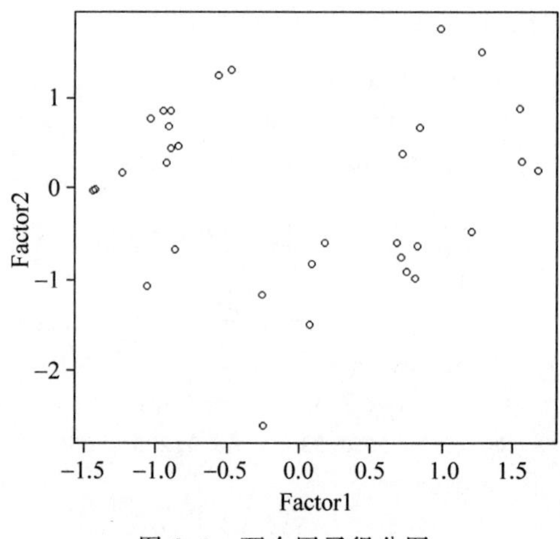

图 8.6 两个因子得分图

(2) 采用 psych 包进行因子分析

也可以采用包“psych”的 fa()函数进行因子分析。

```
> install.packages("psych")
> library(psych)
> dat = mtcars
> X = scale(dat,center = T,scale = T)          # 标准化.
> m = fa.parallel(X)                           # 确定因子数量.
> m $ nfact                                    # 显示因子数量.
[1] 2
```

结果显示提取两个因子即可。

```
> fit2 = fa(X,nfactors = 2,fm = 'ml',rotate = 'varimax')   # fm = 'ml'表示极大似然估计.
```

其中,rotate="varimax"表示最大方差旋转法,默认为变异数最小法; nfactors=2 表示提取两个因子; fm='pa'表示主轴因子分析,还有其他方法: 最大似然法(ml)、加权最小二乘法(wls)、广义加权最小二乘法(gls)和默认的极小残差法(minres)。

```
> round(fit2 $ loadings,2)                    # 提取两个因子的载荷矩阵,并保留小数点后两位.
Loadings:
       ML2    ML1
mpg     0.69  - 0.60
cyl   - 0.63    0.73
disp  - 0.73    0.61
hp    - 0.34    0.86
drat    0.81  - 0.23
wt    - 0.81    0.42
qsec  - 0.16  - 0.91
vs      0.29  - 0.81
am      0.91
gear    0.86    0.12
carb            0.78

                  ML2    ML1
SS loadings     4.512  4.347
Proportion Var  0.410  0.395
Cumulative Var  0.410  0.805
```

结果显示两个因子的累计贡献率为 80.5%。

```
> fa.diagram(fit2)  # 画因子载荷比例分配图,如图 8.7 所示.
```

图 8.7 可以直观显示哪些变量聚为一个因子,然后可以对两个因子分别命名。还可以利用 factor.plot 函数输出图 8.8 的因子载荷矩阵散点图,与图 8.5 类似。

```
> factor.plot(fit2 $ loadings, labels = rownames(fit2 $ loadings))
```

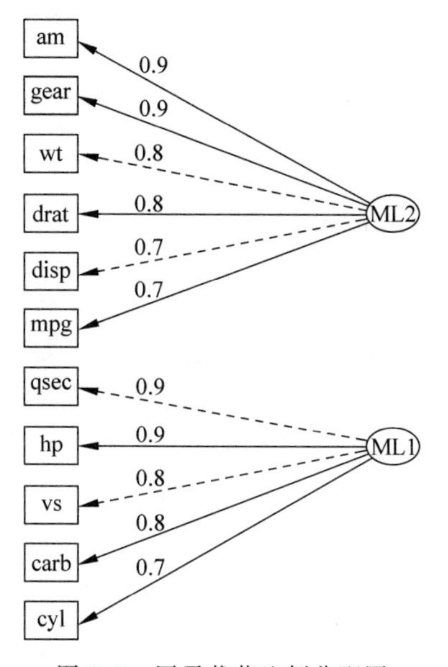

图 8.7 因子载荷比例分配图

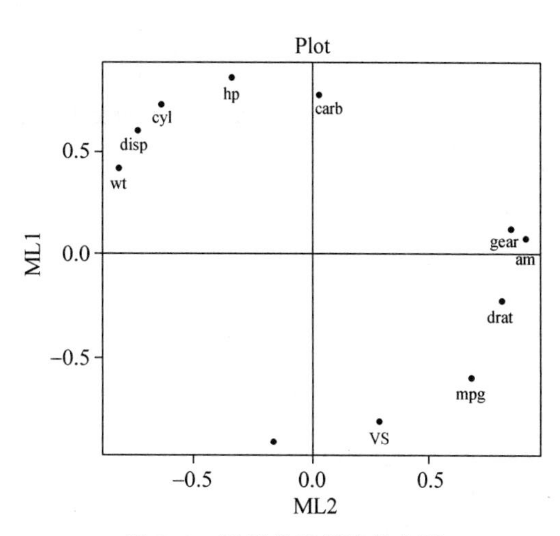

图 8.8 因子载荷矩阵散点图

第 9 章

降 维

在第 8 章中学习了主成分分析和因子分析，它们是常用的降维方法，本章介绍其他一些降维方法。

9.1 k 近邻学习

k 近邻(k-Nearest Neighbor，简称 KNN)学习是一种常用的监督学习方法，其工作机制非常简单：给定测试样本，基于某种距离度量找出训练集中与其靠近的 k 个训练样本，然后基于 k 个“邻居”的信息来进行预测。在分类任务中一般使用“投票法”，在回归任务中使用“简单平均法”。还可以基于距离使用加权平均或加权投票。近邻在后面的降维方法中经常用到。

9.2 低维嵌入

最近邻学习的一个重要假设：任意测试样本附近任意小的距离范围内总能找到一个训练样本，即训练样本的采样密度足够大。然而，这个假设在现实任务中通常很难满足。在低维数空间进行采样还比较容易满足一定条件，而在维数很高时，距离计算有时都面临困难。在高维情况下出现的数据样本稀疏、距离计算困难等问题，是所有机器学习共同面临的障碍，被称为“维数灾难”。

缓解维数灾难的一个重要途径是降维(dimension reduction)，亦称“维数简约”，即通过某种数学变换将原始高维属性空间转变为一个低维“子空间”，在这个子空间中样本的密度大幅增高，距离计算也变得容易。为什么能降维？这是因为在很多时候，人们观测或收集到的数据样本虽是高维的，但与学习任务密切相关的也许是某个低维分布，即高维空间中的一个低维嵌入。

若要求原始空间中样本之间的距离在低维空间中得以保持，即得到“多维缩放”(Multiple Dimensional Scaling，简称 MDS)这样一种经典的降维方法。

假定 m 个样本在原始空间的距离矩阵为 $\boldsymbol{D}\in R^{m\times m}$，其元素 d_{ij} 表示样本 $\boldsymbol{x}_i$ 与 $\boldsymbol{x}_j$ 之间的距离，原始空间的维数为 d。目标是获得样本在 d'维空间的表示 $\boldsymbol{Z}\in R^{d'\times m}$，$d'\leqslant d$，其中 $\boldsymbol{Z}=[\boldsymbol{z}_1,\boldsymbol{z}_2,\cdots,\boldsymbol{z}_m]$，$\boldsymbol{z}_i=[z_{i1},z_{i2},\cdots,z_{id'}]^{\mathrm{T}}$，且任意两个样本在 d'维空间中的欧氏距离等于原始空间中的距离，即 $\|\boldsymbol{z}_i-\boldsymbol{z}_j\|=d_{ij}$。

令 $\boldsymbol{B}=\boldsymbol{Z}^{\mathrm{T}}\boldsymbol{Z}\in R^{m\times m}$，其中 $\boldsymbol{B}$ 为降维后样本的内积矩阵，$b_{ij}=\boldsymbol{z}_i^{\mathrm{T}}\boldsymbol{z}_j$，有

$$\begin{aligned} d_{ij}^2 &= \|\boldsymbol{z}_i\|^2+\|\boldsymbol{z}_j\|^2-2\boldsymbol{z}_i^{\mathrm{T}}\boldsymbol{z}_j \\ &= b_{ii}+b_{jj}-2b_{ij} \end{aligned} \tag{9.1}$$

为了便于讨论，令降维后的样本 $\boldsymbol{Z}$ 被中心化，即 $\sum_{i=1}^{m}\boldsymbol{z}_i=0$。显然矩阵 $\boldsymbol{B}$ 的行与列之和均为零，即 $\sum_{i=1}^{m}b_{ij}=\sum_{j=1}^{m}b_{ij}=0$。易知：

$$\sum_{i=1}^{m}d_{ij}^2=\mathrm{tr}(\boldsymbol{B})+mb_{jj} \tag{9.2}$$

$$\sum_{j=1}^{m}d_{ij}^2=\mathrm{tr}(\boldsymbol{B})+mb_{ii} \tag{9.3}$$

$$\sum_{i=1}^{m}\sum_{j=1}^{m}d_{ij}^2=2m\,\mathrm{tr}(\boldsymbol{B}) \tag{9.4}$$

其中，$\mathrm{tr}(\boldsymbol{B})=\sum_{i=1}^{m}\|\boldsymbol{z}_i\|^2$，表示矩阵的迹。令：

$$d_{i.}^2=\frac{1}{m}\sum_{j=1}^{m}d_{ij}^2 \tag{9.5}$$

$$d_{.j}^2=\frac{1}{m}\sum_{i=1}^{m}d_{ij}^2 \tag{9.6}$$

$$d_{..}^2=\frac{1}{m^2}\sum_{i=1}^{m}\sum_{j=1}^{m}d_{ij}^2 \tag{9.7}$$

于是由式(9.1)和式(9.2)～式(9.7)可得：

$$b_{ij}=-\frac{1}{2}(d_{ij}^2-d_{i.}^2-d_{.j}^2+d_{..}^2), \tag{9.8}$$

由此即可通过降维前后保持不变的距离矩阵 $\boldsymbol{D}$ 求取内积矩阵 $\boldsymbol{B}$。

对矩阵 $\boldsymbol{B}$ 做特征值分解，$\boldsymbol{B}=\boldsymbol{V\Lambda V}^{\mathrm{T}}$，其中$\boldsymbol{\Lambda}=\mathrm{diag}(\lambda_1,\lambda_2,\cdots,\lambda_d)$为特征值构成的对角矩阵，$\lambda_1\geqslant\lambda_2\geqslant\cdots\geqslant\lambda_d$，$\boldsymbol{V}$ 为特征向量矩阵。即

$$\boldsymbol{B}=\boldsymbol{Z}^{\mathrm{T}}\boldsymbol{Z}=\boldsymbol{V\Lambda V}^{\mathrm{T}}=\boldsymbol{V\Lambda}^{\frac{1}{2}}\boldsymbol{\Lambda}^{\frac{1}{2}}\boldsymbol{V}^{\mathrm{T}}$$

假定其中有 d^* 个非零特征值，它们构成对角矩阵$\boldsymbol{\Lambda}_*=\mathrm{diag}(\lambda_1,\lambda_2,\cdots,\lambda_{d^*})$，令 $\boldsymbol{V}_*$ 表示相应的特征向量矩阵，则 $\boldsymbol{Z}$ 可表示为：

$$\boldsymbol{Z}=\boldsymbol{\Lambda}_*^{\frac{1}{2}}\boldsymbol{V}_*^{\mathrm{T}} \in \mathbf{R}^{d^* \times m}$$

例如：

$$\begin{bmatrix} b_{11} & b_{12} & b_{13} \\ b_{21} & b_{22} & b_{23} \\ b_{31} & b_{32} & b_{33} \end{bmatrix} = \begin{bmatrix} v_{11} & v_{12} & v_{13} \\ v_{21} & v_{22} & v_{23} \\ v_{31} & v_{32} & v_{33} \end{bmatrix} \begin{bmatrix} \lambda_1 & 0 & 0 \\ 0 & \lambda_2 & 0 \\ 0 & 0 & 0 \end{bmatrix} \begin{bmatrix} v_{11} & v_{21} & v_{31} \\ v_{12} & v_{22} & v_{32} \\ v_{13} & v_{23} & v_{33} \end{bmatrix}$$

$$\approx \begin{bmatrix} v_{11} & v_{12} \\ v_{21} & v_{22} \\ v_{31} & v_{32} \end{bmatrix} \begin{bmatrix} \lambda_1 & 0 \\ 0 & \lambda_2 \end{bmatrix} \begin{bmatrix} v_{11} & v_{21} & v_{31} \\ v_{12} & v_{22} & v_{32} \end{bmatrix}$$

在现实应用中为了有效降维，往往仅需要降维后的距离与原始空间中的距离尽可能接近，而不必严格相等。此时可取 $d' \leqslant d$ 个最大特征值构成的对角矩阵来表示 $\boldsymbol{Z}$。

一般来说，欲获得低维子空间，最简单的办法是对原始高维空间进行线性变换。给定 d 维空间中的样本 $\boldsymbol{X}=(x_1,x_2,\cdots,x_m)\in \mathbf{R}^{d\times m}$，变换后得到 $d' \leqslant d$ 维空间中的样本：

$$\boldsymbol{Z}=\boldsymbol{W}^{\mathrm{T}}\boldsymbol{X},$$

其中，$\boldsymbol{W}\in \mathbf{R}^{d\times d'}$ 是变换矩阵，$\boldsymbol{Z}\in \mathbf{R}^{d'\times m}$ 是样本在低维空间中的表示。基于线性变化的降维方法称为线性降维方法，对 $\boldsymbol{W}$ 施加不同的约束形成不同的降维方法。

MDS 算法需要给出原始空间样本之间的距离矩阵或者相似性度量。按照相似性数据测量尺度的不同 MDS 可分为：度量 MDS 和非度量 MDS。当利用原始相似性（距离）的实际数值为间隔尺度时称为度量 MDS；当利用原始相似性（距离）的等级顺序（即有序尺度）而非实际数值时称为非度量 MDS。例如，用 1 表示两种颜色非常相似，10 表示两种颜色非常不相似，这里的数字只是表示两者之间的相似或不相似程度，并不表示实际数值的大小，这就是有序尺度，也称定序尺度。

9.3 流形学习

流形学习是一大类基于流形的框架。数学意义上的流形比较抽象，不过我们可以认为流形是一个不闭合的曲面。这个流形曲面有数据分布比较均匀，且比较稠密的特征，有点像流水的味道。基于流行的降维算法就是将流形从高维到低维的降维过程，在降维的过程中我们希望流形在高维的一些特征可以得到保留。例如，前面的 MDS 算法是在低维空间中仍然保留原始空间的样本之间的距离不变。

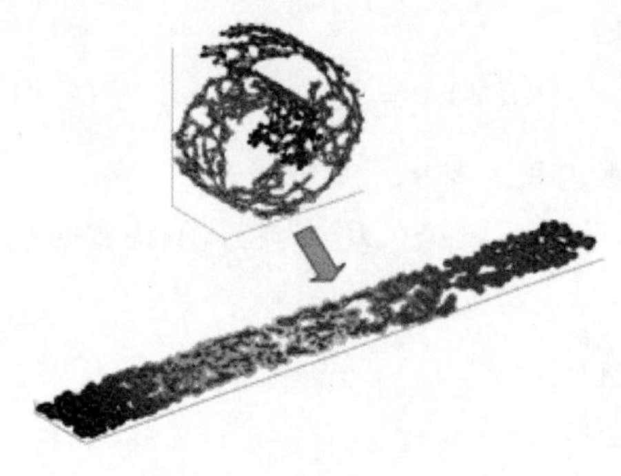

图 9.1　流形降维示意图(取自网络图片)

一个形象的流形降维过程如图 9.1 所示。有一块卷起来的布，若希望将其展开到一个二维平面，且希望展开后的布能够在局部保持布结构的特征，其实也就是将其展开的过程。

流形学习（Manifold Learning）是一类借鉴了拓扑流形概念的降维方法，“流形”是在局部与欧式空间同胚的空间，换言之，它在局部具有欧式空间的性质，能用欧氏距离来进行距离计算。这给降维方法带来了很大的启发：若低维流形嵌入到高维空间，则数据样本在高维空间的分布虽然看上去非常复杂，但在局部上仍然具有欧式空间的性质，因此，很容易地在局部建立降维映射关系，然后再设法将局部映射关系推广到全局。当维数被降至二维或三维时，能对数据进行可视化展示，因此流形学习也可被用于可视化。

9.3.1　等度量映射

等度量映射(Isometric Mapping，Isomap)算法在降维后希望保持样本之间的测地距离而不是欧氏距离，因为测地距离更能反映样本之间在流形中的真实距离，如图 9.2 所示。

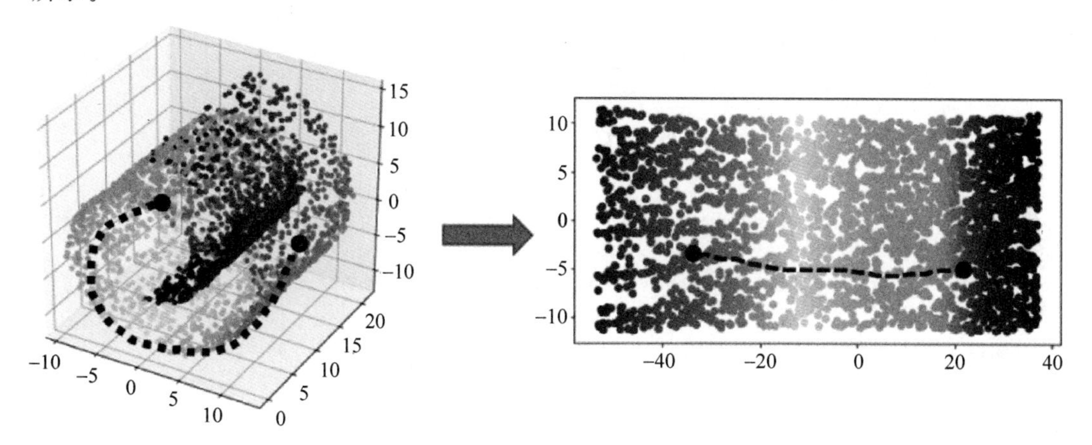

图 9.2　测地距离示意图

等度量映射的基本出发点是认为低维流形嵌入到高维空间之后，直接在高维空间中计算直线距离具有误导性。例如，S 曲面上两点的测地线距离是两点之间的本真距离，显然在高维空间中计算直线距离是不恰当的。测地线距离不能用高维空间的直线距离计算，但能用近邻距离来近似。这时利用流形在局部上与欧式空间同胚这个性质，对每个点基于欧氏距离找出其临近点，然后就能建立一个近邻连接图，图中近邻点之间存在连接，而非近邻点之间不存在连接，于是，计算两点之间测地线距离的问题，就转变为计算近邻连接图上两点之间的最短路径问题。在得到任意两点的距离后，就可以利用 MDS 方法来获得样本点在低维空间中的坐标。

需要注意的是，Isomap 仅得到了训练样本在低维空间的坐标，对于新样本，如何将其映射到低维空间呢？这个问题的常用解决方案是，将训练样本的高维空间坐标作为输入、低维空间坐标作为输出，训练一个回归学习器来对新样本低维空间坐标进行预测。这显然是一个权宜之计，但目前似乎并没有更好的办法。

对近邻图的构建通常有两种方法：一种是指定近邻点个数，这样得到的近邻图称为 k 近邻图；另一种方法是指定距离小于事先给定的阈值 ϵ 的点为近邻点，这样得到的近邻图称为 ϵ 近邻图。两种方法均有不足，若近邻范围指定得较大，则距离很远的点可能被误认为是近邻，这样就出现“短路”问题；近邻范围指定得较小，则可能出现“断路”问题。

9.3.2　局部线性嵌入

与 Isomap 试图保持近邻样本之间的距离不同，局部线性嵌入（Locally Linear

Embedding,简称 LLE)试图保持邻域内样本之间的线性关系。假定样本点 $\boldsymbol{x}_i$ 的坐标能通过它的邻域样本 $\boldsymbol{x}_j,\boldsymbol{x}_k,\boldsymbol{x}_l$ 的坐标通过线性组合而重构出来,即

$$\boldsymbol{x}_i = w_{ij}\boldsymbol{x}_j + w_{ik}\boldsymbol{x}_k + w_{il}\boldsymbol{x}_l$$

LLE 算法步骤:

假设有 N 个输入向量 $\boldsymbol{O}=\{\boldsymbol{x}_1,\boldsymbol{x}_2,\cdots,\boldsymbol{x}_N\}$,$\boldsymbol{x}_i\in\mathbf{R}^D$,输出为低维的数据:$\boldsymbol{y}_i\in\mathbf{R}^d$,$i=1,2,\cdots,N$,$d\leqslant D$。

(1) 寻找每个样本点的 k 个近邻点;

(2) 计算出样本点的局部重建矩阵,定义误差函数:

$$\varepsilon(\boldsymbol{w}) = \sum_{i=1}^{N}\left\|\boldsymbol{x}_i - \sum_{j=1}^{k} w_j^i \boldsymbol{x}_{ij}\right\|^2$$

其中,$\boldsymbol{x}_{ij}(j=1,2,\cdots,k)$为 $\boldsymbol{x}_i$ 的 k 个近邻点,$\sum\limits_{j=1}^{k} w_j^i = 1$。

令 $\sum\limits_{j=1}^{k} w_j^i \boldsymbol{x}_{ij} = \boldsymbol{N}_i w^i$,其中 $\boldsymbol{N}_i=(\boldsymbol{x}_{i1},\boldsymbol{x}_{i2},\cdots,\boldsymbol{x}_{ik})$ 是一个 $D\times k$ 阶矩阵,$\boldsymbol{w}^i=(w_1^i,w_2^i,\cdots,w_k^i)^{\mathrm{T}}$ 是一个 $k\times 1$ 维矩阵。令 $\boldsymbol{X}=[\boldsymbol{x}_i,\boldsymbol{x}_i,\cdots,\boldsymbol{x}_i]$是 $D\times k$ 维矩阵。

$$\begin{aligned}
\text{记 } \varepsilon(\boldsymbol{w}^i) &= \left\|\boldsymbol{x}_i - \sum_{j=1}^{k} w_j^i x_{ij}\right\|^2 = \|\boldsymbol{x}_i - \boldsymbol{N}_i \boldsymbol{w}^i\|^2 \\
&= \|\boldsymbol{X}\boldsymbol{w}^i - \boldsymbol{N}_i\boldsymbol{w}^i\|^2 = \|(\boldsymbol{X}-\boldsymbol{N}_i)\boldsymbol{w}^i\|^2 = \boldsymbol{w}^{i^{\mathrm{T}}}(\boldsymbol{X}-\boldsymbol{N}_i)^{\mathrm{T}}(\boldsymbol{X}-\boldsymbol{N}_i)\boldsymbol{w}^i \\
&= \boldsymbol{w}^{i^{\mathrm{T}}}\boldsymbol{S}\boldsymbol{w}^i
\end{aligned}$$

其中,$\boldsymbol{S}=(\boldsymbol{X}-\boldsymbol{N}_i)^{\mathrm{T}}(\boldsymbol{X}-\boldsymbol{N}_i)$。

为求误差函数的最小值,引入 Lagrange 乘子,$L(\boldsymbol{w}^i)=\boldsymbol{w}^{i^{\mathrm{T}}}\boldsymbol{S}\boldsymbol{w}^i+\lambda(\boldsymbol{w}^{i^{\mathrm{T}}}\boldsymbol{1}-1)$

令 $\dfrac{\partial L(\boldsymbol{w}^i)}{\partial \boldsymbol{w}^i}=2S\boldsymbol{w}^i+\lambda\boldsymbol{1}=0\Rightarrow \boldsymbol{S}\boldsymbol{w}^i=-\dfrac{\lambda}{2}\boldsymbol{1}=c\boldsymbol{1}$。

只要求出矩阵 $\boldsymbol{S}$ 的逆矩阵即可。具体解法如下:

构造一个局部协方差矩阵 $\boldsymbol{S}=\boldsymbol{Q}^i$,其值为:

$$\boldsymbol{Q}_{jm}^i = (\boldsymbol{x}_i - \boldsymbol{x}_{ij})^{\mathrm{T}}(\boldsymbol{x}_i - \boldsymbol{x}_{im})$$

于是

$$\boldsymbol{w}^i = \begin{bmatrix} w_1^i \\ w_2^i \\ \vdots \\ w_k^i \end{bmatrix} = \boldsymbol{S}^{-1}\boldsymbol{1} = \begin{bmatrix} (\boldsymbol{Q}^i)_{11}^{-1} & (\boldsymbol{Q}^i)_{12}^{-1} & \cdots & (\boldsymbol{Q}^i)_{1k}^{-1} \\ (\boldsymbol{Q}^i)_{21}^{-1} & (\boldsymbol{Q}^i)_{22}^{-1} & \cdots & (\boldsymbol{Q}^i)_{2k}^{-1} \\ \vdots & \vdots & & \vdots \\ (\boldsymbol{Q}^i)_{k1}^{-1} & (\boldsymbol{Q}^i)_{k2}^{-1} & \cdots & (\boldsymbol{Q}^i)_{kk}^{-1} \end{bmatrix}\boldsymbol{1}$$

考虑 $\sum\limits_{j=1}^{k} w_j^i = 1$,于是得:

$$w_j^i = \frac{\sum\limits_{m=1}^{k}(\boldsymbol{Q}^i)_{jm}^{-1}}{\sum\limits_{p=1}^{k}\sum\limits_{q=1}^{k}(\boldsymbol{Q}^i)_{pq}^{-1}}$$

实际中$\boldsymbol{Q}^i$可能是一个奇异矩阵，此时必须正则化，$\boldsymbol{Q}^i=\boldsymbol{Q}^i+r\boldsymbol{I}$，$r$是正则化参数，$\boldsymbol{I}$是$k\times k$的单位矩阵。

(3) 将所有样本点映射到低维空间中，映射条件满足

$$\min\varepsilon(\boldsymbol{Y})=\min\sum_{i=1}^{N}\left\|\boldsymbol{y}_i-\sum_{j=1}^{k}w_j^i y_{ij}\right\|^2$$

其中，$\boldsymbol{y}_i$是$\boldsymbol{x}_i$的输出向量，$\boldsymbol{y}_{ij}(j=1,2,\cdots,k)$是$\boldsymbol{y}_i$的$k$个近邻点，为了固定$\boldsymbol{Y}$和避免数据集在低维坍塌到坐标原点，给定两个限制条件：

$$\sum_{i=1}^{N}\boldsymbol{y}_i=0,\frac{1}{N}\sum_{i=1}^{N}\boldsymbol{y}_i\boldsymbol{y}_i^{\mathrm{T}}=\boldsymbol{I}(d\times d\text{ 的单位矩阵})$$

将$w_j^i(i=1,2,\cdots,N)$存储在$N\times N$的稀疏矩阵$\boldsymbol{W}$中，当$\boldsymbol{x}_j$是$\boldsymbol{x}_i$的近邻时，$w_{ij}=w_j^i$，否则$w_{ij}=0$，令$\boldsymbol{W}_i=[w_{i1},w_{i2},\cdots,w_{iN}]^{\mathrm{T}}$，$\boldsymbol{I}_i$表示$N\times N$单位矩阵的第$i$列，$\boldsymbol{Y}=[\boldsymbol{y}_1,\boldsymbol{y}_2,\cdots,\boldsymbol{y}_N]$表示输出矩阵，是$d\times N$维矩阵。参照附录A中矩阵范数的定义可知：

$$\begin{aligned}\varepsilon(\boldsymbol{Y})&=\sum_{i=1}^{N}\left\|\boldsymbol{y}_i-\sum_{j=1}^{N}w_{ij}\boldsymbol{y}_{ij}\right\|^2\\&=\sum_{i=1}^{N}\|\boldsymbol{Y}\boldsymbol{I}_i-\boldsymbol{Y}\boldsymbol{W}_i\|^2\\&=\sum_{i=1}^{N}\|\boldsymbol{Y}(\boldsymbol{I}_i-\boldsymbol{W}_i)\|^2\\&=\|\boldsymbol{Y}(\boldsymbol{I}-\boldsymbol{W})\|^2\\&=\|(\boldsymbol{I}-\boldsymbol{W})^{\mathrm{T}}\boldsymbol{Y}^{\mathrm{T}}\|^2=\mathrm{tr}(\boldsymbol{Y}(\boldsymbol{I}-\boldsymbol{W})(\boldsymbol{I}-\boldsymbol{W})^{\mathrm{T}}\boldsymbol{Y}^{\mathrm{T}})\\&=\mathrm{tr}(\boldsymbol{YMY}^{\mathrm{T}})\end{aligned}$$

其中，$\boldsymbol{M}=(\boldsymbol{I}-\boldsymbol{W})(\boldsymbol{I}-\boldsymbol{W})^{\mathrm{T}}$。

采用Lagrange乘子，则：

$$\begin{aligned}L(\boldsymbol{Y})&=\mathrm{tr}(\boldsymbol{YMY}^{\mathrm{T}})+\lambda(\boldsymbol{YY}^{\mathrm{T}}-N\boldsymbol{I})\\&\Rightarrow\frac{\partial L(\boldsymbol{Y})}{\partial\boldsymbol{Y}}=2\boldsymbol{MY}^{\mathrm{T}}+2\lambda\boldsymbol{Y}^{\mathrm{T}}\\&\Rightarrow\boldsymbol{MY}^{\mathrm{T}}=c\boldsymbol{Y}^{\mathrm{T}}\end{aligned}$$

要使损失函数达到最小，则取$\boldsymbol{Y}$为$\boldsymbol{M}$的最小d个非零特征值所对应的特征向量。在处理过程中，将特征值从小到大排序，第一个特征值往往几乎接近于零，舍弃，通常取$2\sim d+1$特征值所对应的特征向量作为输出值。

9.3.3 随机近邻嵌入

随机近邻嵌入(Stochastic Neighbor Embedding，SNE)是以条件概率的形式体现点与点之间的近邻关系，使得高维空间的点投影到低维空间后仍然保持这种近邻关系。设高维空间中的两个样本点为$\boldsymbol{x}_i$和$\boldsymbol{x}_j$，定义$\boldsymbol{x}_j$作为$\boldsymbol{x}_i$的邻居概率为：

$$p_{j|i}=\frac{\exp(-\|\boldsymbol{x}_i-\boldsymbol{x}_j\|^2/2\sigma_i^2)}{\sum_{k\neq i}\exp(-\|\boldsymbol{x}_i-\boldsymbol{x}_k\|^2/2\sigma_i^2)},\quad j\neq i$$

这里采用的是正态分布，σ_i 表示以 $\boldsymbol{x}_i$ 为中心的正态分布的标准差，除以分母是将数值归一化成概率，如果考虑所有其他点，这些概率值构成一个离散型概率分布，记为 P_i。"$j \neq i$"意味着不关心一个点与它自身的邻居关系。

假设对应 $\boldsymbol{x}_i$ 和 $\boldsymbol{x}_j$ 的投影为 $\boldsymbol{y}_i$ 和 $\boldsymbol{y}_j$，则在低维空间中的近邻关系为：

$$q_{j|i} = \frac{\exp(-\|\boldsymbol{y}_i - \boldsymbol{y}_j\|^2)}{\sum\limits_{k \neq i} \exp(-\|\boldsymbol{y}_i - \boldsymbol{y}_k\|^2)}, \quad j \neq i$$

其中，标准差统一设为 $1/\sqrt{2}$。同样，当考虑其他所有点与 $\boldsymbol{y}_i$ 的近邻关系时，$q_{j|i}$ 可以看成一个概率分布，用 Q_i 表示。

随机近邻嵌入的基本思想是使投影后的概率分布 Q_i 与 P_i 尽可能接近，两个概率分布之间的距离可以采用 KL(Kullback-Leibler)散度来衡量。假设 X 为离散型随机变量，x 为随机变量的可能取值，$p(x)$和 $q(x)$为两个概率分布，KL 散度定义为：

$$\mathrm{KL}(p \mid q) = \sum_x p(x) \ln \frac{p(x)}{q(x)}$$

KL 散度不具有对称性，因此不是距离。为了保持连续性，可以定义 $0\log\frac{0}{0}=0$，$0\log\frac{0}{q}=0$。当两个概率分布完全相同时，有极小值 0。

有了 KL 散度后，可以给出投影后的目标函数：

$$L(\boldsymbol{y}_i) = \sum_i \mathrm{KL}(P_i \mid Q_i) = \sum_i \sum_j p_{j|i} \ln \frac{p_{j|i}}{q_{j|i}}$$

目标函数对 $\boldsymbol{y}_i$ 的梯度为：

$$\nabla_{\boldsymbol{y}_i} L = 2\sum_j (\boldsymbol{y}_i - \boldsymbol{y}_j)(p_{i|j} - q_{i|j} + p_{j|i} - q_{j|i})$$

9.3.4 t 分布随机近邻嵌入

在 SNE 中条件概率 $p_{j|i}$ 和 $p_{i|j}$ 是不对称的。可以用联合概率代替条件概率实现对称性，其定义为：

$$p_{ij} = \frac{\exp(-\|\boldsymbol{x}_i - \boldsymbol{x}_j\|^2/2\sigma^2)}{\sum\limits_{k \neq l} \exp(-\|\boldsymbol{x}_k - \boldsymbol{x}_l\|^2/2\sigma^2)}$$

同样，低维空间的联合概率为：

$$q_{ij} = \frac{\exp(-\|\boldsymbol{y}_i - \boldsymbol{y}_j\|^2)}{\sum\limits_{k \neq l} \exp(-\|\boldsymbol{y}_k - \boldsymbol{y}_l\|^2)}$$

显然，这样定义满足对称性。目标函数定义为：

$$L(\boldsymbol{y}_i) = \sum_i \sum_j p_{ij} \ln \frac{p_{ij}}{q_{ij}}$$

这样定义的联合概率通常会受到异常点影响。例如一个样本 $\boldsymbol{x}_i$ 是异常点，距离其他点都很远，因此与 $\boldsymbol{x}_i$ 有关的 p_{ij} 都很小，从而导致低维空间中的 $\boldsymbol{y}_i$ 对目标函数影响很小。为了解决这个问题可以采用如下方式定义联合概率：

$$p_{ij}=\frac{p_{j|i}+p_{i|j}}{2n}$$

其中，n 为样本点总数。这样能确保对所有的 $\boldsymbol{x}_i$ 有

$$\sum_{j}p_{ij}=\frac{\sum_{j=1}^{n}p_{j|i}+\sum_{j=1}^{n}p_{i|j}}{2n}=\frac{1+\sum_{j=1}^{n}p_{i|j}}{2n}>\frac{1}{2n}$$

因此每个样本点都对目标函数有显著贡献。此时目标函数的梯度为：

$$\nabla_{\boldsymbol{y}_i}L=4\sum_{j}(\boldsymbol{y}_i-\boldsymbol{y}_j)(p_{ij}-q_{ij})$$

这种方法也称为对称 SNE。

t 分布比正态分布的尾更长，受异常点的影响会小一些。如果在低维空间使用 t 分布代替正态分布计算概率值，就得到 t 分布随机近邻嵌入算法。一般采用自由度为 1 的 t 分布来定义概率计算公式：

$$q_{ij}=\frac{(1+\|\boldsymbol{y}_i-\boldsymbol{y}_j\|^2)^{-1}}{\sum_{k\neq l}(1+\|\boldsymbol{y}_k-\boldsymbol{y}_l\|^2)^{-1}}$$

目标函数仍采用 KL 散度，此时的梯度为：

$$\nabla_{\boldsymbol{y}_i}L=4\sum_{j}(\boldsymbol{y}_i-\boldsymbol{y}_j)(p_{ij}-q_{ij})(1+\|\boldsymbol{y}_i-\boldsymbol{y}_j\|^2)^{-1}$$

9.4 R 语言实验

9.4.1 LLE 降维

需要安装 LLE 工具包。

```
> install.packages("lle")
> library(lle)
> X = iris[,1:4]
> results = lle(X = X,m = 2,k = 50,reg = 2)    # 选择 50 个近邻.
> plot(results $ Y,col = iris[,5]               # LLE 降维效果如图 9.3 所示.
```

9.4.2 MDS 降维

(1) isoMDS 函数实现 Non-metric Multidimensional Scaling

该函数需要根据相似度矩阵计算，需要先计算距离矩阵。

```
> library("MASS")
> dat = iris[,1:4]
> distance = dist(dat)                           # 计算距离矩阵.
> new <- as.matrix(distance)                     # 转化为 matrix 类型.
> new[102,143] = 0.0001                          # 距离矩阵中不能含有零元素.
> distance_mds <-  isoMDS(new)
> x  =  distance_mds $ points[,1]
> y  =  distance_mds $ points[,2]
```

```
> g = plot(x,y,col = iris[,5])                 # 画二维散点图,如图 9.4 所示.
```

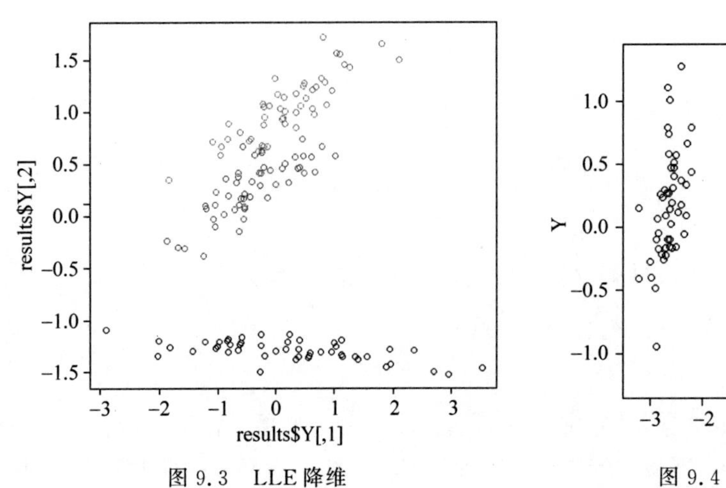

图 9.3　LLE 降维

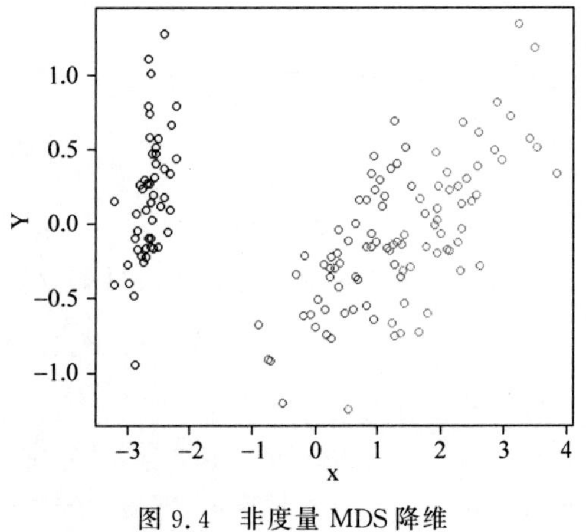

图 9.4　非度量 MDS 降维

(2) cmdscale 函数实现 Classical multidimensional scaling (MDS)

```
> library(stats)
> library(ggplot2)
> dis_iris = dist(iris[,1:4],p = 2)
> mds_x = cmdscale(dis_iris)
> mds_x = data.frame(mds_x)
> xy = cbind(mds_x, iris[,5])
> ggplot(xy, aes(x = X1,y = X2,colour = iris[, 5])) + geom_point()   # 如图 9.5 所示.
```

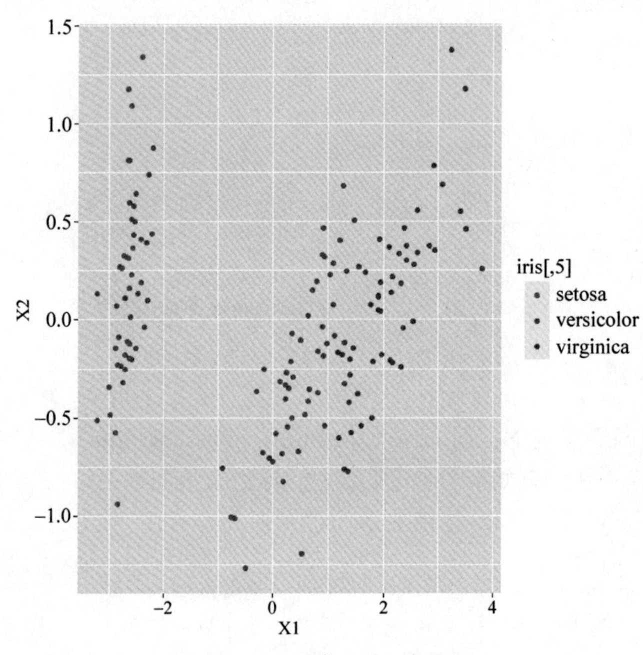

图 9.5　经典 MDS 降维

9.4.3 qkIsomap 函数实现 Isomap

```
> library(qkerntool)                        #加载工具包.
> data(iris)
> testset <- sample(1:150,20)
> train <- as.matrix(iris[ - testset, - 5])
> labeltrain <- as.integer(iris[ - testset,5])
> test <- as.matrix(iris[testset, - 5])
> d_low = qkIsomap(train, kernel = "ratibase", qpar = list(c = 1,q = 0.8),dims = 2, k = 50,
plotResiduals = TRUE)                       #k = 50 表示近邻数为 50,dims = 2 表示降到 2 维.
> plot(prj(d_low),col = labeltrain, xlab = "1st Principal Component",ylab = "2nd Principal
Component")                                 #画低维映射,如图 9.6 所示.
> prj(d_low)
> dims(d_low)
> Residuals(d_low)
> eVal(d_low)
> eVec(d_low)
> kcall(d_low)
> cndkernf(d_low)
```

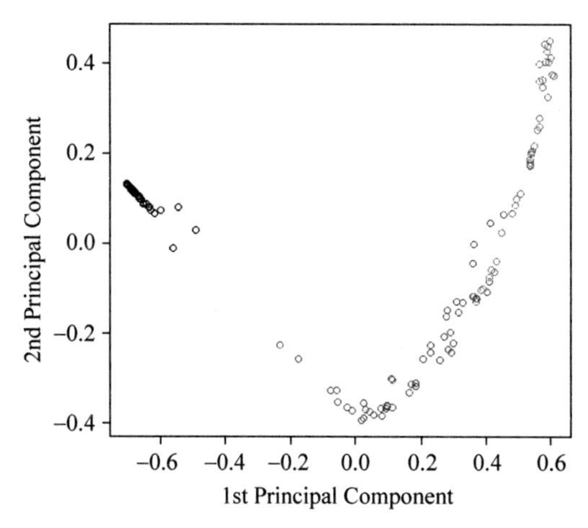

图 9.6 Isomap 降维

9.4.4 "Rtsne"包实现 t-SNE

```
> install.packages("Rtsne")  # Rtsne 包安装.
> library(Rtsne)
> data(iris)                 # 载入预置的鸢尾花数据集.
> iris.uni = unique(iris)    # 去除重复数据.
> data = iris.uni[,1:4]      # 获取性状信息.
> species = iris.uni[,5]     # 获取品种信息.
> set.seed(321)              #设置随机数种子,确保每次程序运行结果稳定.
> tsne_out = Rtsne(
  data,
  dims = 2,
  pca = T,                   #是否在 t - SNE 前预先进行 PCA 分析,默认为 True.
  max_iter = 1000,           #最大迭代次数设置为 1000.
```

```
  theta = 0.4,                  #计算速度与精度之间的权衡,范围为0~1,值越小表示越精确.
  perplexity = 20,              #对每个点具有的近邻数量的猜测,一般值越大形状越清晰.
  verbose = F                   #是否输出计算进度.
)

> library(ggplot2)
> tsne_result = as.data.frame(tsne_out $ Y)
> colnames(tsne_result) = c("tSNE1","tSNE2")
> ggplot(tsne_result,aes(tSNE1,tSNE2,color = species)) + geom_point()   #t - SNE降维效果
如图9.7所示.
```

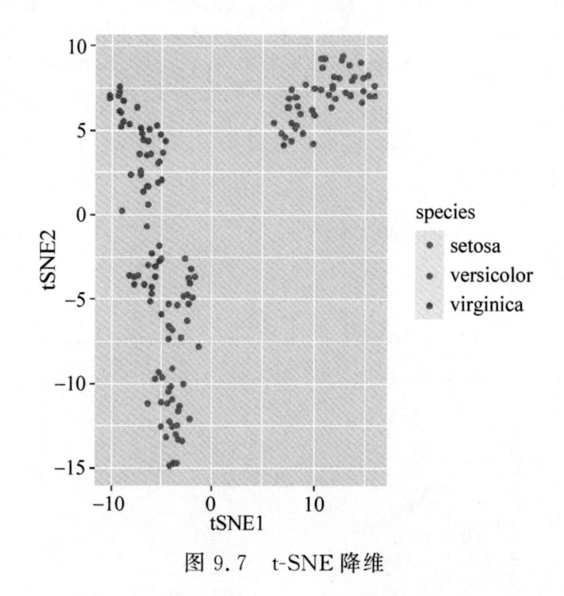

图9.7 t-SNE降维

对于数据集iris,几种降维方法中t-SNE降维后的类与类之间的轮廓更有区分度。

第10章

聚类分析

聚类分析属于无监督的统计学习的一种，是在没有训练目标的情况下将样本划分为若干类的方法。通过聚类分析，使得同一类中的对象有很大的相似性，而不同类的对象有很大的相异性。

10.1 基于距离的聚类

10.1.1 相似性度量

假设对象 $\boldsymbol{x}$ 的特征可以用 m 个维度表示，即 $\boldsymbol{x}=(x_1,x_2,\cdots,x_m)^{\mathrm{T}}$ 是 m 维空间中的一个点，另一个对象 $\boldsymbol{y}=(y_1,y_2,\cdots,y_m)^{\mathrm{T}}$。第 4 章中给出了欧氏距离、绝对距离、切比雪夫距离和马氏距离等常用距离，当然还有其他一些距离定义。距离越小表明两个对象之间的相似度越高。也可以定义相似系数来表明对象间的相似程度。常用的相似系数有两种：

1. 夹角余弦

$$d(\boldsymbol{x},\boldsymbol{y})=\frac{\boldsymbol{x}^{\mathrm{T}}\boldsymbol{y}}{\|\boldsymbol{x}\|_2\|\boldsymbol{y}\|_2}$$

绝对值越大，表明两个对象的相似程度越高。

2. 相关系数

$$r_{xy}=\frac{\sum_{i=1}^{m}(x_i-\bar{x})(y_i-\bar{y})}{\sqrt{\sum_{i=1}^{m}(x_i-\bar{x})^2\sum_{i=1}^{m}(y_i-\bar{y})^2}}$$

相关系数的绝对值越大，表示两个对象的相似程度越高，当 $\boldsymbol{x}=\boldsymbol{y}$ 时，$r_{xy}=1$。

无论是夹角余弦还是相关系数的绝对值都小于等于1，为了符合思维习惯，经常把相似性度量公式作变换，如对相关系数变化如下：

$$d_{xy}=1-|r_{xy}|$$

这样 d_{xy} 表示对象间的距离远近，越小表示两个对象越接近，可将它们聚成一类。

除了定义点与点之间的距离，聚类分析中还需要定义类与类之间的距离，一般有最短距离法、最长距离法和重心法等。最短距离法是两类最近样本的距离为两类之间的距离；最长距离法是两类最远样本的距离为两类之间的距离；重心法是两类的样本均值之间的距离为两类距离。

10.1.2 层次聚类

层次聚类主要分为自下而上的层次凝聚方法和自上而下的层次分裂方法。层次凝聚的代表是 AGNES(AGglomerative NESting)算法。对于样本量为 n 的数据集 $\{p_1, p_2, \cdots, p_n\}$，算法的具体步骤如下：

(1) 每个点为一个类，把数据分成 n 个类；

(2) 计算不同类之间的距离矩阵 $\boldsymbol{D}$；

(3) 找出距离最近的两个类，合并为一个新的类；

(4) 重复第(2)步和第(3)步，直到所有数据都属于一个类或者满足某个终止条件为止。

聚类图如图10.1所示，其中虚线表示在聚类图上进行切割，根据与各个交点的连接情况具体划分类别。

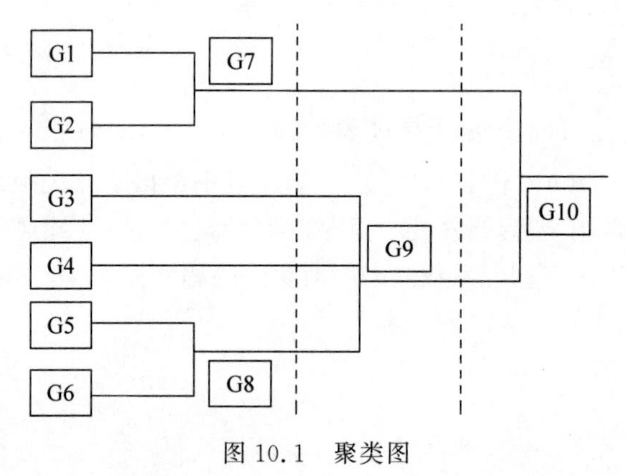

图10.1 聚类图

10.1.3 k 均值聚类

k 均值聚类的基本想法由 Hugo Steinhaus 提出，第一个可行的算法由 Stuart Lloyd 提出，Mac Queen 首次使用"k 均值"术语。给定样本集 $D=\{x_1, x_2, \cdots, x_n\}$，$k$ 均值聚类算法是针对聚类所得簇划分为 $C=\{C_1, C_2, \cdots, C_k\}$ 最小化平方误差：

$$E=\sum_{i=1}^{k}\sum_{\boldsymbol{x}\in C_i}\|\boldsymbol{x}-\boldsymbol{\mu}_i\|_2^2$$

其中$\boldsymbol{\mu}_i=\frac{1}{|C_i|}\sum_{x\in C_i}\boldsymbol{x}$ 是簇 C_i 的均值向量。

具体步骤如下：

(1) 将 n 个样本点随机分成 k 个类别，并计算各类的聚类中心；

(2) 计算每个样本点到 k 个聚类中心的距离，把样本点分到最近的聚类中心；

(3) 计算新的聚类中心(每类样本的算数平均数)；

(4) 重复第(2)、第(3)步直到收敛。

例 10.1　下表为给定的具有 1 个特征的 6 个样本点，采用 K 均值聚类法聚成两类。

1	2	3	7	8	9

解：

(1) 将样本随机分成两类：(1,3,8)和(2,7,9)，并计算各类的中心分别为：4 和 6。

(2) 计算每个样品到各类的中心距离，然后将该样品分配到距离最近的类：

$d(1,4)=3$；$d(1,6)=5$，1 不用重新分配；

$d(3,4)=1$；$d(3,6)=2$，3 不用重新分配；

$d(8,4)=4$；$d(8,6)=2$，将 8 分配到(2,7,9)中，重新划分两个类：(1,3)和(2,7,8,9)。

(3) 计算新类的类中心：

(1,3)的中心为 2；(2,7,8,9)的中心为 6.5。

(4) 再次计算每个样品到各类的中心距离，然后将该样品分配到距离最近的类：

$d(1,2)=1$；$d(1,6.5)=5.5$，1 不用重新分配；

$d(3,2)=1$；$d(3,6.5)=3.5$，3 不用重新分配；

$d(2,2)=0$；$d(2,6.5)=4.5$，将 2 分配到(1,3)中，重新划分两个类：

(1,2,3)和(7,8,9)。

(5) 计算新类的类中心：

(1,2,3)的中心为 2；(7,8,9)的中心为 8。

(6) 再次计算每个样品到各类的中心距离，然后将该样品分配到距离最近的类：

$d(1,2)=1$；$d(1,8)=7$，1 不用重新分配；

$d(2,2)=0$；$d(2,8)=6$，2 不用重新分配；

$d(3,2)=1$；$d(3,8)=5$，3 不用重新分配；

$d(7,2)=5$；$d(7,8)=1$，7 不用重新分配；

$d(8,2)=6$；$d(8,8)=0$，8 不用重新分配；

$d(9,2)=7$；$d(9,8)=1$，9 不用重新分配；

至此，算法结束循环，所有样品都分配完成。本例中只要有一个样本重新分配就重新计算各类中心，进入下一个循环。也可以采用将所有样本分配后再计算各类中心，进入下一个循环。

10.2　基于密度的聚类

DBSCAN(Density-Based Spatial Clustering of Application with Noise)聚类是一种

基于密度的聚类方法，其基本思想是把点密度较高的区域划为一类，点密度低的区域则作为不同类之间的分界区。该算法的优势在于可以做出任何形状的类，而且不需要提前给出类的个数。

对于DBSCAN聚类，需要首先选择领域半径 ε 和最小点个数 MinPts，给定上述两个参数，定义一个点 p 的 ε-邻域：$N_\varepsilon(p)=\{q:d(p,q)\leqslant\varepsilon\}$。

把点分为三类：核心点、边界点和噪声点。

核心点：如果点 p 的 ε-邻域 $N_\varepsilon(p)$ 中包含的点的个数大于等于最小点个数 MinPts，则 p 为核心点。

边界点：如果点 q 在某个核心点的 ε-邻域内，但是其 ε-邻域 $N_\varepsilon(q)$ 中点的个数小于给定的 MinPts，则 q 为边界点。

噪声点：既非核心点也非边界点的其他点称为噪声点。

直接密度可达：如果点 p 是一个核心点，而且点 q 在点 p 的 ε-邻域 $N_\varepsilon(p)$ 中，则称点 p 到点 q 直接密度可达，记为 $p\rightarrow q$。

密度可达：对于点 p 和 q，如果存在有限个点 $p_1,p_2,\cdots,p_m$，使得 $p\rightarrow p_1,p_1\rightarrow p_2,\cdots,p_{m-1}\rightarrow p_m,p_m\rightarrow q$，则称点 p 到 q 密度可达。

密度相连：如果存在点 o，点 p 到点 o 密度可达，点 q 到点 o 密度可达，则称点 p 和点 q 密度相连。

密度相连可逆，而密度可达不可逆。算法步骤如下：

输入：包含 n 个对象的数据库，半径 ε，最小数目 MinPts。

输出：所有生成的类，达到密度要求。

(1) 随机抽取一个点作为一个类；

(2) IF 抽出的点是核心点，THEN 找出所有从该点密度可达的对象，形成一个类；

(3) ELSE 抽出的点是边界点（非核心点），跳出本次循环，寻找下一个点；

(4) 重复第(2)、第(3)步，直到所有的点都被处理。

10.3 R语言实验

10.3.1 k 均值聚类

```
> set.seed(2)
> X = matrix(rnorm(50 * 2),ncol = 2)
> X[1:25,1] = X[1:25,1] + 3
> X[1:25,2] = X[1:25,2] - 4;
> kmout = kmeans(X,2,nstart = 20)   # 参数 2 表示聚成两类,nstart = 20 表示初始中心时随机选
择 20 行.
> plot(X,col = (kmout $ cluster + 1),main = "K - Means Clustering",xlab = "",ylab = "",pch =
20,cex = 2)
```

聚类结果如图10.2所示。

这里人工产生两类数据，然后进行 k 均值聚类时聚类数目设定为2。实际中如何选定聚类数目是一个关键问题。可以采用 fpt 包的 kmeansruns() 函数选择最优的聚类数目。

```
> clu = kmeansruns(X,krange = 1:3,criterion = "ch")
#1:3 表示聚类数目选择范围从 1~3;度量准则可以选择 Calinski - Harabasz 指数"ch"或平均轮廓宽度("asw").
> clu  # 显示聚类数目选择结果,部分内容如下.
K - means clustering with 2 clusters of sizes 25, 25
Cluster means:
        [,1]       [,2]
1  3.3339737  -4.0761910
2  -0.1956978  -0.1848774
Clustering vector:
[1] 1 1 1 1 1 1 1 1 1 1 1 1 1 1 1 1 1 1 1 1 1 1 1 1 1 1 1 2 2
2 2 2 2 2 2 2 2 2 2 2 2 2 2
[42] 2 2 2 2 2 2 2 2 2
Within cluster sum of squares by cluster:
[1] 63.20595 65.40068
(between_SS / total_SS =   72.8 % )
```

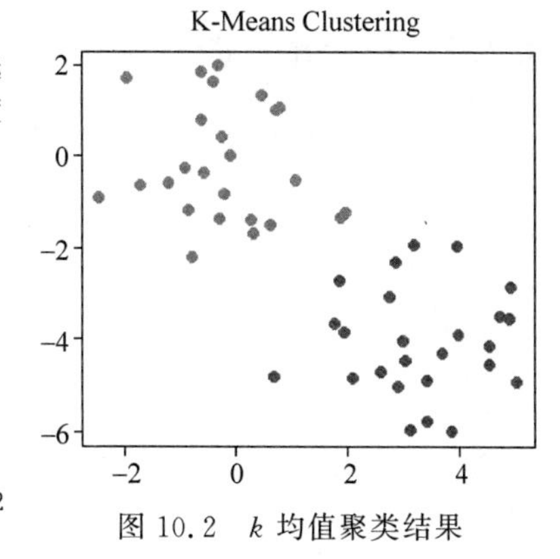

图 10.2 k 均值聚类结果

结果显示聚类数目选为 2 最优。

10.3.2 层次聚类

采用 10.3.1 中生成的数据 X,命令如下:

```
> xt = hclust(dist(X),method = "complete")  # "complete"表示最长距离法,还可以选择其他参数,"average"表示类平均法和"single"表示最短距离法.
> plot(xt)                    # 画谱系图,如图 10.3 所示.

> pred = cutree(xt,2)  # 根据谱系图的切割获得各观测值的类标签,2 表示划分成两类.
[1] 1 1 1 1 1 1 1 1 1 1 1 1 1 1 1 1 1 1 1 1 1 1 1 1 1 1 1 1 2 2 2 2
[30] 2 2 2 2 2 2 2 2 2 2 2 2 2 2 2 2 2 2 2 2 2
> plot(X,col = pred)          # 根据聚类结果画图,如图 10.4 所示.
```

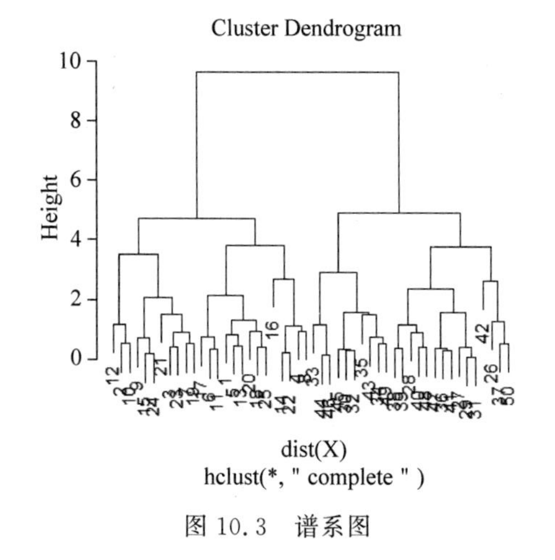

图 10.3 谱系图

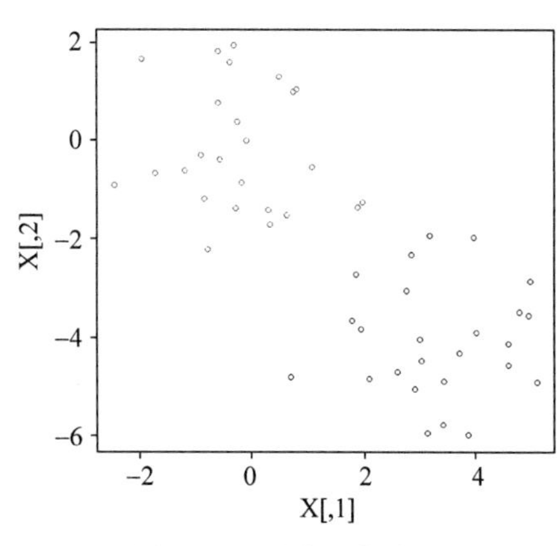

图 10.4 层次聚类结果

从图 10.2 和图 10.4 结果看出,无论是 k 均值聚类还是层次聚类都能准确的分类。

10.3.3 基于密度的聚类

使用 fpc 包中的 dbscan()函数进行密度聚类，这里产生环形分布和圆形分布的两类随机数。

```
> library(MASS)          # 加载包
> set.seed(123)          # 设置随机数种子.
> theta = 2 * pi * runif(500)
> r = 6 * runif(500) + 6
> x = r * cos(theta)
> y = r * sin(theta);
> plot(x,y,col = 'red')  # 程序产生 500 个环形分布的随机数,如图 10.5 所示的红点.
> N = 200
> x1 = 0
> y1 = 0
> a1 = 3 * pi * runif(N)
> r1 = runif(N)
> x1 = 3 * sqrt(r1) * cos(a1) + x1
> y1 = 3 * sqrt(r1) * sin(a1) + y1
> points(x1,y1,col = 'blue')  # 产生 200 个圆形分布的随机数,如图 10.5 所示的蓝点.
> library("fpc")         # 载入相关包.
> set.seed(123)          # 设置随机数种子.
> class1 = cbind(x,y)
> class2 = cbind(x1,y1)
> dat = rbind(class1,class2)  # 将两类样本合并.
> model = dbscan(dat, eps = 3, MinPts = 5)  # 参数 eps 指定邻域的半径大小,MinPts 定义阈值来
判断是否为核心点.
> pr = as.factor(model $ cluster)  # 得到聚类结果.
> plot(dat,col = pr)     # 根据聚类标签画图,如图 10.6 所示.
```

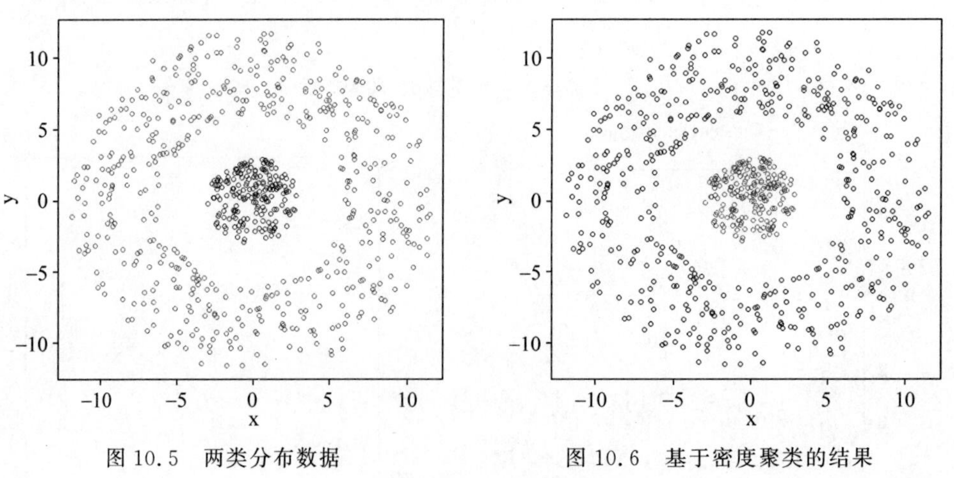

图 10.5 两类分布数据　　　图 10.6 基于密度聚类的结果

图 10.6 表明基于密度的聚类法能够准确地将数据聚为两类。如果对该数据采用 k 均值聚类法，结果如图 10.7 所示，此时不能准确地将数据聚为两类。

```
> kmout = kmeans(dat,2,nstart = 20)
> plot(dat,col = (kmout $ cluster + 1),main = "K - Means Clustering",xlab = "",ylab = "",pch =
20,cex = 2)
```

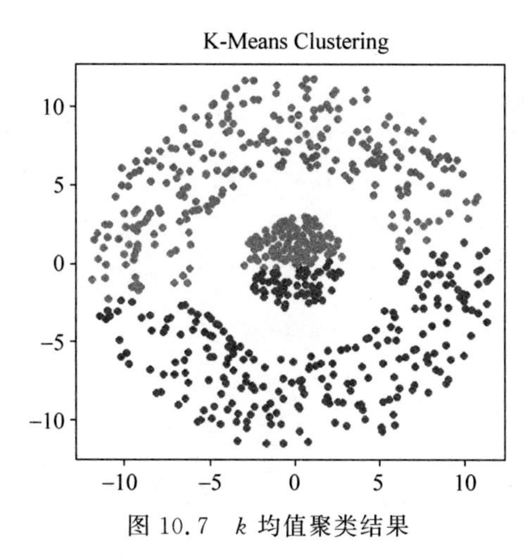

图 10.7　k 均值聚类结果

第11章

偏最小二乘回归

11.1 基本思想

研究一组因变量 $Y=\{y_1,y_2,\cdots,y_k\}$ 和一组自变量 $X=\{x_1,x_2,\cdots,x_m\}$ 之间的关系,期望用 X 预测 Y。X 或 Y 中存在多重共线性时,传统的最小二乘法将失效。偏最小二乘回归分析是多元线性回归、主成分分析等方法的有机结合。

观察 n 个样本点,得自变量数据表 $\boldsymbol{X}=\{\boldsymbol{x}_1,\boldsymbol{x}_2,\cdots,\boldsymbol{x}_m\}_{n\times m}$ 和因变量数据表 $\boldsymbol{Y}=\{\boldsymbol{y}_1,\boldsymbol{y}_2,\cdots,\boldsymbol{y}_k\}_{n\times k}$,分别在 $\boldsymbol{X}$ 和 $\boldsymbol{Y}$ 中提取成分 a_1 和 b_1,a_1、b_1 尽可能携带它们各自数据表中的大变异信息,而且从回归分析的角度出发,要求 a_1 和 b_1 相关程度最大,然后实施 $\boldsymbol{X}$ 对 a_1 回归和 $\boldsymbol{Y}$ 对 a_1 回归,若达到精度,算法停止;否则,提取第二对成分。若最终提取 $\boldsymbol{X}$ 的 l 个成分 $a_1,a_2,\cdots,a_l(l\leqslant m)$,施行 $y_j(j=1,2,\cdots,k)$ 对 $a_1,a_2,\cdots,a_l$ 的回归,因为 a_i 都是 $x_1,x_2,\cdots,x_m$ 的线性组合,最终可以表示成 y_j 对原始变量 $x_1,x_2,\cdots,x_m$ 的回归方程。

11.2 基本算法

设 $\boldsymbol{X}$ 和 $\boldsymbol{Y}$ 数据已经标准化,记为

$$\boldsymbol{X}=\begin{bmatrix} x_{11} & x_{12} & \cdots & x_{1m} \\ x_{21} & x_{22} & \cdots & x_{2m} \\ \vdots & \vdots & & \vdots \\ x_{n1} & x_{n2} & \cdots & x_{nm} \end{bmatrix}=(\boldsymbol{x}_1,\boldsymbol{x}_2,\cdots,\boldsymbol{x}_m)$$

其中 $\boldsymbol{x}_i=(x_{1i},x_{2i},\cdots,x_{ni})^{\mathrm{T}},i=1,2,\cdots,m$,

$$Y=\begin{bmatrix} y_{11} & y_{12} & \cdots & y_{1k} \\ y_{21} & y_{22} & \cdots & y_{2k} \\ \vdots & \vdots & & \vdots \\ y_{n1} & y_{n2} & \cdots & y_{nk} \end{bmatrix}=(\boldsymbol{y}_1,\boldsymbol{y}_2,\cdots,\boldsymbol{y}_k)$$

其中 $\boldsymbol{y}_i=(y_{1i},y_{2i},\cdots,y_{ni})^{\mathrm{T}},i=1,2,\cdots,k$。

第一步,记 $\boldsymbol{a}_1$ 是 $\boldsymbol{X}$ 的第一个成分得分向量,$\boldsymbol{a}_1=\boldsymbol{X}\boldsymbol{w}_1$,$\boldsymbol{w}_1$ 是 m 维列向量,是 $\boldsymbol{X}$ 的第一个轴,它是单位向量,即 $\|\boldsymbol{w}_1\|=1$。记 $\boldsymbol{b}_1$ 是 $\boldsymbol{Y}$ 的第一个成分得分向量,$\boldsymbol{b}_1=\boldsymbol{Y}\boldsymbol{c}_1$,$\boldsymbol{c}_1$ 是 $\boldsymbol{Y}$ 的第一个轴,且 $\|\boldsymbol{c}_1\|=1$。若 $\boldsymbol{a}_1,\boldsymbol{b}_1$ 能较好代表 $\boldsymbol{X}$ 和 $\boldsymbol{Y}$ 中的变异信息,根据主成分分析原理,则有 $D(\boldsymbol{a}_1)\rightarrow\max,D(\boldsymbol{b}_1)\rightarrow\max$。另一方面,要求二者之间有最大的解释能力,则 $\boldsymbol{a}_1$ 与 $\boldsymbol{b}_1$ 的相关系数应达到最大,即

$$\rho_{\boldsymbol{a}_1,\boldsymbol{b}_1}\rightarrow\max$$

综上,要求 $\operatorname{cov}(\boldsymbol{a}_1,\boldsymbol{b}_1)=\rho_{\boldsymbol{a}_1,\boldsymbol{b}_1}\sqrt{D(\boldsymbol{a}_1)}\sqrt{D(\boldsymbol{b}_1)}$ 达到最大,同样本协方差表示,即

$$\operatorname{cov}(\boldsymbol{a}_1,\boldsymbol{b}_1)=\frac{1}{n-1}\sum_{i=1}^{n}a_{1i}b_{1i}=\frac{1}{n-1}\langle\boldsymbol{a}_1,\boldsymbol{b}_1\rangle=\frac{1}{n-1}\langle\boldsymbol{X}\boldsymbol{w}_1,\boldsymbol{Y}\boldsymbol{c}_1\rangle\rightarrow\max$$

于是优化问题为:

$$\max\langle\boldsymbol{X}\boldsymbol{w}_1,\boldsymbol{Y}\boldsymbol{c}_1\rangle$$

$$\text{s. t.}\quad \boldsymbol{w}_1^{\mathrm{T}}\boldsymbol{w}_1=\boldsymbol{c}_1^{\mathrm{T}}\boldsymbol{c}_1=1$$

拉格朗日函数

$$L=\boldsymbol{w}_1^{\mathrm{T}}\boldsymbol{X}^{\mathrm{T}}\boldsymbol{Y}\boldsymbol{c}_1-\frac{\alpha}{2}(\boldsymbol{w}_1^{\mathrm{T}}\boldsymbol{w}_1-1)-\frac{\beta}{2}(\boldsymbol{c}_1^{\mathrm{T}}\boldsymbol{c}_1-1)$$

$$\frac{\partial L}{\partial \boldsymbol{w}_1}=\boldsymbol{X}^{\mathrm{T}}\boldsymbol{Y}\boldsymbol{c}_1-\alpha\boldsymbol{w}_1=0 \tag{11.1}$$

$$\frac{\partial L}{\partial \boldsymbol{c}_1}=\boldsymbol{Y}^{\mathrm{T}}\boldsymbol{X}\boldsymbol{w}_1-\beta\boldsymbol{c}_1=0 \tag{11.2}$$

由式(11.2)得 $\boldsymbol{c}_1=\frac{1}{\beta}\boldsymbol{Y}^{\mathrm{T}}\boldsymbol{X}\boldsymbol{w}_1$,带入式(11.1)得:

$$\boldsymbol{X}^{\mathrm{T}}\boldsymbol{Y}\boldsymbol{Y}^{\mathrm{T}}\boldsymbol{X}\boldsymbol{w}_1=\alpha\beta\boldsymbol{w}_1$$

则 $\boldsymbol{w}_1$ 是 $\boldsymbol{X}^{\mathrm{T}}\boldsymbol{Y}\boldsymbol{Y}^{\mathrm{T}}\boldsymbol{X}$ 的最大特征值的单位特征向量。同理,$\boldsymbol{c}_1$ 是 $\boldsymbol{Y}^{\mathrm{T}}\boldsymbol{X}\boldsymbol{X}^{\mathrm{T}}\boldsymbol{Y}$ 的最大特征值的单位特征向量,于是得到成分得分向量:$\boldsymbol{a}_1=\boldsymbol{X}\boldsymbol{w}_1,\boldsymbol{b}_1=\boldsymbol{Y}\boldsymbol{c}_1$。

然后,分别求解 $\boldsymbol{X}$ 和 $\boldsymbol{Y}$ 对 $\boldsymbol{a}_1$ 的回归方程

$$\boldsymbol{X}=\boldsymbol{a}_1\boldsymbol{p}_1'+\boldsymbol{X}^1$$

$$\boldsymbol{Y}=\boldsymbol{a}_1\boldsymbol{q}_1'+\boldsymbol{Y}^1$$

其中,$\boldsymbol{p}_1^{\mathrm{T}}=(p_{11},p_{12},\cdots,p_{1m})$ 称为载荷,$\boldsymbol{q}_1^{\mathrm{T}}=(q_{11},q_{12},\cdots,q_{1k})$ 为对应响应变量的载荷,分别为多因变量而只有一个自变量的回归模型中的参数向量,最小二乘估计分别为:

$$\hat{\boldsymbol{p}}_1=(\boldsymbol{a}_1^{\mathrm{T}}\boldsymbol{a}_1)^{-1}\boldsymbol{a}_1^{\mathrm{T}}\boldsymbol{X}=\frac{\boldsymbol{X}^{\mathrm{T}}\boldsymbol{a}_1}{\|\boldsymbol{a}_1\|^2}$$

$$\hat{\boldsymbol{q}}_1=(\boldsymbol{a}_1^{\mathrm{T}}\boldsymbol{a}_1)^{-1}\boldsymbol{a}_1^{\mathrm{T}}\boldsymbol{Y}=\frac{\boldsymbol{Y}^{\mathrm{T}}\boldsymbol{a}_1}{\|\boldsymbol{a}_1\|^2}$$

而 $\boldsymbol{X}^1=\boldsymbol{X}-\boldsymbol{a}_1\hat{\boldsymbol{p}}_1,\boldsymbol{Y}^1=\boldsymbol{Y}-\boldsymbol{a}_1\hat{\boldsymbol{q}}_1$ 分别为残差矩阵。

第二步,用残差矩阵 $\boldsymbol{X}^1$ 和 $\boldsymbol{Y}^1$ 分别代替 $\boldsymbol{X}$ 和 $\boldsymbol{Y}$,求第二个轴 $\boldsymbol{w}_2$ 和 $\boldsymbol{c}_2$ 以及第二个成分 $\boldsymbol{a}_2$ 和 $\boldsymbol{b}_2$,则有 $\boldsymbol{a}_2=\boldsymbol{X}^1\boldsymbol{w}_2,\boldsymbol{b}_2=\boldsymbol{Y}^1\boldsymbol{c}_2$,接着计算回归系数 $\hat{\boldsymbol{p}}_2$ 和 $\hat{\boldsymbol{q}}_2$,得回归方程:

$$\boldsymbol{X}^1=\boldsymbol{a}_2\boldsymbol{p}'_2+\boldsymbol{X}^2,\quad \boldsymbol{Y}^1=\boldsymbol{a}_2\boldsymbol{q}'_2+\boldsymbol{Y}^2$$

以此类推,若 $\boldsymbol{X}$ 的秩为 r,则有:

$$\boldsymbol{X}=\boldsymbol{a}_1\hat{\boldsymbol{p}}_1+\boldsymbol{a}_2\hat{\boldsymbol{p}}_2+\cdots+\boldsymbol{a}_r\hat{\boldsymbol{p}}_r+\boldsymbol{X}^r$$

$$\boldsymbol{Y}=\boldsymbol{a}_1\hat{\boldsymbol{q}}_1+\boldsymbol{a}_2\hat{\boldsymbol{q}}_2+\cdots+\boldsymbol{a}_r\hat{\boldsymbol{q}}_r+\boldsymbol{Y}^r$$

由于 $\boldsymbol{a}_1,\boldsymbol{a}_2,\cdots,\boldsymbol{a}_r$ 均可表示成 $\boldsymbol{X}_1,\boldsymbol{X}_2,\cdots,\boldsymbol{X}_m$ 的线性组合,因此 $\boldsymbol{Y}$ 可表示为关于 $\boldsymbol{X}$ 的回归方程。

11.3 模型成分个数的确定

一般根据交叉验证结果确定成分个数,把所有样本点随机分成两部分,一部分作为训练样本,一部分作为测试样本。采用训练样本进行模型的参数估计,然后代入测试样本得到预测值误差平方和 $\mathrm{PRESS}_i=\sum_j\|\boldsymbol{y}_i-\hat{\boldsymbol{y}}_j\|^2$, $i=1,2,\cdots,m$, m 表示以这种方式重复测试次数,得到总的误差平方和 $\mathrm{PRESS}=\sum_{i=1}^{m}\mathrm{PRESS}_i$,根据 PRESS 的最小值或者稳定值确定成分个数。

11.4 R 语言实现

```
> library(MASS)
> library(pls)                                    # 加载相关包.
> mu = c(1,2,3)                                   # 均值向量.
> sigma = matrix(c(3,2,1,2,2,2,1,2,4),3,3)        # 协方差矩阵.
> set.seed(321)
> mydata = mvrnorm(n = 1000,mu,sigma)             # 产生 1000 个 3 维正态分布数据.
> x1 = mydata[,1]
> x2 = mydata[,2]
> x3 = mydata[,3]
> x4 = 0.2 * x1 + 0.3 * x2 + 0.4 * x3
> y1 = 0.3 * x1 + 0.5 * x2 + 0.6 * x3 + 0.8 * x4
> y2 = 0.2 * x1 + 0.7 * x2 + 0.9 * x3 + 0.5 * x4
> x = cbind(x1,x2,x3,x4)
> y = cbind(y1,y2)
> plsreg = plsr(y~x,validation = "LOO",jackknife = TRUE)    # "LOO"表示使用留一交叉验证法;
jackknife = TRUE 表示使用 jackknife 法进行回归系数显著性检验;其他参数默认,如 ncomp = k 表
示指定成分个数为 k,不指定则表示使用所有成分.
> plot(plsreg)                                    # 画各个因变量的预测散点图,如图 11.1 所示.
> validationplot(plsreg)                          # 画成分个数和误差的对应图,如图 11.2 所示.
```

由图 11.2 可知成分个数为 3 时误差最小,因此选择 3 个成分数进行偏最小二乘回归。

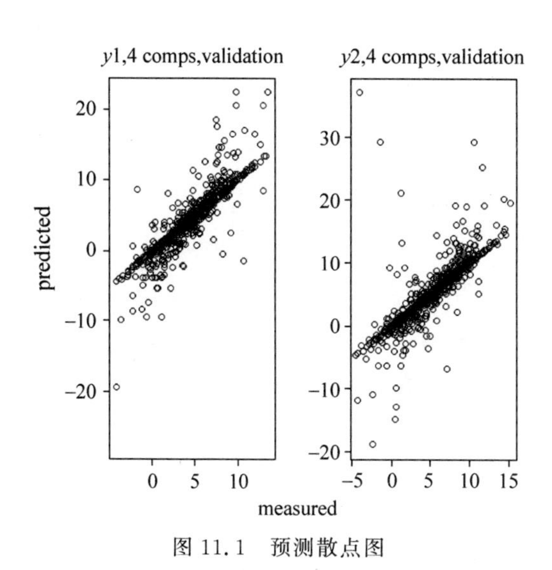

图 11.1 预测散点图

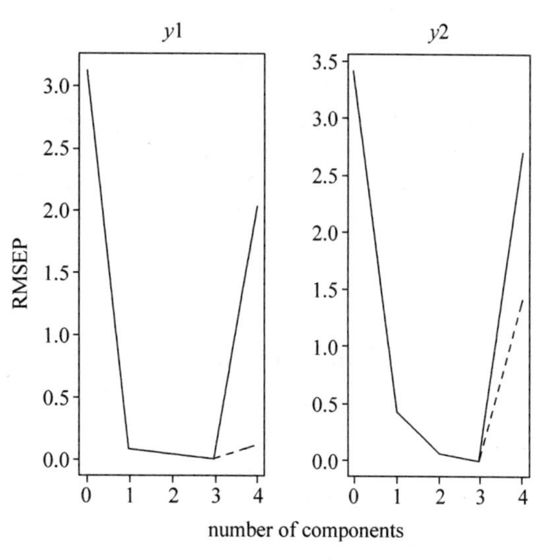

图 11.2 成分数对应的误差图

```
> plsreg = plsr(y~x, ncomp = 3, validation = "LOO", jackknife = TRUE)   # 设定 3 个成分个数.
> summary(plsreg)                                          # 估计结果显示.
Data:    X dimension: 1000 4
         Y dimension: 1000 2
Fit method: kernelpls
Number of components considered: 3
VALIDATION: RMSEP
Cross - validated using 1000 leave - one - out segments.
Response: y1
        (Intercept)  1 comps   2 comps    3 comps
CV          3.143    0.08567   0.03243   1.529e - 14
adjCV       3.143    0.08567   0.03243   2.502e - 14
Response: y2
        (Intercept)  1 comps  2 comps     3 comps
CV          3.433    0.4181   0.06922D   1.622e - 14
adjCV       3.433    0.4181   0.06922    2.242e - 14
TRAINING: % variance explained
    1 comps  2 comps  3 comps
X    74.88    98.82     100
y1   99.93    99.99     100
y2   98.52    99.96     100
```

其中,CV 即为不同主成分个数对应的 *PRESS*,adjcv 为调整后的 *PRESS*,其中 3 个成分时最小;“TRAINING:% variance explained”为主成分对各变量的累积贡献率,3 个成分时贡献率达到 100%。

```
> jack.test(plsreg)                                        # 系数显著性检验.
Response y1 (3 comps):
     Estimate Std. Error  Df     t value   Pr(>|t|)
x1 3.5426e - 01 6.2475e - 13 999 5.6705e + 11 < 2.2e - 16  ***
x2 5.8140e - 01 1.0361e - 12 999 5.6111e + 11 < 2.2e - 16  ***
x3 7.0853e - 01 4.9695e - 13 999 1.4258e + 12 < 2.2e - 16  ***
x4 5.2868e - 01 6.3540e - 13 999 8.3205e + 11 < 2.2e - 16  ***
```

```
---
Signif. codes:  0 '***' 0.001 '**' 0.01 '*' 0.05 '.' 0.1 ' ' 1
Response y2 (3 comps):
     Estimate Std. Error  Df      t value  Pr(>|t|)
x1 1.8295e-01 7.4881e-13 999 2.4432e+11 < 2.2e-16 ***
x2 6.7442e-01 1.1858e-12 999 5.6874e+11 < 2.2e-16 ***
x3 8.6589e-01 7.5354e-13 999 1.1491e+12 < 2.2e-16 ***
x4 5.8527e-01 1.3881e-12 999 4.2163e+11 < 2.2e-16 ***
---
Signif. codes:  0 '***' 0.001 '**' 0.01 '*' 0.05 '.' 0.1 ' ' 1
```

检验结果表明各自变量对因变量都具有显著性影响。

```
> coef(plsreg)                              #给出回归系数.
        y1        y2
x1 0.3542636 0.1829457
x2 0.5813953 0.6744186
x3 0.7085271 0.8658915
x4 0.5286822 0.5852713
```

结果得到回归方程：

$$y_1 = 0.3542636x_1 + 0.5813953x_2 + 0.70852716x_3 + 0.5286822x_4$$

$$y_2 = 0.1829457x_1 + 0.6744186x_2 + 0.8658915x_3 + 0.5852713x_4$$

```
#生成测试样本.
> t_mydata = mvrnorm(n = 1000, mu, sigma)        #产生 1000 个 3 维正态分布数据.
> t_x1 = t_mydata[,1]
> t_x2 = t_mydata[,2]
> t_x3 = t_mydata[,3]
> t_x4 = 0.2 * t_x1 + 0.3 * t_x2 + 0.4 * t_x3
> t_y1 = 0.3 * t_x1 + 0.5 * t_x2 + 0.6 * t_x3 + 0.8 * t_x4
> t_y2 = 0.2 * t_x1 + 0.7 * t_x2 + 0.9 * t_x3 + 0.5 * t_x4
> t_x = cbind(t_x1, t_x2, t_x3, t_x4)
> t_y = cbind(t_y1, t_y2)
> new = t_x
> pr = predict(plsreg, new, ncomp = 3, type = c("response", "scores"))   #采用 3 个成分对新样
本进行预测.
> m = length(t_y)
> sum((pr[,,1] - t_y)^2)/m                     #计算均方误差.
[1] 5.245457e-28
> pr = predict(plsreg, new, ncomp = 2, type = c("response", "scores"))   #采用两个成分数对新
样本进行预测.
> sum((pr[,,1] - t_y)^2)/m
[1] 0.002678842
```

采用两个成分预测时精度略有降低，采用 3 个成分预测时精度非常高。

第12章

深度神经网络

12.1 感知机

感知机(perceptron)是由美国心理学家 Rosenblatt 提出的,是神经网络与支持向量机的基础。

12.1.1 定义

输入空间(特征空间)$\boldsymbol{x}$,输出空间(类别)$y=1$ 或 -1。由输入空间到输出空间的映射为以下函数:

$$f(\boldsymbol{x})=\operatorname{sign}(\boldsymbol{w}\cdot\boldsymbol{x}+b)$$

称为感知机,其中,$\boldsymbol{w}$,b 为模型参数,$\boldsymbol{w}\cdot\boldsymbol{x}$ 表示 $\boldsymbol{w}$ 和 $\boldsymbol{x}$ 的内积,sign 是符号函数,sgn 是其简写。

12.1.2 基本思想

给定训练样本 $T=\{(\boldsymbol{x}_1,y_1),(\boldsymbol{x}_2,y_2),\cdots,(\boldsymbol{x}_n,y_n)\}$,假设训练数据集是线性可分的,感知机学习目标是能够将训练集正实例点和负实例点完全正确分开的分离超平面,从而求得感知机模型 $f(\boldsymbol{x})=\operatorname{sign}(\boldsymbol{w}\cdot\boldsymbol{x}+b)$,或者求出分类的超平面 $\boldsymbol{w}\cdot\boldsymbol{x}+b=0$,如图 12.1 所示。

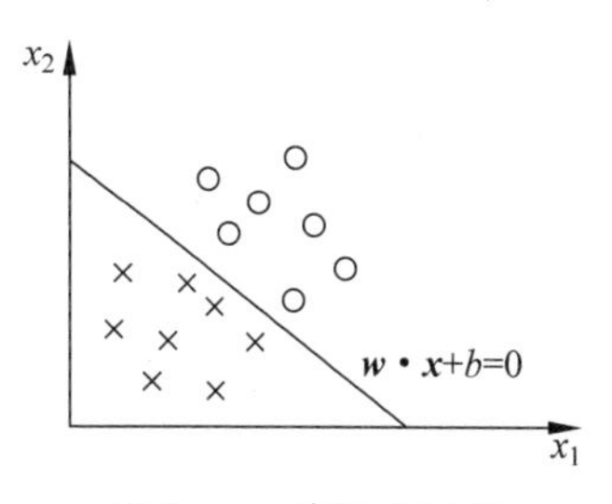

图 12.1 感知机模型

说明:分类超平面有无数多个或感知机模型有无数多个。

12.1.3 算法

(1) 梯度下降法

设目标函数为 $F(\boldsymbol{x})$,当前权值为 $\boldsymbol{w}(t)$,则:

$$\boldsymbol{w}(t+1)=\boldsymbol{w}(t)+\Delta\boldsymbol{w}(t)$$

期望调整后 $F[\boldsymbol{w}(t+1)]<F[\boldsymbol{w}(t)]$,$F[\boldsymbol{w}(t+1)]$的一阶泰勒展式为:

$$\begin{aligned}F[\boldsymbol{w}(t+1)]&=F[\boldsymbol{w}(t)+\Delta\boldsymbol{w}(t)]\\&\approx F[\boldsymbol{w}(t)]+\boldsymbol{g}^{\mathrm{T}}(t)\Delta\boldsymbol{w}(t)\end{aligned}$$

其中,$\boldsymbol{g}(t)=\nabla F[\boldsymbol{w}(t)]$(梯度矢量)。取 $\Delta\boldsymbol{w}(t)=-c\boldsymbol{g}(t)$,$0<c\leqslant 1$,保证迭代后的目标函数逐渐减小。

(2) 感知机学习算法

在感知机中,任意一点 $\boldsymbol{x}_0$ 到超平面的距离:

$$\frac{1}{\|\boldsymbol{w}\|}\mid \boldsymbol{w}\cdot\boldsymbol{x}_0+b\mid$$

对于误分类的数据$(\boldsymbol{x}_i,y_i)$有

$$-y_i(\boldsymbol{w}\cdot\boldsymbol{x}_i+b)>0$$

成立。因此,误分类点到超平面的距离为:

$$-\frac{1}{\|\boldsymbol{w}\|}y_i(\boldsymbol{w}\cdot\boldsymbol{x}_i+b)$$

这样,假设超平面的误分类点集合为 M,那么所有误分类点到超平面的总距离为:

$$-\frac{1}{\|\boldsymbol{w}\|}\sum_{\boldsymbol{x}_i\in M}y_i(\boldsymbol{w}\cdot\boldsymbol{x}_i+b)$$

不考虑$\frac{1}{\|\boldsymbol{w}\|}$,就得到感知机学习的目标函数(损失函数):

$$L(\boldsymbol{w},b)=-\sum_{\boldsymbol{x}_i\in M}y_i(\boldsymbol{w}\cdot\boldsymbol{x}_i+b)$$

损失函数的梯度由

$$\nabla_{w}L(\boldsymbol{w},b)=-\sum_{\boldsymbol{x}_i\in M}\boldsymbol{y}_i\boldsymbol{x}_i$$

$$\nabla_{b}L(\boldsymbol{w},b)=-\sum_{\boldsymbol{x}_i\in M}\boldsymbol{y}_i$$

给出。

若采用随机梯度下降算法,计算每个训练数据的误差并随机调整权重。随机选取一个误分类点$(\boldsymbol{x}_i,y_i)$,对 $\boldsymbol{w}$,b 进行更新:

$$\boldsymbol{w}\leftarrow\boldsymbol{w}+\eta y_i\boldsymbol{x}_i$$

$$b\leftarrow b+\eta y_i$$

算法步骤(原始形式):

输入:训练数据集和学习率 η。输出:$\boldsymbol{w}$,b。感知机模型为 $f(\boldsymbol{x})=\mathrm{sign}(\boldsymbol{w}\cdot\boldsymbol{x}+b)$。

(1) 选取初值 w_0,b_0;

(2) 在训练集中选取数据($\boldsymbol{x}_i,y_i$);

(3) 如果 $y_i(\boldsymbol{w}\cdot\boldsymbol{x}_i+b)\leqslant 0$

$$\boldsymbol{w}\leftarrow\boldsymbol{w}+\eta y_i\boldsymbol{x}_i$$

$$b\leftarrow b+\eta\boldsymbol{y}_i$$

(4) 转至(2),直到训练集中没有误分类点。

可以证明,对于线性可分数据集感知机学习算法原始形式收敛,即经过有限次迭代可以得到一个将训练数据集完全正确划分的分离超平面及感知机模型。

例 12.1 给定正实例点是 $\boldsymbol{x}_1=(3,3)^{\mathrm{T}}$,$\boldsymbol{x}_2=(4,3)^{\mathrm{T}}$ 和负实例点是 $\boldsymbol{x}_3=(1,1)^{\mathrm{T}}$,试用感知机学习算法的原始形式求感知机模型。这里,$\boldsymbol{w}=(w^{(1)},w^{(2)})$,$\boldsymbol{x}=(x^{(1)},x^{(2)})^{\mathrm{T}}$。$\eta=1$,初始值 $w_0=0,b_0=0$。

解:根据算法求解如下:

(1) 取初始值 $w_0=0,b_0=0$;

(2) 对于 $\boldsymbol{x}_1=(3,3)^{\mathrm{T}}$,$y_1(\boldsymbol{w}_0\cdot\boldsymbol{x}_1+b_0)=0$,未能被正确分类,更新 $\boldsymbol{w},b$

$$\boldsymbol{w}_1=w_0+y_1x_1=(3,3)^{\mathrm{T}},\quad b_1=b_0+y_1=1$$

得到线性模型:

$$\boldsymbol{w}_1\cdot\boldsymbol{x}+b_1=3x^{(1)}+3x^{(2)}+1$$

(3) 对 $\boldsymbol{x}_1,\boldsymbol{x}_2$,显然,$y_i(\boldsymbol{w}_1\cdot\boldsymbol{x}_i+b_1)>0$,被正确分类,不修改 $\boldsymbol{w},b$;

对 $\boldsymbol{x}_3=(1,1)^{\mathrm{T}}$,$y_3(\boldsymbol{w}_1\cdot\boldsymbol{x}_3+b_1)<0$,被误分类,更新 $\boldsymbol{w},b$。

$$\boldsymbol{w}_2=\boldsymbol{w}_1+y_3\boldsymbol{x}_3=(2,2)^{\mathrm{T}},\quad b_2=b_1+y_3=0$$

得到线性模型:

$$\boldsymbol{w}_2\cdot\boldsymbol{x}+b_2=2x^{(1)}+2x^{(2)}$$

如此继续下去,直到

$$\boldsymbol{w}_7=(1,1)^{\mathrm{T}},\quad b_7=-3$$

得到线性模型:

$$\boldsymbol{w}_7\cdot\boldsymbol{x}+b_7=x^{(1)}+x^{(2)}-3$$

此时,对所有数据点都正确分类,损失函数达到极小,分离超平面为:

$$x^{(1)}+x^{(2)}-3=0$$

感知机模型为:$f(\boldsymbol{x})=\mathrm{sign}(x^{(1)}+x^{(2)}-3)$。

12.2 人工神经网络的基本思想

12.2.1 神经元

在机器学习与认知识别领域中,人工神经网络是一类模拟生物神经网络(中枢神经网络,特别是大脑)的模型,用来预测(决策问题)或估计基于大量未知数据的函数模型。人工神经网络一般呈现为相互关联的“神经元”相互交换信息的系统。在神经元的连接中包含可根据经验调整的权重,使得神经网络可以自适应输入,并且拥有学习能力。

作为机器学习方法的一种,神经网络算法可以用来处理一系列传统方法无法处理或处理难度较大的问题,包括计算机视觉、语音识别等方面。

人工神经元模型的建立来源于生物神经元结构的仿生模拟,作为人工神经元模型应具备以下三个要素:

(1) 具有一组突触或连接,常用 w_{ij} 表示神经元 i 和神经元 j 之间的连接强度。

(2) 具有反映生物神经元时空整合功能的输入信号累加器 Σ。

(3) 具有一个激励函数 f 用于限制神经元输出。激励函数将输出信号限制在一个允许范围内。

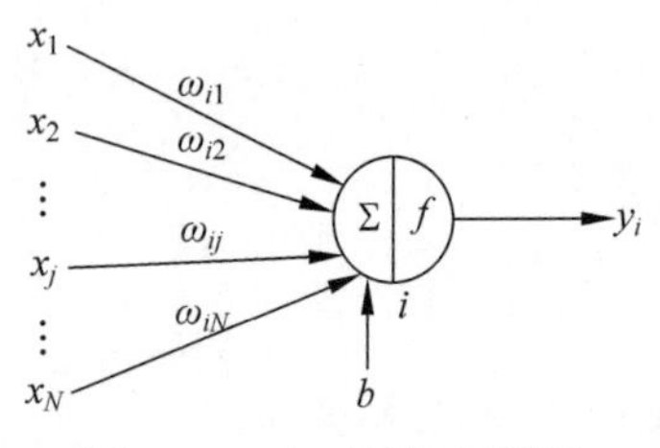

图 12.2 人工神经元模型

一个典型的人工神经元模型如图 12.2 所示。

其中 x_j 为神经元 i 的输入信号,w_{ij} 为连接权重,b 为偏置,f 为激励函数,y_i 为神经元的输出,其输出计算公式为:

$$y_i = f\left(\sum_{j=1}^{N} w_{ij}x_j + b\right)$$

若令 $\boldsymbol{w}_i = (w_{i1}, w_{i2}, \cdots, w_{iN})^{\mathrm{T}}, \boldsymbol{x} = (x_1, x_2, \cdots, x_N)^{\mathrm{T}}$,则上式可以写为:

$$y_i = f(\boldsymbol{w}_i^{\mathrm{T}}\boldsymbol{x} + b)$$

当激励函数取符号函数时,就称为感知机。

12.2.2 激活函数

(1) S 型函数

最常用的一种激活函数是 Logistic 函数(也称为 Sigmoid 函数):

$$f(x) = \frac{1}{1 + e^{-x}}$$

该函数的特点是:

$$f'(x) = f(x)(1 - f(x))$$

这在后面的误差反传算法中会用到。

(2) Tanh 函数

$$\tanh(x) = \frac{e^x - e^{-x}}{e^x + e^{-x}}$$

(3) 修正线性单元(Rectified Linear Unit,ReLU)

$$\mathrm{ReLU}(x) = \begin{cases} x, & x \geqslant 0 \\ 0, & x < 0 \end{cases}$$

该函数是目前深度神经网络中经常使用的激活函数,优点是简单、计算高效,且在一定程度上能缓解梯度消失问题。

还有其他一些激活函数,各有优势,请参见文献[4]。

12.3　前馈神经网络

12.3.1　网络结构

建立神经元模型后,将多个神经元进行连接即可建立人工神经网络模型。神经网络的类型多种多样,它们是从不同角度对生物神经系统不同层次的抽象和模拟。从功能特性和学习特性来分,典型的神经网络模型主要包括感知器、线性神经网络、BP 网络、径向基函数网络、自组织映射网络和反馈神经网络等。一般来说,当神经元模型确定后,一个神经网络的特性及其功能主要取决于网络的拓扑结构及学习方法。从网络拓扑结构角度来看,神经网络可以分为四种基本形式: 前向网络、有反馈的前向网络、层内互边前向网络和互连网络。

根据有无反馈,亦可将神经网络划分为无反馈网络和有反馈网络。无反馈网络为前馈神经网络(Feed Forward NNs,FFNNs),有反馈网络为递归神经网络(Recurrent NNs,RNNs)。图 12.3 为典型的四层前馈神经网络,本节介绍前馈神经网络的误差反传学习算法。

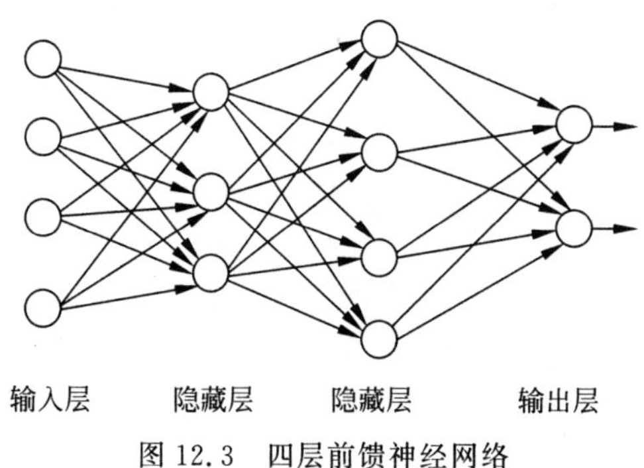

图 12.3　四层前馈神经网络

12.3.2　BP 算法

BP 算法(Back-Propagation Algorithm)称为误差反向传播算法,由正向传播和反向传播两部分组成。在正向传播过程中,输入信息从输入层经隐层单元处理后,传至输出层。每一层神经元的状态只影响下一层神经元的状态。当实际输出与期望输出不符时,进入误差的反向传播阶段。把误差通过输出层沿连接路径返回,按误差梯度下降的方式修正各层权值,向隐层、输入层逐层反传。周而复始的信息正向传播和误差反向传播过程,是各层权值不断调整的过程; 通过修改各层神经元之间的连接权值,也是神经网络学习训练的过程,此过程一直进行到网络输出的误差信号减少到可以接受的程度,或者预先设定的学习次数为止。

在前馈神经网络中,第 0 层称为输入层,最后一层称为输出层,其他中间层称为隐藏层,整个网络中无反馈。下面假设神经网络的层数为 L,令 M_l 表示第 l 层神经元的个数,$f_l(\cdot)$表示第 l 层神经元的激活函数,$\boldsymbol{W}^{(l)} \in \mathbf{R}^{M_l \times M_{l-1}}$ 表示第 $l-1$ 层到第 l 层的权重矩阵,$\boldsymbol{b}^{(l)} \in \mathbf{R}^{M_l \times 1}$ 表示第 $l-1$ 层到第 l 层的偏置,$\boldsymbol{z}^{(l)} \in \mathbf{R}^{M_l}$ 表示第 l 层神经元的净

输入(净活性值),$\boldsymbol{y}^{(l)} \in \mathbf{R}^{M_l}$ 表示第 l 层神经元的输出(活性值)。后面涉及的一维向量都默认列向量表示。

令 $\boldsymbol{y}^{(0)}=\boldsymbol{x}$,前馈神经网络通过不断迭代进行正向信息传播:

$$\boldsymbol{z}^{(l)}=\boldsymbol{W}^{(l)}\boldsymbol{y}^{(l-1)}+\boldsymbol{b}^{(l)} \tag{12.1}$$

$$\boldsymbol{y}^{(l)}=f_l(\boldsymbol{z}^{(l)}) \tag{12.2}$$

其中,$f_l(\boldsymbol{z}^{(l)})$为按位计算的函数。

$$\boldsymbol{x}=\boldsymbol{y}^{(0)} \to \boldsymbol{z}^{(1)} \to \boldsymbol{y}^{(1)} \to \boldsymbol{z}^{(2)} \to \cdots \to \boldsymbol{y}^{(L-1)} \to \boldsymbol{z}^{(L)} \to \boldsymbol{y}^{(L)} \Rightarrow \boldsymbol{y}=\varphi(\boldsymbol{x};\boldsymbol{W},\boldsymbol{b})$$

经过层层信息传递,得到网络最后的输出 $\boldsymbol{y}^{(L)}$,令 $\boldsymbol{y}^{(L)}=\boldsymbol{y}$,整个网络可以看成一个复合函数 $\boldsymbol{y}=\varphi(\boldsymbol{x};\boldsymbol{W},\boldsymbol{b})$,其中 $\boldsymbol{W},\boldsymbol{b}$ 表示网络中所有层的连接权重和偏置。

假定采用随机梯度下降法进行神经网络参数学习,给定一个样本$(\boldsymbol{x},\boldsymbol{y})$,将其输入到神经网络模型中,得到网络输出为$\hat{\boldsymbol{y}}$。假设损失函数为 $L(\boldsymbol{y},\hat{\boldsymbol{y}})$,进行参数学习就需要计算损失函数关于每个参数的导数。下面计算损失函数对第 l 层权值的偏导数$\frac{\partial L(\boldsymbol{y},\hat{\boldsymbol{y}})}{\partial w_{ij}^{(l)}}$和偏置的偏导数$\frac{\partial L(\boldsymbol{y},\hat{\boldsymbol{y}})}{\partial b_i^{(l)}}$。根据式(12.1)知:

$$z_i^{(l)}=\sum_{j=1}^{M_{l-1}} w_{ij}^{(l)} y_j^{(l-1)}+b_i^{(l)}$$

根据链式法则,

$$\frac{\partial L(\boldsymbol{y},\hat{\boldsymbol{y}})}{\partial w_{ij}^{(l)}}=\frac{\partial L(\boldsymbol{y},\hat{\boldsymbol{y}})}{\partial z_i^{(l)}}\frac{\partial z_i^{(l)}}{\partial w_{ij}^{(l)}}=\frac{\partial L(\boldsymbol{y},\hat{\boldsymbol{y}})}{\partial z_i^{(l)}}y_j^{(l-1)}, \quad i=1,2,\cdots,M_l, j=1,2,\cdots,M_{l-1}$$

记$$\frac{\partial L(\boldsymbol{y},\hat{\boldsymbol{y}})}{\partial \boldsymbol{W}^{(l)}}=\begin{bmatrix} \frac{\partial L(\boldsymbol{y},\hat{\boldsymbol{y}})}{\partial w_{11}^{(l)}} & \frac{\partial L(\boldsymbol{y},\hat{\boldsymbol{y}})}{\partial w_{12}^{(l)}} & \cdots & \frac{\partial L(\boldsymbol{y},\hat{\boldsymbol{y}})}{\partial w_{1M_{l-1}}^{(l)}} \\ \frac{\partial L(\boldsymbol{y},\hat{\boldsymbol{y}})}{\partial w_{21}^{(l)}} & \frac{\partial L(\boldsymbol{y},\hat{\boldsymbol{y}})}{\partial w_{22}^{(l)}} & \cdots & \frac{\partial L(\boldsymbol{y},\hat{\boldsymbol{y}})}{\partial w_{2M_{l-1}}^{(l)}} \\ \vdots & \vdots & & \vdots \\ \frac{\partial L(\boldsymbol{y},\hat{\boldsymbol{y}})}{\partial w_{M_l1}^{(l)}} & \frac{\partial L(\boldsymbol{y},\hat{\boldsymbol{y}})}{\partial w_{2M_{l2}}^{(l)}} & \cdots & \frac{\partial L(\boldsymbol{y},\hat{\boldsymbol{y}})}{\partial w_{M_lM_{l-1}}^{(l)}} \end{bmatrix}, \frac{\partial L(\boldsymbol{y},\hat{\boldsymbol{y}})}{\partial \boldsymbol{z}^{(l)}}=\begin{bmatrix} \frac{\partial L(\boldsymbol{y},\hat{\boldsymbol{y}})}{\partial z_1^{(l)}} \\ \frac{\partial L(\boldsymbol{y},\hat{\boldsymbol{y}})}{\partial z_2^{(l)}} \\ \vdots \\ \frac{\partial L(\boldsymbol{y},\hat{\boldsymbol{y}})}{\partial z_{M_l}^{(l)}} \end{bmatrix},$$

$\boldsymbol{y}^{(l-1)}=[y_1^{(l-1)},y_2^{(l-1)},\cdots,y_{M_{l-1}}^{(l-1)}]^{\mathrm{T}}$,于是有

$$\frac{\partial L(\boldsymbol{y},\hat{\boldsymbol{y}})}{\partial \boldsymbol{W}^{(l)}}=\frac{\partial L(\boldsymbol{y},\hat{\boldsymbol{y}})}{\partial \boldsymbol{z}^{(l)}}(\boldsymbol{y}^{(l-1)})^{\mathrm{T}} \tag{12.3}$$

$$\frac{\partial L(\boldsymbol{y},\hat{\boldsymbol{y}})}{\partial b_i^{(l)}}=\frac{\partial L(\boldsymbol{y},\hat{\boldsymbol{y}})}{\partial z_i^{(l)}}\frac{\partial z_i^{(l)}}{\partial b_i^{(l)}}=\frac{\partial L(\boldsymbol{y},\hat{\boldsymbol{y}})}{\partial z_i^{(l)}}$$

写成向量形式为:

$$\frac{\partial L(\boldsymbol{y},\hat{\boldsymbol{y}})}{\partial \boldsymbol{b}^{(l)}}=\frac{\partial L(\boldsymbol{y},\hat{\boldsymbol{y}})}{\partial \boldsymbol{z}^{(l)}}$$

令 $\delta_i^{(l)}=\frac{\partial L(\boldsymbol{y},\hat{\boldsymbol{y}})}{\partial z_i^{(l)}}$,表示第 l 层的神经元 i 对最终损失的影响。它是计算权值偏导

数的关键，也反映了最终损失对该神经元的敏感程度，因此一般称为该神经元的误差项，记

$$\boldsymbol{\delta}^{(l)}=\frac{\partial L(\boldsymbol{y},\hat{\boldsymbol{y}})}{\partial \boldsymbol{z}^{(l)}}=\begin{bmatrix}\frac{\partial L(\boldsymbol{y},\hat{\boldsymbol{y}})}{\partial z_1^{(l)}}\\ \frac{\partial L(\boldsymbol{y},\hat{\boldsymbol{y}})}{\partial z_2^{(l)}}\\ \vdots \\ \frac{\partial L(\boldsymbol{y},\hat{\boldsymbol{y}})}{\partial z_{M_l}^{(l)}}\end{bmatrix},\quad \frac{\partial L(\boldsymbol{y},\hat{\boldsymbol{y}})}{\partial \boldsymbol{y}^{(l)}}=\begin{bmatrix}\frac{\partial L(\boldsymbol{y},\hat{\boldsymbol{y}})}{\partial y_1^{(l)}}\\ \frac{\partial L(\boldsymbol{y},\hat{\boldsymbol{y}})}{\partial y_2^{(l)}}\\ \vdots \\ \frac{\partial L(\boldsymbol{y},\hat{\boldsymbol{y}})}{\partial y_{M_l}^{(l)}}\end{bmatrix}$$

(1) 输出层 L 的误差项计算

由于 $y_i^{(L)}=f_L(z_i^{(L)})$，因此 $\delta_i^{(L)}=\frac{\partial L(\boldsymbol{y},\hat{\boldsymbol{y}})}{\partial z_i^{(L)}}=\frac{\partial L(\boldsymbol{y},\hat{\boldsymbol{y}})}{\partial y_i^{(L)}}\frac{\partial y_i^{(L)}}{\partial z_i^{(L)}}=\frac{\partial L(\boldsymbol{y},\hat{\boldsymbol{y}})}{\partial y_i^{(L)}}f_L'(z_i^L)$，

所以

$$\boldsymbol{\delta}^{(L)}=\frac{\partial L(\boldsymbol{y},\hat{\boldsymbol{y}})}{\partial \boldsymbol{y}^{(L)}}\odot f_L'(\boldsymbol{z}^L)$$

其中$\odot$表示对应元素相乘。

(2) 中间各层的误差项计算

因为第 l 层的第 i 个神经元与第 $l+1$ 层的 M_{l+1} 个神经元都相连，并且有

$$z_k^{(l+1)}=\sum_{j=1}^{M_l}w_{kj}^{(l+1)}y_j^{(l)}+b_k^{(l+1)}=\sum_{j=1}^{M_l}w_{kj}^{(l+1)}f_l(z_j^{(l)})+b_k^{(l+1)},\quad k=1,2,\cdots,M_{l+1}$$

因此，

$$\delta_i^{(l)}=\frac{\partial L(\boldsymbol{y},\hat{\boldsymbol{y}})}{\partial z_i^{(l)}}=\sum_{k=1}^{M_{l+1}}\frac{\partial L(\boldsymbol{y},\hat{\boldsymbol{y}})}{\partial z_k^{(l+1)}}\frac{\partial z_k^{(l+1)}}{\partial z_i^{(l)}}=\sum_{k=1}^{M_{l+1}}\delta_k^{(l+1)}w_{ki}^{(l+1)}f_l'(z_i^{(l)}),\quad i=1,2,\cdots,M_l$$

写成向量形式：

$$\boldsymbol{\delta}^{(l)}=[(\boldsymbol{W}^{(l+1)})^{\mathrm{T}}\boldsymbol{\delta}^{(l+1)}]\odot f_l'(\boldsymbol{z}^{(l)})$$

于是

$$\frac{\partial L(\boldsymbol{y},\hat{\boldsymbol{y}})}{\partial \boldsymbol{W}^{(l)}}=\boldsymbol{\delta}^{(l)}(\boldsymbol{y}^{(l-1)})^{\mathrm{T}}$$

$$\frac{\partial L(\boldsymbol{y},\hat{\boldsymbol{y}})}{\partial \boldsymbol{b}^{(l)}}=\boldsymbol{\delta}^{(l)}$$

在计算出每一层的误差项之后，就可以得到每一层参数的梯度。因此，使用误差反向传播算法的前馈神经网络训练过程可以分为以下三步：

(1) 前馈计算每一层的净输入 $\boldsymbol{z}^{(l)}$ 和激活值 $\boldsymbol{y}^{(l)}=f_l(\boldsymbol{z}^l)$，直到最后一层；

(2) 反向传播计算每一层的误差项$\boldsymbol{\delta}^{(l)}$；

(3) 计算每一层参数的偏导数，并更新参数。

12.3.3 BP算法总结

$$\boldsymbol{\delta}^{(L)}=\frac{\partial L(\boldsymbol{y},\hat{\boldsymbol{y}})}{\partial \boldsymbol{y}^{(L)}}\odot f'_L(\boldsymbol{z}^L) \tag{BP1}$$

$$\boldsymbol{\delta}^{(l)}=[(\boldsymbol{W}^{(l+1)})^{\mathrm{T}}\boldsymbol{\delta}^{(l+1)}]\odot f'_l(\boldsymbol{z}^{(l)}) \tag{BP2}$$

$$\frac{\partial L(\boldsymbol{y},\hat{\boldsymbol{y}})}{\partial \boldsymbol{W}^{(l)}}=\boldsymbol{\delta}^{(l)}(\boldsymbol{y}^{(l-1)})^{\mathrm{T}} \tag{BP3}$$

$$\frac{\partial L(\boldsymbol{y},\hat{\boldsymbol{y}})}{\partial \boldsymbol{b}^{(l)}}=\boldsymbol{\delta}^{(l)} \tag{BP4}$$

12.4 自动编码器网络

最简单的自动编码器网络(AutoEncoder)是一个三层的反向传播神经网络,将输入映射到隐藏层上,再经过反变换映射到输出层上,实现输入输出的近似等价。隐藏层的映射可以看作是编码器的角色,输出层的映射可以看作是解码器的角色。

自动编码器的主要思想是利用无监督方式从数据集中提取有用的特征,以减少输入信息,保留数据中关键的有效信息。网络通过没有标签的数据学习到潜在的分布信息,有利于它区分有标签的信息。事实上,它是将输入数据也作为标签值使用。这种做法和主成分分析类似,不同的是,主成分分析是一种线性变换技术,神经网络由于有非线性的激活函数,是一种非线性变换,可以处理更复杂的数据。

训练时,先经过编码器得到编码后的向量,然后再通过解码器得到解码后的向量,用解码后的向量和原始输入向量计算重构误差。如果编码器的映射函数为 h,解码器的映射函数为 g,训练时优化的目标函数为:

$$\min \frac{1}{2l}\sum_{i=1}^{l}\|\boldsymbol{x}_i-g_{\theta'}(h_\theta(\boldsymbol{x}_i))\|_2^2$$

其中,l 为训练样本个数,θ 和 θ' 分别是编码器和解码器要确定的参数。训练可以采用反向传播算法和梯度下降法完成。

简单的自动编码器只有一个隐藏层,也可以采用多个隐藏层来表示编码器和解码器,以便提取更复杂的数据特征。

有一种改进的自动编码器称为去噪自动编码器(Denoising Auto-Encoder,DAE),是在训练样本中加入随机噪声,重构的目标是不含噪声的样本数据,用自动编码器学习得到的模型重构出来的数据可以去除噪声,获得没有被噪声污染的数据。具体操作时可以随机选择每个样本向量 x 的部分分量,并将其值置为 0,其他分量保持不变,得到的噪声数据向量为 $\tilde{x}$。训练时的优化目标为:

$$\min \frac{1}{2l}\sum_{i=1}^{l}\|\boldsymbol{x}_i-g_{\theta'}(h_\theta(\tilde{\boldsymbol{x}}_i))\|_2^2$$

还有一种改进的方式是在目标函数中加入稀疏性惩罚项,使得编码器的输出向量中各个分量的值尽可能接近 0,这样可以得到稀疏的编码结果,也称为稀疏自动编码器。

12.5　受限玻尔兹曼机

受限玻尔兹曼机(Resticted Boltzmann Machines,RBM)是一种随机神经网络,神经元的状态值是以一定的概率随机调整。受限玻尔兹曼机的变量(神经元)分为可见变量和隐变量,可见变量也称为可观测变量,隐变量是不可以观测的。可见变量和隐变量之间有连接,而可见变量和隐变量自身之间没有连接。可见变量可以看作神经网络的输入数据,如图像;隐变量可以看作是输入数据中提取的特征。可见变量和隐变量都是二元变量,即取值为0或1。一个简单的网络如图12.4所示,其中可见变量4个,隐变量3个。

神经元处于某种状态的概率分布采用玻尔兹曼分布,其定义如下:

$$P(X=x)=\frac{1}{z}\mathrm{e}^{-E(x)}$$

其中,$E(x)$是处于这种状态时的能量函数,z是归一化因子,保证这是一个概率分布。系统处于这种状态的能量越高,则处于这种状态的概率越低;反之,能量越低则处于这种状态的概率越大。因此,系统从高能量状态转向低能量状态才能稳定下来。

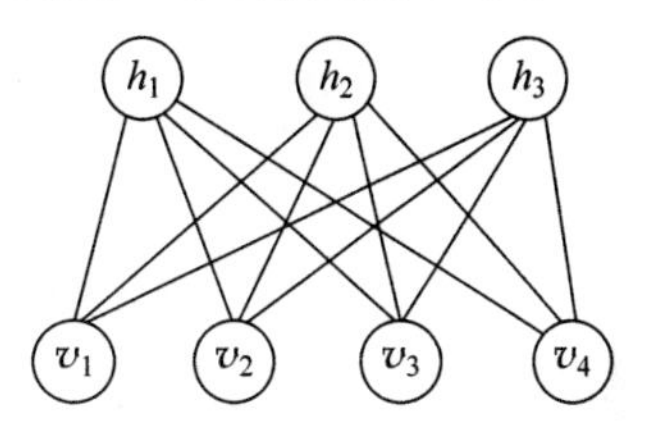

图12.4　受限玻尔兹曼机

设可见变量有n个,用随机向量$\boldsymbol{v}=(v_1,v_2,\cdots,v_n)^{\mathrm{T}}$表示;设隐变量有$m$个,用$\boldsymbol{h}=(h_1,h_2,\cdots,h_m)^{\mathrm{T}}$表示;设权重矩阵$\boldsymbol{W}\in\mathbf{R}^{n\times m}$,其中每个元素$w_{ij}$表示可观测变量$v_i$和隐变量$h_j$之间的权重;设$\boldsymbol{a}\in\mathbf{R}^n$和$\boldsymbol{b}\in\mathbf{R}^m$,分别表示可观测变量和隐变量的偏置,其中$a_i$为$v_i$的偏置,$b_j$是$h_j$的偏置。

受限玻尔兹曼机的能量函数定义为:

$$\begin{aligned}E(\boldsymbol{v},\boldsymbol{h})&=-\sum_{i=1}^{n}\sum_{j=1}^{m}v_iw_{ij}h_j-\sum_{i=1}^{n}a_iv_i-\sum_{j=1}^{m}b_jh_j\\&=-\boldsymbol{v}^{\mathrm{T}}\boldsymbol{W}\boldsymbol{h}-\boldsymbol{a}^{\mathrm{T}}\boldsymbol{v}-\boldsymbol{b}^{\mathrm{T}}\boldsymbol{h}\end{aligned}$$

受限玻尔兹曼机的联合概率分布定义为:

$$P(V=\boldsymbol{v},H=\boldsymbol{h})=p(\boldsymbol{v},\boldsymbol{h})=\frac{1}{Z}\exp(-E(\boldsymbol{v},\boldsymbol{h}))$$

其中$Z=\sum_{\boldsymbol{v}\boldsymbol{h}}\exp(-E(\boldsymbol{v},\boldsymbol{h}))$为配分函数。

给定可见变量的值,需要根据联合概率分布得到隐变量的条件概率。先根据联合分布$p(\boldsymbol{v},\boldsymbol{h})=\frac{1}{Z}\exp(-E(\boldsymbol{v},\boldsymbol{h}))$,求边际分布$p(\boldsymbol{v})$。

$$\begin{aligned}p(\boldsymbol{v})&=\sum_{\boldsymbol{h}}p(\boldsymbol{v},\boldsymbol{h})\\&=\sum_{\boldsymbol{h}}\frac{1}{Z}\exp(-E(\boldsymbol{v},\boldsymbol{h}))\\&=\frac{1}{Z}\sum_{\boldsymbol{h}}\exp(\boldsymbol{a}^{\mathrm{T}}\boldsymbol{v}+\sum_{i=1}^{n}\sum_{j=1}^{m}v_iw_{ij}h_j+\sum_{j=1}^{m}b_jh_j)\end{aligned}$$

$$
\begin{aligned}
&= \frac{\exp(\boldsymbol{a}^{\mathrm{T}}\boldsymbol{v})}{Z}\sum_{\boldsymbol{h}}\exp\left(\sum_{i=1}^{n}\sum_{j=1}^{m}v_i w_{ij}h_j + \sum_{j=1}^{m}b_j h_j\right) \\
&= \frac{\exp(\boldsymbol{a}^{\mathrm{T}}\boldsymbol{v})}{Z}\sum_{\boldsymbol{h}}\exp\left[\sum_{j=1}^{m}h_j\left(\sum_{i=1}^{n}v_i w_{ij} + b_j\right)\right] \\
&= \frac{\exp(\boldsymbol{a}^{\mathrm{T}}\boldsymbol{v})}{Z}\sum_{h}\prod_{j=1}^{m}\exp\left[h_j\left(\sum_{i=1}^{n}v_i w_{ij} + b_j\right)\right] \\
&= \frac{\exp(\boldsymbol{a}^{\mathrm{T}}\boldsymbol{v})}{Z}\sum_{h_1\in\{0,1\}}\sum_{h_2\in\{0,1\}}\cdots\sum_{h_m\in\{0,1\}}\prod_{j=1}^{m}\exp\left[h_j\left(\sum_{i=1}^{n}v_i w_{ij} + b_j\right)\right] \\
&= \frac{\exp(\boldsymbol{a}^{\mathrm{T}}\boldsymbol{v})}{Z}\prod_{j=1}^{m}\sum_{h_j\in\{0,1\}}\exp\left[h_j\left(\sum_{i=1}^{n}v_i w_{ij} + b_j\right)\right] \\
&= \frac{\exp(\boldsymbol{a}^{\mathrm{T}}\boldsymbol{v})}{Z}\prod_{j=1}^{m}\left[1 + \exp\left(\sum_{i=1}^{n}v_i w_{ij} + b_j\right]\right.
\end{aligned}
$$

固定 $h_k=1$ 时，$p(h_k=1,\boldsymbol{v})$ 的边际概率为：

$$
\begin{aligned}
p(h_k = 1,\boldsymbol{v}) &= \frac{1}{Z}\sum_{\boldsymbol{h},h_k=1}\exp(-E(\boldsymbol{v},\boldsymbol{h})) \\
&= \frac{\exp(\boldsymbol{a}^{\mathrm{T}}\boldsymbol{v})}{Z}\left\{\prod_{j\neq k}\sum_{h_j\in\{0,1\}}\exp\left[h_j\left(\sum_{i=1}^{n}v_i w_{ij} + b_j\right)\right]\right\}\sum_{h_k=1}\exp\left[h_k\left(\sum_{i=1}^{n}v_i w_{ik} + b_k\right)\right] \\
&= \frac{\exp(\boldsymbol{a}^{\mathrm{T}}\boldsymbol{v})}{Z}\left\{\prod_{j\neq k}\left[1+\exp\left(\sum_{i=1}^{n}v_i w_{ij} + b_j\right)\right]\right\}\exp\left(\sum_{i=1}^{n}v_i w_{ik} + b_k\right)
\end{aligned}
$$

于是，已知可见变量的值时某一个隐变量的值取 1 的概率为：

$$
p(h_k = 1 \mid \boldsymbol{v}) = \frac{p(h_k = 1,\boldsymbol{v})}{p(\boldsymbol{v})} = \frac{\exp\left(\sum_{i=1}^{n}v_i w_{ik} + b_k\right)}{1 + \exp\left(\sum_{i=1}^{n}v_i w_{ik} + b_k\right)} = \sigma\left(\sum_{i=1}^{n}v_i w_{ik} + b_k\right)
$$

其中，σ 为 sigmoid 函数。

同理，可见变量的条件概率为：

$$
p(v_i = 1 \mid \boldsymbol{h}) = \frac{\exp\left(\sum_{j=1}^{m}w_{ij}h_j + a_i\right)}{1 + \exp\left(\sum_{j=1}^{m}w_{ij}h_j + a_i\right)} = \sigma\left(\sum_{j=1}^{m}w_{ij}h_j + a_i\right)
$$

由于能量函数是参数的线性函数，因此容易得到能量函数的导数，例如

$$
\frac{\partial E(\boldsymbol{v},\boldsymbol{h})}{\partial w_{ij}} = -v_i h_j
$$

受限玻尔兹曼机常用"对比散度"(Contrastive Divergence，CD)算法进行训练。对每个训练样本$\boldsymbol{v}$，先根据隐节点的条件概率采样得到 $\boldsymbol{h}$，然后根据可见节点的条件概率分布从 $\boldsymbol{h}$ 产生$\boldsymbol{v}'$，再从$\boldsymbol{v}'$产生 $\boldsymbol{h}'$。权值的更新公式为：

$$
\Delta\boldsymbol{W} = \eta(\boldsymbol{v}\boldsymbol{h}^{\mathrm{T}} - \boldsymbol{v}'\boldsymbol{h}'^{\mathrm{T}})
$$

最后得到隐藏层的状态值就是提取出来的特征向量，由此可以看出受限玻尔兹曼机是一种随机性的方法。

12.6 深度置信网络

深度置信网络(Deep Belief Net,DBN)是拥有深层架构的前馈神经网络，其中包含多个隐藏层，而使用DBN的障碍在于如何训练这样的深层网络。通常情况下，由于网络权值的随机初始化，基于梯度的优化容易陷入局部最小值。Hinton等提出了一种新的贪婪逐层非监督算法来初始化基于受限玻尔兹曼机的DBN。这个算法提供了网络权值的初始化方法，随后使用基于梯度的算法如梯度下降法来微调网络权值。

12.7 卷积神经网络

卷积神经网络(Convolutional Neural Network,CNN或ConvNet)是一种具有局部连接、权重共享的深层前馈神经网络，适用于处理图像信息，能够克服全连接网络的参数太多缺点。卷积神经网络一般是由卷积层、汇聚层和全连接层交叉堆叠而成的前馈神经网络。

12.7.1 卷积

1. 一维卷积

设 $\boldsymbol{X}\in\mathbf{R}^N$，$\boldsymbol{W}\in\mathbf{R}^U$，其卷积为：

$$y_i=\sum_{u=1}^{U}w_u x_{i+u-1},\quad i=1,2,\cdots,N-U+1$$

2. 二维卷积

给定一个图像 $\boldsymbol{X}\in\mathbf{R}^{M\times N}$ 和一个卷积核 $\boldsymbol{W}\in\mathbf{R}^{U\times V}$，一般 $U\ll M,V\ll N$，其卷积为：

$$y_{ij}=\sum_{u=1}^{U}\sum_{v=1}^{V}w_{uv}x_{i+u-1,j+v-1}$$

记为：

$$\boldsymbol{Y}=\boldsymbol{W}\otimes\boldsymbol{X}$$

卷积结果图像 Y 的尺寸为 $(M-U+1)\times(N-V+1)$。例如，

$$\begin{bmatrix}x_{11} & x_{12} & x_{13}\\ x_{21} & x_{22} & x_{23}\\ x_{31} & x_{32} & x_{33}\end{bmatrix}\otimes\begin{bmatrix}w_{11} & w_{12}\\ w_{21} & w_{22}\end{bmatrix}$$

$$=\begin{bmatrix}x_{11}w_{11}+x_{12}w_{12}+x_{21}w_{21}+x_{22}w_{22} & x_{12}w_{11}+x_{13}w_{12}+x_{22}w_{21}+x_{23}w_{22}\\ x_{21}w_{11}+x_{22}w_{12}+x_{31}w_{21}+x_{32}w_{22} & x_{22}w_{11}+x_{23}w_{12}+x_{32}w_{21}+x_{33}w_{22}\end{bmatrix}$$

12.7.2 池化

通过卷积操作,完成对输入图像的降维和特征提取,但特征图像的维数还是很高。为此,引入了下采样技术,也称为池化(Pooling)操作。基本的池化操作是对图像的某一个区域用一个值代替,如最大值池化或平均值池化。

$$\begin{bmatrix} \begin{bmatrix} 13 & 9 \\ 2 & 5 \end{bmatrix} & \begin{bmatrix} 7 & 5 \\ 8 & 10 \end{bmatrix} \\ \begin{bmatrix} 6 & 12 \\ 5 & 9 \end{bmatrix} & \begin{bmatrix} 15 & 7 \\ 2 & 3 \end{bmatrix} \end{bmatrix} \xrightarrow{\text{最大池化}} \begin{bmatrix} 13 & 10 \\ 12 & 15 \end{bmatrix}$$

$$\begin{bmatrix} \begin{bmatrix} 1 & 2 \\ 4 & 5 \end{bmatrix} & \begin{bmatrix} 3 & 2 \\ 4 & 7 \end{bmatrix} \\ \begin{bmatrix} 1 & 3 \\ 2 & 2 \end{bmatrix} & \begin{bmatrix} 4 & 7 \\ 3 & 2 \end{bmatrix} \end{bmatrix} \xrightarrow{\text{平均值池化}} \begin{bmatrix} 3 & 4 \\ 2 & 4 \end{bmatrix}$$

12.7.3 全连接层

卷积神经网络的正向传播算法和全连接网络类似,只不过输入的是二维或者更高维的图像,输入数据依次经过每个层,最后产生输出。卷积层、池化层的正向传播计算方法如前所述,全连接层如前述的前馈网络,结合全连接层的正向传播方法,可以得到整个卷积神经网络的正向传播算法,如图 12.5 所示。

输入图像 → 卷积层 → 池化层 → 全连接层 → 输出层

图 12.5　一个简单的卷积神经网络

12.7.4 训练算法

在全连接网络中,权重和偏置通过反向传播算法训练得到,卷积网络的训练同样使用这种算法。反向传播算法的关键是计算误差项的值,全连接层的反向传播算法前面已经给出,下面重点介绍卷积层、池化层的反向传播实现。

1. 全连接层的误差项反向传播

$$\boldsymbol{\delta}^{(l)} = [(\boldsymbol{W}^{(l+1)})^{\mathrm{T}} \boldsymbol{\delta}^{(l+1)}] \odot f_l'(\boldsymbol{z}^{(l)})$$

根据误差项计算权重梯度值的公式为:

$$\frac{\partial L(\boldsymbol{y}, \hat{\boldsymbol{y}})}{\partial \boldsymbol{W}^{(l)}} = \boldsymbol{\delta}^{(l)} (\boldsymbol{y}^{(l-1)})^{\mathrm{T}}$$

2. 池化层的误差项反向传播

池化层没有权重和偏置项,因此不用计算本层参数的偏导数,所要做的是将误差传播到前一层。当第 l 层是池化层时,因为池化层是下采样操作,l 层的每个神经元的误差项 $\boldsymbol{\delta}$ 对应于第 $l-1$ 层的相应特征映射的一个区域。假设下采样层的输入图像是 $\boldsymbol{y}^{(l-1)}$,输

出图像为 $\boldsymbol{y}^{(l)}$，这种变换定义为：

$$\boldsymbol{y}^{(l)}=\mathrm{down}(\boldsymbol{y}^{(l-1)})$$

在反向传播时，接受的误差是$\boldsymbol{\delta}^{(l)}$，尺寸和 $\boldsymbol{y}^{(l)}$ 相同，传递出去的误差是$\boldsymbol{\delta}^{(l-1)}$，尺寸和 $\boldsymbol{y}^{(l-1)}$ 相同。与下采样相反，采用上采样计算误差项：

$$\boldsymbol{\delta}^{(l-1)}=up(\boldsymbol{\delta}^{(l)})$$

假设对 $s\times s$ 块进行池化，在反向传播时要将$\boldsymbol{\delta}^{(l)}$的一个误差项值扩展为$\boldsymbol{\delta}^{(l-1)}$的对应位置的 $s\times s$ 个误差项值。如果是均值池化，则变换函数为：

$$y=\frac{1}{s\times s}\sum_{i=1}^{s\times s}x_i$$

其中，x_i 为池化操作的 $s\times s$ 子图像块的像素，y 是池化输出像素值。假设损失函数对输出像素的偏导数为 $\delta=\frac{\partial L}{\partial y}$，则

$$\frac{\partial L}{\partial x_i}=\frac{\partial L}{\partial y}\frac{\partial y}{\partial x_i}=\frac{1}{s\times s}\delta$$

因此，由$\boldsymbol{\delta}^{(l)}$得到$\boldsymbol{\delta}^{(l-1)}$的方法是将$\boldsymbol{\delta}^{(l)}$的每一个元素都扩充为 $s\times s$ 个元素：

$$\begin{bmatrix}\frac{\delta}{s\times s} & \cdots & \frac{\delta}{s\times s}\\ \vdots & & \vdots\\ \frac{\delta}{s\times s} & \cdots & \frac{\delta}{s\times s}\end{bmatrix}$$

假设为最大值池化，则变换函数为：

$$y=\max(x_1,x_2,\cdots,x_{s\times s})=x_t$$

则

$$\frac{\partial L}{\partial x_i}=\frac{\partial L}{\partial y}\frac{\partial y}{\partial x_i}=\delta\frac{\partial y}{\partial x_i}=\begin{cases}\delta, & i=t\\ 0, & i\neq t\end{cases}$$

因此，在进行反向传播时需要记住最大值的位置，除了最大位置元素的误差项为 δ 外，其他都为 0。

3. 卷积层的误差项反向传播

卷积层的正向传播计算公式为：

$$y_{ij}^{(l)}=f_l(z_{ij}^{(l)})=f_l\left(\sum_{u=1}^{U}\sum_{v=1}^{V}y_{i+u-1,j+v-1}^{(l-1)}w_{uv}^{(l)}+b^{(l)}\right)$$

和全连接网络不同的是，卷积核要作用于同一个图像的多个不同位置。根据链式法则，损失函数对第 l 层卷积核的偏导数为：

$$\frac{\partial L}{\partial w_{uv}^{(l)}}=\sum_i\sum_j\left(\frac{\partial L}{\partial y_{ij}^{(l)}}\frac{\partial y_{ij}^{(l)}}{\partial w_{uv}^{(l)}}\right)=\sum_i\sum_j\left(\frac{\partial L}{\partial y_{ij}^{(l)}}\frac{\partial y_{ij}^{(l)}}{\partial z_{ij}^{(l)}}\frac{\partial z_{ij}^{(l)}}{\partial w_{uv}^{(l)}}\right)$$

其中，

$$\frac{\partial y_{ij}^{(l)}}{\partial z_{ij}^{(l)}}=f_l'(z_{ij}^{(l)})$$

$$\frac{\partial z_{ij}^{(l)}}{\partial w_{uv}^{(l)}}=\frac{\partial\left(\sum_{u=1}^{U}\sum_{v=1}^{V} y_{i+u-1,j+v-1}^{(l-1)} w_{uv}^{(l)}+b^{(l)}\right)}{\partial w_{uv}^{(l)}}=y_{i+u-1,j+v-1}^{(l-1)}$$

所以，$\frac{\partial L}{\partial w_{uv}^{(l)}}=\sum_i\sum_j\left(\frac{\partial L}{\partial y_{ij}^{(l)}}\frac{\partial y_{ij}^{(l)}}{\partial w_{uv}^{(l)}}\right)=\sum_i\sum_j\left(\frac{\partial L}{\partial y_{ij}^{(l)}}f_l'(z_{ij}^{(l)})y_{i+u-1,j+v-1}^{(l-1)}\right)$。

同理，

$$\frac{\partial L}{\partial b^{(l)}}=\sum_i\sum_j\left(\frac{\partial L}{\partial y_{ij}^{(l)}}\frac{\partial y_{ij}^{(l)}}{\partial b^{(l)}}\right)=\sum_i\sum_j\left(\frac{\partial L}{\partial y_{ij}^{(l)}}\frac{\partial y_{ij}^{(l)}}{\partial z_{ij}^{(l)}}\frac{\partial z_{ij}^{(l)}}{\partial b^{(l)}}\right)=\sum_i\sum_j\left(\frac{\partial L}{\partial y_{ij}^{(l)}}f_l'(z_{ij}^{(l)})\right)$$

和全连接层的计算方式类似，同样可以定义误差项为：

$$\delta_{ij}^{(l)}=\frac{\partial L}{\partial z_{ij}^{(l)}}=\frac{\partial L}{\partial y_{ij}^{(l)}}\frac{\partial y_{ij}^{(l)}}{\partial z_{ij}^{(l)}}=\frac{\partial L}{\partial y_{ij}^{(l)}}f_l'(z_{ij}^{(l)})$$

于是有

$$\frac{\partial L}{\partial w_{uv}^{(l)}}=\sum_i\sum_j\left(\frac{\partial L}{\partial y_{ij}^{(l)}}\frac{\partial y_{ij}^{(l)}}{\partial w_{uv}^{(l)}}\right)=\sum_i\sum_j(\delta_{ij}^{(l)}y_{i+u-1,j+v-1}^{(l-1)})$$

$$\frac{\partial L}{\partial b^{(l)}}=\sum_i\sum_j\left(\frac{\partial L}{\partial y_{ij}^{(l)}}f_l'(z_{ij}^{(l)})\right)=\sum_i\sum_j(\delta_{ij}^{(l)})$$

令

$$\boldsymbol{\delta}^{(l)}=\begin{bmatrix}\delta_{11}^{(l)} & \cdots & \delta_{1m}^{(l)}\\ \vdots & & \vdots\\ \delta_{n1}^{(l)} & \cdots & \delta_{nm}^{(l)}\end{bmatrix}$$

其尺寸和卷积输出图像尺寸相同，因此

$$\frac{\partial L}{\partial w_{uv}^{(l)}}=\sum_i\sum_j\left(\frac{\partial L}{\partial y_{ij}^{(l)}}\frac{\partial y_{ij}^{(l)}}{\partial w_{uv}^{(l)}}\right)=\sum_i\sum_j(\delta_{ij}^{(l)}y_{i+u-1,j+v-1}^{(l-1)})$$

可以看成一个卷积操作，$\boldsymbol{\delta}^{(l)}$充当卷积核，$\boldsymbol{y}^{(l-1)}$则充当输入图像。

为了便于理解，下面举一个简单的例子说明，假设卷积核矩阵为：

$$\begin{bmatrix}w_{11} & w_{12} & w_{13}\\ w_{21} & w_{22} & w_{23}\\ w_{31} & w_{32} & w_{33}\end{bmatrix}$$

输入图像为：

$$\begin{bmatrix}y_{11} & y_{12} & y_{13} & y_{14}\\ y_{21} & y_{22} & y_{23} & y_{24}\\ y_{31} & y_{32} & y_{33} & y_{34}\\ y_{41} & y_{42} & y_{43} & y_{44}\end{bmatrix}$$

卷积产生的输出图像为U，这里假设只进行了卷积和加偏置项的操作，未使用激活函数：

$$\begin{bmatrix} z_{11} & z_{12} \\ z_{21} & z_{22} \end{bmatrix}$$

对应的误差项矩阵$\boldsymbol{\delta}$ 为：

$$\begin{bmatrix} \delta_{11} & \delta_{12} \\ \delta_{21} & \delta_{22} \end{bmatrix}$$

根据

$$\frac{\partial L}{\partial w_{uv}^{(l)}} = \sum_i \sum_j \left(\frac{\partial L}{\partial y_{ij}^{(l)}} \frac{\partial y_{ij}^{(l)}}{\partial w_{uv}^{(l)}} \right) = \sum_i \sum_j (\delta_{ij}^{(l)} y_{i+u-1,j+v-1}^{(l-1)})$$

可以计算损失函数对卷积核各个元素的偏导数，为了表示方便略去层标识 l：

$$\frac{\partial L}{\partial w_{11}} = \delta_{11} y_{11} + \delta_{12} y_{12} + \delta_{21} y_{21} + \delta_{22} y_{22}$$

$$\frac{\partial L}{\partial w_{12}} = \delta_{11} y_{12} + \delta_{12} y_{13} + \delta_{21} y_{22} + \delta_{22} y_{23}$$

$$\frac{\partial L}{\partial w_{13}} = \delta_{11} y_{13} + \delta_{12} y_{14} + \delta_{21} y_{23} + \delta_{22} y_{24}$$

$$\frac{\partial L}{\partial w_{21}} = \delta_{11} y_{21} + \delta_{12} y_{22} + \delta_{21} y_{31} + \delta_{22} y_{32}$$

其他的类推。于是损失函数对卷积核的偏导数就是输入图像矩阵与误差项矩阵的卷积：

$$\begin{bmatrix} y_{11} & y_{12} & y_{13} & y_{14} \\ y_{21} & y_{22} & y_{23} & y_{24} \\ y_{31} & y_{32} & y_{33} & y_{34} \\ y_{41} & y_{42} & y_{43} & y_{44} \end{bmatrix} \otimes \begin{bmatrix} \delta_{11} & \delta_{12} \\ \delta_{21} & \delta_{22} \end{bmatrix}$$

于是写成矩阵形式为：

$$\frac{\partial L}{\partial \mathbf{W}^{(l)}} = \boldsymbol{y}^{(l-1)} \otimes \boldsymbol{\delta}^{(l)}$$

如果卷积层后面是全连接层，按照全连接层的方式可以从后面的层的误差得到$\boldsymbol{\delta}^{(l)}$。如果后面是池化层，可以按照池化层的方式得到$\boldsymbol{\delta}^{(l)}$。下面的问题是如何将卷积层的误差项$\boldsymbol{\delta}^{(l)}$传递到上一层的误差项$\boldsymbol{\delta}^{(l-1)}$，尺寸和卷积输入图像相同。

根据定义：

$$\delta_{ij}^{(l)} = \frac{\partial L}{\partial z_{ij}^{(l)}} = \frac{\partial L}{\partial y_{ij}^{(l)}} \frac{\partial y_{ij}^{(l)}}{\partial z_{ij}^{(l)}}$$

$$\delta_{ij}^{(l-1)} = \frac{\partial L}{\partial z_{ij}^{(l-1)}} = \frac{\partial L}{\partial y_{ij}^{(l-1)}} \frac{\partial y_{ij}^{(l-1)}}{\partial z_{ij}^{(l-1)}}$$

采用下面的例子说明，正向传播时的卷积运算为：

$$\begin{bmatrix} z_{11} & z_{12} \\ z_{21} & z_{22} \end{bmatrix}^{(l)} = \begin{bmatrix} y_{11} & y_{12} & y_{13} \\ y_{21} & y_{22} & y_{23} \\ y_{31} & y_{32} & y_{33} \end{bmatrix}^{(l-1)} \otimes \begin{bmatrix} w_{11} & w_{12} \\ w_{21} & w_{22} \end{bmatrix}^{(l)} + \begin{bmatrix} b & b \\ b & b \end{bmatrix}^{(l)}$$

略去层标识 l，于是有

$$z_{11}=y_{11}w_{11}+y_{12}w_{12}+y_{21}w_{21}+y_{22}w_{22}+b$$
$$z_{12}=y_{12}w_{11}+y_{13}w_{12}+y_{22}w_{21}+y_{23}w_{22}+b$$
$$z_{21}=y_{21}w_{11}+y_{22}w_{12}+y_{31}w_{21}+y_{32}w_{22}+b$$
$$z_{22}=y_{22}w_{11}+y_{23}w_{12}+y_{32}w_{21}+y_{33}w_{22}+b$$

根据定义：

$$\delta_{ij}^{(l-1)}=\frac{\partial L}{\partial z_{ij}^{(l-1)}}=\frac{\partial L}{\partial y_{ij}^{(l-1)}}\frac{\partial y_{ij}^{(l-1)}}{\partial z_{ij}^{(l-1)}}=\frac{\partial L}{\partial y_{ij}^{(l-1)}}f'_{l-1}(z_{ij}^{(l-1)})=\left(\sum_u\sum_v\frac{\partial L}{\partial z_{uv}^{(l)}}\frac{\partial z_{uv}^{(l)}}{\partial y_{ij}^{(l-1)}}\right)f'_{l-1}(z_{ij}^{(l-1)})$$
$$=\left(\sum_u\sum_v\delta_{uv}^{(l)}\frac{\partial z_{uv}^{(l)}}{\partial y_{ij}^{(l-1)}}\right)f'_{l-1}(z_{ij}^{(l-1)})$$

因此

$$\delta_{11}^{(l-1)}=\left(\sum_u\sum_v\delta_{uv}^{(l)}\frac{\partial z_{uv}^{(l)}}{\partial y_{11}^{(l-1)}}\right)f'_{l-1}(z_{11}^{(l-1)})$$

又因为

$$\frac{\partial z_{11}^{(l)}}{\partial y_{11}}=w_{11},\quad \frac{\partial z_{12}^{(l)}}{\partial y_{11}}=0,\quad \frac{\partial z_{21}^{(l)}}{\partial y_{11}}=0,\quad \frac{\partial z_{22}^{(l)}}{\partial y_{11}}=0$$

所以

$$\delta_{11}^{(l-1)}=(\delta_{11}^{(l)}w_{11})f'_{l-1}(z_{11}^{(l-1)})$$

类似

$$\delta_{12}^{(l-1)}=\left(\sum_u\sum_v\delta_{uv}^{(l)}\frac{\partial z_{uv}^{(l)}}{\partial y_{12}^{(l-1)}}\right)f'_{l-1}(z_{12}^{(l-1)})=(\delta_{11}^{(l)}w_{12}+\delta_{12}^{(l)}w_{11})f'_{l-1}(z_{12}^{(l-1)})$$

$$\delta_{13}^{(l-1)}=\left(\sum_u\sum_v\delta_{uv}^{(l)}\frac{\partial z_{uv}^{(l)}}{\partial y_{13}^{(l-1)}}\right)f'_{l-1}(z_{13}^{(l-1)})=(\delta_{12}^{(l)}w_{12})f'_{l-1}(z_{13}^{(l-1)})$$

$$\delta_{21}^{(l-1)}=\left(\sum_u\sum_v\delta_{uv}^{(l)}\frac{\partial z_{uv}^{(l)}}{\partial y_{21}^{(l-1)}}\right)f'_{l-1}(z_{21}^{(l-1)})=(\delta_{11}^{(l)}w_{21}+\delta_{21}^{(l)}w_{11})f'_{l-1}(z_{21}^{(l-1)})$$

$$\delta_{22}^{(l-1)}=\left(\sum_u\sum_v\delta_{uv}^{(l)}\frac{\partial z_{uv}^{(l)}}{\partial y_{22}^{(l-1)}}\right)f'_{l-1}(z_{22}^{(l-1)})$$
$$=(\delta_{11}^{(l)}w_{22}+\delta_{12}^{(l)}w_{21}+\delta_{21}^{(l)}w_{12}+\delta_{22}^{(l)}w_{11})f'_{l-1}(z_{22}^{(l-1)})$$

$$\delta_{23}^{(l-1)}=\left(\sum_u\sum_v\delta_{uv}^{(l)}\frac{\partial z_{uv}^{(l)}}{\partial y_{23}^{(l-1)}}\right)f'_{l-1}(z_{23}^{(l-1)})=(\delta_{12}^{(l)}w_{22}+\delta_{22}^{(l)}w_{12})f'_{l-1}(z_{23}^{(l-1)})$$

$$\delta_{31}^{(l-1)}=\left(\sum_u\sum_v\delta_{uv}^{(l)}\frac{\partial z_{uv}^{(l)}}{\partial y_{31}^{(l-1)}}\right)f'_{l-1}(z_{31}^{(l-1)})=(\delta_{21}^{(l)}w_{21})f'_{l-1}(z_{31}^{(l-1)})$$

$$\delta_{32}^{(l-1)}=\left(\sum_u\sum_v\delta_{uv}^{(l)}\frac{\partial z_{uv}^{(l)}}{\partial y_{32}^{(l-1)}}\right)f'_{l-1}(z_{32}^{(l-1)})=(\delta_{21}^{(l)}w_{22}+\delta_{22}^{(l)}w_{21})f'_{l-1}(z_{32}^{(l-1)})$$

$$\delta_{33}^{(l-1)}=\left(\sum_u\sum_v\delta_{uv}^{(l)}\frac{\partial z_{uv}^{(l)}}{\partial y_{33}^{(l-1)}}\right)f'_{l-1}(z_{33}^{(l-1)})=(\delta_{22}^{(l)}w_{22})f'_{l-1}(z_{33}^{(l-1)})$$

写成卷积的形式为：

$$\begin{bmatrix} \delta_{11}^{(l-1)} & \delta_{12}^{(l-1)} & \delta_{13}^{(l-1)} \\ \delta_{21}^{(l-1)} & \delta_{22}^{(l-1)} & \delta_{23}^{(l-1)} \\ \delta_{31}^{(l-1)} & \delta_{32}^{(l-1)} & \delta_{33}^{(l-1)} \end{bmatrix} = \begin{bmatrix} 0 & 0 & 0 & 0 \\ 0 & \delta_{11}^{(l)} & \delta_{12}^{(l)} & 0 \\ 0 & \delta_{21}^{(l)} & \delta_{22}^{(l)} & 0 \\ 0 & 0 & 0 & 0 \end{bmatrix} \otimes \begin{bmatrix} w_{22} & w_{21} \\ w_{12} & w_{11} \end{bmatrix}^{(l)} \odot f'_{l-1}(\boldsymbol{z}^{(l-1)})$$

将上面的结论推广到一般情况，可得到误差项的递推公式为：

$$\boldsymbol{\delta}^{(l-1)} = (\boldsymbol{\delta}^{(l)} \otimes \mathrm{rot180}(\boldsymbol{W}^{(l)})) \odot f'_{l-1}(\boldsymbol{z}^{(l-1)})$$

其中，$\boldsymbol{\delta}^{(l)}$是在原始矩阵的上下左右各扩充若干个 0 之后的矩阵，扩充 0 的个数根据前后层的神经元数确定。

4. 算法总结

（1）全连接层：

$$\boldsymbol{\delta}^{(L)} = \frac{\partial L(\boldsymbol{y}, \hat{\boldsymbol{y}})}{\partial \boldsymbol{y}^{(L)}} \odot f'_L(\boldsymbol{z}^L) \qquad \text{（输出层）}$$

$$\boldsymbol{\delta}^{(l)} = [(\boldsymbol{W}^{(l+1)})^{\mathrm{T}} \delta^{(l+1)}] \odot f'_l(\boldsymbol{z}^{(l)}) \qquad \text{（中间层）}$$

（2）池化层：$\boldsymbol{\delta}^{(l-1)} = up(\boldsymbol{\delta}^{(l)})$

（3）卷积层：$\boldsymbol{\delta}^{(l-1)} = (\boldsymbol{\delta}^{(l)} \otimes \mathrm{rot180}(\boldsymbol{W}^{(l)})) \odot f'_{l-1}(\boldsymbol{z}^{(l-1)})$

（4）参数更新：

$$\frac{\partial L(\boldsymbol{y}, \hat{\boldsymbol{y}})}{\partial \boldsymbol{W}^{(l)}} = \boldsymbol{\delta}^{(l)} (\boldsymbol{y}^{(l-1)})^{\mathrm{T}} \qquad \text{（全连接层权值）}$$

$$\frac{\partial L(\boldsymbol{y}, \hat{\boldsymbol{y}})}{\partial \boldsymbol{b}^{(l)}} = \boldsymbol{\delta}^{(l)} \qquad \text{（全连接层偏置）}$$

$$\frac{\partial L}{\partial \boldsymbol{W}^{(l)}} = \boldsymbol{y}^{(l-1)} \otimes \boldsymbol{\delta}^{(l)} \qquad \text{（卷积层权值）}$$

$$\frac{\partial L}{\partial b^{(l)}} = \sum_i \sum_j \left(\frac{\partial L}{\partial y_{ij}^{(l)}} f'_l(z_{ij}^{(l)}) \right) = \sum_i \sum_j (\delta_{ij}^{(l)}) \qquad \text{（卷积层偏置）}$$

12.7.5 典型网络

在卷积神经网络由 LeCun 提出以来，先后出现几种比较流形的卷积神经网络。LeNet-5 网络是由 LeCun 提出，这是第一个广为传播的卷积神经网络，用于手写体识别。2012 年第一个深层卷积神经网络 AlexNet 被设计出，在图像分类任务中取得成功，并赢得当年 ImageNet 图像分类竞赛冠军。谷歌公司提出 GoogLeNet 网络，将多个不同尺度的卷积核、池化进行整合，可以大幅度减少模型的参数数量，赢得了 2014 年 ImageNet 图像分类竞赛冠军。详细介绍参见文献[3]和文献[4]。

12.8 循环神经网络

递归神经网络是两种反馈神经网络的总称：一种是时间递归神经网络（Recurrent Neural Network，RNN），另一种是结构递归神经网络（Recursive Neural Network，

RNN)。值得说明的是,通常时间递归神经网络被称作循环神经网络,而结构递归神经网络就被称为递归神经网络。

12.8.1 基本概念

循环神经网络,带有一个指向自身的环,用来表示它可以传递当前时刻处理的信息给下一时刻使用,如图 12.6 所示。循环神经网络是一类具有短期记忆的神经网络,如果把每个时刻的状态都看作前馈神经网络的一层,循环神经网络可以看作在时间维度上权值共享的神经网络。

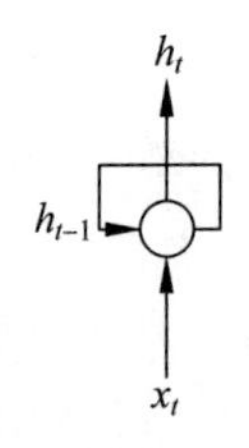

图 12.6 循环层的映射

图 12.7 给出了按照时间展开的同步序列到序列的循环神经网络模式,其中 x_t 为 t 时刻网络的输入,h_t 为循环层输出,y_t 为网络输出。循环神经网络还有序列到类别和异步的序列到序列的应用模式。下面主要介绍同步的序列到序列的应用模式。

与前馈神经网络相比,经过简单改造,它已经可以利用上一时刻学习到的信息进行当前时刻的学习了。图 12.8 为一个 2 维输入、3 个隐藏层神经元和 2 维输出的三层循环神经网络。

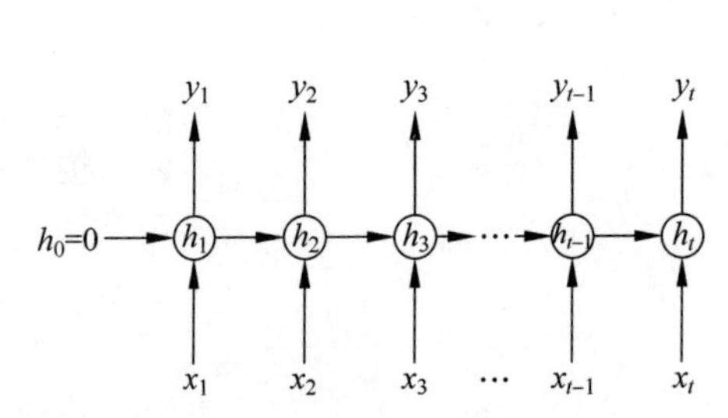

图 12.7 按时间展开的循环神经网络

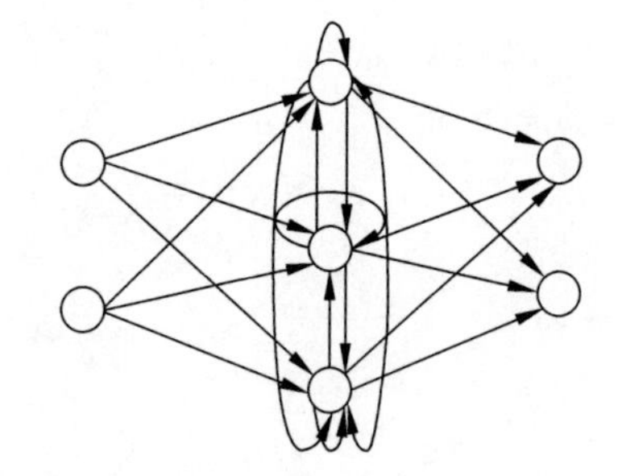

图 12.8 简单的三层循环神经网络

12.8.2 网络的训练

令向量 $\boldsymbol{x}_t \in R^M$ 表示在时刻 t 时网络的输入,$\boldsymbol{h}_t \in R^D$ 表示隐藏层状态(即隐藏层神经元活性值),$\boldsymbol{h}_t$ 不仅和当前时刻的输入有关,也和上一时刻的隐藏层状态有关。隐藏层的表达式为:

$$\boldsymbol{u}_t = \boldsymbol{W}_{xh}\boldsymbol{x}_t + \boldsymbol{W}_{hh}\boldsymbol{h}_{t-1} + \boldsymbol{b}_h$$

$$\boldsymbol{h}_t = f(\boldsymbol{u}_t)$$

其中,$\boldsymbol{x}_t \in R^M$ 为网络输入,$\boldsymbol{u}_t$ 为隐藏层的净输入,$\boldsymbol{W}_{xh} \in R^{D\times M}$ 为输入到隐藏层的权值矩阵,$\boldsymbol{W}_{hh} \in R^{D\times D}$ 为隐藏层的权值矩阵,$\boldsymbol{b}_h \in R^D$ 为隐藏层的偏置向量,$f(\cdot)$表示非线性激活函数。

输出层的表达式为:

$$\boldsymbol{v}_t = \boldsymbol{W}_o\boldsymbol{h}_t + \boldsymbol{b}_o$$

$$\boldsymbol{y}_t = g(\boldsymbol{v}_t)$$

其中，$g(\cdot)$是输出层的激活函数，如果输出是类别，激活函数可以选择 softmax 函数（或者 sigmoid 函数），如果输出是连续值，激活函数可取线性函数 $g(\boldsymbol{x})=\boldsymbol{x}$；$\boldsymbol{v}_t$ 是输出层的净输入，$\boldsymbol{W}_o \in \mathbf{R}^{N\times D}$ 为输出层的权值矩阵，$\boldsymbol{b}_o$ 是输出层的偏置向量。除了隐藏层的表达式中含有从过去正向传播的 $\boldsymbol{W}_{hh}\boldsymbol{h}_{t-1}$ 之外，循环神经网络与一般的神经网络没有区别。

假设有一个训练样本，其序列值为：

$$(\boldsymbol{x}_1,\boldsymbol{y}_1),(\boldsymbol{x}_2,\boldsymbol{y}_2),\cdots,(\boldsymbol{x}_T,\boldsymbol{y}_T)$$

损失函数能表示为模型的预测值 $\boldsymbol{y}_t^*$ 和正确值 $\boldsymbol{y}_t$ 之间的最小误差即可，同样可以利用反向传播误差的方式进行权值学习，由于有时间反馈，所以称为基于时间的反向传播算法(Back Propagation Through Time，BPTT)。

定义 t 时刻的损失函数：

$$E_t=E(\boldsymbol{y}_t^*,\boldsymbol{y}_t)$$

因此总损失函数为各个时刻损失函数之和

$$E=\sum_{t=1}^{T}E_t$$

循环神经网络在各个时刻的权重、偏置都是相同的，下面推导各个参数的梯度。首先将隐藏层、输出层在激活之前的值定义为如下所示的 $\boldsymbol{u}_t$、$\boldsymbol{v}_t$。

$$\begin{aligned}
\boldsymbol{u}_t&=\boldsymbol{W}_{xh}x_t+\boldsymbol{W}_{hh}h_{t-1}+\boldsymbol{b}_h\\
\boldsymbol{h}_t&=f(\boldsymbol{u}_t)\\
\boldsymbol{v}_t&=\boldsymbol{W}_o\boldsymbol{h}_t+\boldsymbol{b}_o\\
\boldsymbol{y}_t^*&=g(\boldsymbol{v}_t)
\end{aligned}$$

其中，$\boldsymbol{y}_t^*$ 表示网络输出，加星号表示预测值。

以 2 维输入、3 个神经元的隐藏层和 2 维输出为例说明。设

$$\boldsymbol{x}_t=\begin{bmatrix}x_{t1}\\x_{t2}\end{bmatrix},\boldsymbol{W}_{xh}=\begin{bmatrix}w_{11}^{xh}&w_{12}^{xh}\\w_{21}^{xh}&w_{22}^{xh}\\w_{31}^{xh}&w_{32}^{xh}\end{bmatrix},\boldsymbol{u}_t=\begin{bmatrix}u_{t1}\\u_{t2}\\u_{t3}\end{bmatrix},\boldsymbol{h}_t=\begin{bmatrix}h_{t1}\\h_{t2}\\h_{t3}\end{bmatrix},\boldsymbol{W}_{hh}=\begin{bmatrix}w_{11}^{hh}&w_{12}^{hh}&w_{13}^{hh}\\w_{21}^{hh}&w_{22}^{hh}&w_{23}^{hh}\\w_{31}^{hh}&w_{32}^{hh}&w_{33}^{hh}\end{bmatrix},$$

$$\boldsymbol{b}_h=\begin{bmatrix}b_1^h\\b_2^h\end{bmatrix},\boldsymbol{W}_o=\begin{bmatrix}w_{11}^o&w_{12}^o&w_{13}^o\\w_{21}^o&w_{22}^o&w_{23}^o\end{bmatrix},\boldsymbol{v}_t=\begin{bmatrix}v_{t1}\\v_{t2}\end{bmatrix},\boldsymbol{b}_o=\begin{bmatrix}b_1^o\\b_2^o\end{bmatrix}。$$

$$\begin{bmatrix}v_{t1}\\v_{t2}\end{bmatrix}=\begin{bmatrix}w_{11}^o&w_{12}^o&w_{13}^o\\w_{21}^o&w_{22}^o&w_{23}^o\end{bmatrix}\begin{bmatrix}h_{t1}\\h_{t2}\\h_{t3}\end{bmatrix}+\begin{bmatrix}b_1^o\\b_2^o\end{bmatrix},\boldsymbol{y}_t^*=\begin{bmatrix}y_{t1}^*\\y_{t2}^*\end{bmatrix}=g(\boldsymbol{v}_t)=\begin{bmatrix}g(v_{t1})\\g(v_{t2})\end{bmatrix}$$

(1) 输出层偏置项和权重矩阵的梯度

$$\frac{\partial E_t}{\partial b_1^o}=\frac{\partial E_t}{\partial v_{t1}}\frac{\partial v_{t1}}{\partial b_1^o}+\frac{\partial E_t}{\partial v_{t2}}\frac{\partial v_{t2}}{\partial b_1^o}=\frac{\partial E_t}{\partial v_{t1}}\frac{\partial v_{t1}}{\partial b_1^o}=\frac{\partial E_t}{\partial v_{t1}}=\frac{\partial E_t}{\partial y_{t1}^*}\frac{\partial y_{t1}^*}{\partial v_{t1}}=\frac{\partial E_t}{\partial y_{t1}^*}g'(v_{t1}),$$

同理

$$\frac{\partial E_t}{\partial b_2^o}=\frac{\partial E_t}{\partial y_{t2}^*}g'(v_{t2})$$

写成向量形式

$$\frac{\partial E_t}{\partial \boldsymbol{b}_o}=\frac{\partial E_t}{\partial \boldsymbol{y}_t^*}\odot g'(\boldsymbol{v}_t)$$

所以

$$\frac{\partial E}{\partial b_o}=\sum_{t=1}^{T}\left(\frac{\partial E_t}{\partial b_o}\right)=\sum_{t=1}^{T}\left(\left(\frac{\partial E_t}{\partial y_t^*}\right)\odot g'(v_t)\right)$$

又由于

$$\begin{bmatrix} v_{t1} \\ v_{t2} \end{bmatrix}=\begin{bmatrix} w_{11}^o & w_{12}^o & w_{13}^o \\ w_{21}^o & w_{22}^o & w_{23}^o \end{bmatrix}\begin{bmatrix} h_{t1} \\ h_{t2} \\ h_{t3} \end{bmatrix}+\begin{bmatrix} b_1^o \\ b_2^o \end{bmatrix}$$

$$\frac{\partial E_t}{\partial w_{ij}^o}=\frac{\partial E_t}{\partial v_{ti}}\frac{\partial v_{ti}}{\partial w_{ij}^o}=\frac{\partial E_t}{\partial v_{ti}}h_{tj},\quad i=1,2,j=1,2,3$$

因此

$$\begin{bmatrix} \frac{\partial E_t}{\partial w_{11}^o} & \frac{\partial E_t}{\partial w_{12}^o} & \frac{\partial E_t}{\partial w_{13}^o} \\ \frac{\partial E_t}{\partial w_{21}^o} & \frac{\partial E_t}{\partial w_{22}^o} & \frac{\partial E_t}{\partial w_{23}^o} \end{bmatrix}=\begin{bmatrix} \frac{\partial E_t}{\partial v_{t1}} \\ \frac{\partial E_t}{\partial v_{t2}} \end{bmatrix}\begin{bmatrix} h_{t1} & h_{t2} & h_{t3} \end{bmatrix}$$

所以

$$\frac{\partial E}{\partial \boldsymbol{W}_o}=\sum_{t=1}^{T}\left(\frac{\partial E_t}{\partial \boldsymbol{W}_o}\right)=\sum_{t=1}^{T}\left(\frac{\partial E_t}{\partial v_t}\frac{\partial v_t}{\partial \boldsymbol{W}_o}\right)=\sum_{t=1}^{T}\left(\frac{\partial E_t}{\partial \boldsymbol{v}_t}\boldsymbol{h}_t^{\mathrm{T}}\right)$$

(2) 循环层的梯度

因为

$$\boldsymbol{u}_t=\boldsymbol{W}_{xh}\boldsymbol{x}_t+\boldsymbol{W}_{hh}\boldsymbol{h}_{t-1}+\boldsymbol{b}_h=\boldsymbol{W}_{xh}\boldsymbol{x}_t+\boldsymbol{W}_{hh}f(\boldsymbol{u}_{t-1})+\boldsymbol{b}_h$$

根据附录 A 的 6 和 7 知

$$\frac{\partial E_t}{\partial \boldsymbol{u}_{t-1}}=\left(\frac{\partial E_t}{\partial \boldsymbol{h}_{t-1}}\right)\odot\frac{\partial \boldsymbol{h}_{t-1}}{\partial \boldsymbol{u}_{t-1}}=\left(\frac{\partial E_t}{\partial \boldsymbol{h}_{t-1}}\right)\odot f'(\boldsymbol{u}_{t-1})=\left(\boldsymbol{W}_{hh}^{\mathrm{T}}\left(\frac{\partial E_t}{\partial \boldsymbol{u}_t}\right)\right)\odot f'(\boldsymbol{u}_{t-1})$$

由此建立了$\frac{\partial E_t}{\partial \boldsymbol{u}_{t-1}}$与$\frac{\partial E_t}{\partial \boldsymbol{u}_t}$之间的递推关系。若定义整个损失函数的误差项为：

$$\boldsymbol{\delta}_t=\frac{\partial E}{\partial \boldsymbol{u}_t}$$

在整个损失函数 E 上，比 t 更早的时刻 $1,2,\cdots,t-1$ 的损失函数不含有 $\boldsymbol{u}_t$，因此与它无关；E_t 由 $\boldsymbol{u}_t$ 决定，与它直接相关；比 t 晚的时刻 $\boldsymbol{u}_{t+1},\boldsymbol{u}_{t+2},\cdots,\boldsymbol{u}_T$ 都与 $\boldsymbol{u}_t$ 有关。即有下面的递推关系：

$$\boldsymbol{u}_{t+1}=\boldsymbol{W}_{xh}\boldsymbol{x}_{t+1}+\boldsymbol{W}_{hh}\boldsymbol{h}_t+\boldsymbol{b}_h=\boldsymbol{W}_{xh}\boldsymbol{x}_{t+1}+\boldsymbol{W}_{hh}f(\boldsymbol{u}_t)+\boldsymbol{b}_h$$

所以有

$$\boldsymbol{\delta}_t=\frac{\partial E_t}{\partial \boldsymbol{u}_t}+\frac{\partial\left(\sum_{i=t+1}^{T}E_i\right)}{\partial \boldsymbol{u}_t}=\frac{\partial E_t}{\partial \boldsymbol{u}_t}+\frac{\partial\left(\sum_{i=t+1}^{T}E_i\right)}{\partial \boldsymbol{h}_t}\odot\frac{\partial \boldsymbol{h}_t}{\partial \boldsymbol{u}_t}$$

$$=\frac{\partial E_t}{\partial \boldsymbol{u}_t}+\boldsymbol{W}_{hh}^{\mathrm{T}}\frac{\partial\left(\sum_{i=t+1}^{T}E_i\right)}{\partial \boldsymbol{u}_{t+1}}\odot f'(\boldsymbol{u}_t)$$

$$=\frac{\partial E_t}{\partial \boldsymbol{u}_t}+(\boldsymbol{W}_{hh}^{\mathrm{T}}\boldsymbol{\delta}_{t+1})\odot f'(\boldsymbol{u}_t)$$

而

$$\frac{\partial E_t}{\partial \boldsymbol{u}_t}=\frac{\partial E_t}{\partial \boldsymbol{h}_t}\odot f'(\boldsymbol{u}_t)=\left(\boldsymbol{W}_o^{\mathrm{T}}\frac{\partial E_t}{\partial \boldsymbol{v}_t}\right)\odot f'(\boldsymbol{u}_t)$$

$$=\left(\boldsymbol{W}_o^{\mathrm{T}}\left(\frac{\partial E_t}{\partial \boldsymbol{y}_t^*}\odot g'(\boldsymbol{v}_t)\right)\right)\odot f'(\boldsymbol{u}_t)$$

代入上式得到

$$\boldsymbol{\delta}_t=\left(\boldsymbol{W}_o^{\mathrm{T}}\left(\frac{\partial E_t}{\partial \boldsymbol{y}_t^*}\odot g'(\boldsymbol{v}_t)\right)\right)\odot f'(\boldsymbol{u}_t)+\boldsymbol{W}_{hh}^{\mathrm{T}}\boldsymbol{\delta}_{t+1}\odot f'(\boldsymbol{u}_t)$$

由此建立了误差项沿时间轴的递推公式。可以类比前馈神经网络，在前馈型神经网络中，通过后面层的误差项计算本层误差项。在循环网络中，通过后一个时刻的误差项来计算当前时刻的误差项。最后一个时刻的误差：

$$\boldsymbol{\delta}_T=\boldsymbol{W}_o^{\mathrm{T}}\left(\left(\frac{\partial E_T}{\partial \boldsymbol{y}_T^*}\right)\odot g'(\boldsymbol{v}_T)\right)\odot f'(\boldsymbol{u}_T)$$

根据误差项可以计算出损失函数对权重和偏置的梯度。整个损失函数 E 是 $\boldsymbol{u}_1$，$\boldsymbol{u}_2,\cdots,\boldsymbol{u}_T$ 的函数，而它们都是权重和偏置的函数。根据链式法则有

$$\frac{\partial E}{\partial \boldsymbol{W}_{hh}}=\sum_{t=1}^{T}\left(\frac{\partial E}{\partial \boldsymbol{u}_t}\right)\nabla_{\boldsymbol{W}_{hh}}\boldsymbol{u}_t=\sum_{t=1}^{T}\boldsymbol{\delta}_t\boldsymbol{h}_{t-1}^{\mathrm{T}}$$

类似

$$\frac{\partial E}{\partial \boldsymbol{W}_{xh}}=\sum_{t=1}^{T}\left(\frac{\partial E}{\partial \boldsymbol{u}_t}\right)\frac{\partial \boldsymbol{u}_t}{\partial \boldsymbol{W}_{xh}}=\sum_{t=1}^{T}\boldsymbol{\delta}_t\boldsymbol{x}_t^{\mathrm{T}}$$

对偏置项的梯度为：

$$\frac{\partial E}{\partial \boldsymbol{b}_h}=\sum_{t=1}^{T}\left(\frac{\partial E}{\partial \boldsymbol{u}_t}\right)=\sum_{t=1}^{T}\boldsymbol{\delta}_t$$

计算出对所有权重和偏置的梯度后，由此可以得到 BPTT 算法的流程如下：

(1) 正向循环：对$(\boldsymbol{x}_t,\boldsymbol{y}_t)$，$t=1,2,\cdots,T$ 进行正向传播，计算输出层权重和偏置的梯度，用梯度下降法更新输出层权重和偏置的值。

(2) 反向循环：对 $t=T,\cdots,2,1$ 依次计算误差项$\boldsymbol{\delta}_t$，然后根据误差项计算循环层权重和偏置的梯度，并用梯度下降法更新循环层权重和偏置的值。

一般需经过多次正反向传播的循环算法才能收敛到一定误差精度。

还有一个梯度消失或爆炸问题需要说明。循环层的变换为：

$$\boldsymbol{h}_t=f(\boldsymbol{W}_{xh}\boldsymbol{x}_t+\boldsymbol{W}_{hh}\boldsymbol{h}_{t-1}+\boldsymbol{b}_h)$$

根据这个递推公式，按时间进行展开后为：

$$\boldsymbol{h}_t=f(\boldsymbol{W}_{xh}\boldsymbol{x}_t+\boldsymbol{W}_{hh}f(\boldsymbol{W}_{xh}\boldsymbol{x}_{t-1}+\boldsymbol{W}_{hh}\boldsymbol{h}_{t-2}+\boldsymbol{b}_h)+\boldsymbol{b}_h)$$

如果一直展开到 $\boldsymbol{h}_1$，对上式进行简化，去掉激活函数的作用，1 时刻的状态传递到 t 时刻会变为：

$$\boldsymbol{h}_t=(\boldsymbol{W}_{hh})^{t-1}\boldsymbol{h}_1$$

经过多次乘积之后，会接近于 0，或者无穷大。后面的 LSTM 模型改变了由 $\boldsymbol{h}_{t-1}$ 计算 $\boldsymbol{h}_t$ 的计算方式，在一定程度上能够克服这个缺点。

12.8.3 Elman 神经网络

（1）特点

Elman 神经网络是一种典型的动态递归神经网络，它是在 BP 网络基本结构的基础上，在隐藏层增加一个承接层，作为一步延时算子，达到记忆的目的，从而使系统具有适应时变特性的能力，增强了网络的全局稳定性，它比前馈型神经网络具有更强的计算能力，还可以用来解决快速寻优问题。

（2）结构

Elman 神经网络是应用较为广泛的一种典型的反馈型神经网络模型。一般分为四层：输入层、隐层、承接层和输出层。其输入层、隐层和输出层的连接类似于前馈网络。输入层的单元仅起到信号传输作用，输出层单元起到加权作用。隐层单元有线性和非线性两类激励函数，通常激励函数取 Signmoid 非线性函数。而承接层则用来记忆隐层单元前一时刻的输出值，可以认为是一个有一步迟延的延时算子。隐层的输出通过承接层的延迟与存储，自联到隐层的输入，这种自联方式使其对历史数据具有敏感性，内部反馈网络的加入增加了网络本身处理动态信息的能力，从而达到动态建模的目的。

12.8.4 Jordan 神经网络

Jordan 网络与 Elman 神经网络类似，唯一不同的是，承接层神经元的输入来自输出层的输出而不是隐层的输出，如图 12.9 所示。

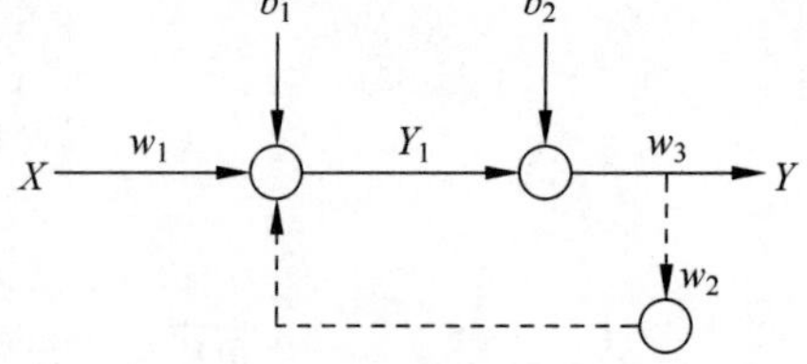

图 12.9 Jordan 网络图示

12.8.5 LSTM 网络

递归神经网络因为具有一定的记忆功能，这种网络与序列和列表密切相关，可以被用来解决很多问题，例如：语音识别、语言模型、机器翻译等。但是它并不能很好地处理长时依赖问题。长时依赖问题是当预测点与依赖的相关信息距离比较远的时候，就难以学到该相关信息。理论上，递归神经网络是可以处理这样的问题的，但是实际上，常规的递归神经网络并不能很好地解决长时依赖问题。

长短期记忆（Long Short-Term Memory，LSTM）网络是一种特殊的 RNN，能够学习长期依赖关系，它们由 Hochreiter 和 Schmidhuber 提出，在后期工作中又由许多学者进行了调整和普及，LSTM 结构与 RNN 相似，详细介绍见文献[3-4]。

LSTM 的基本单元称为记忆单元,记忆单元在 t 时刻维持一个记忆值 $\boldsymbol{c}_t$,循环层状态的输出值计算公式为:

$$\boldsymbol{h}_t = \boldsymbol{o}_t \odot \tanh(\boldsymbol{c}_t)$$

这是输出门与记忆值的乘积。其中,$\boldsymbol{o}_t$ 为输出门,这是一个向量,按照如下公式计算:

$$\boldsymbol{o}_t = \sigma(\boldsymbol{W}_{xo}\boldsymbol{x}_t + \boldsymbol{W}_{ho}\boldsymbol{h}_{t-1} + \boldsymbol{b}_o)$$

其中,σ 为 sigmoid 函数。输出门决定了记忆单元中存储的记忆值有多大比例可以被输出。$\boldsymbol{W}_{xo}$、$\boldsymbol{W}_{ho}$、$\boldsymbol{b}_o$ 分别是输出门权重矩阵和偏置项,可以通过训练得到。

记忆值 $\boldsymbol{c}_t$ 是循环层神经元记住的上一个时刻的状态值,随着时间进行加权更新,它的更新公式为:

$$\boldsymbol{c}_t = \boldsymbol{f}_t \odot \boldsymbol{c}_{t-1} + \boldsymbol{i}_t \odot \tanh(\boldsymbol{W}_{xc}\boldsymbol{x}_t + \boldsymbol{W}_{hc}\boldsymbol{h}_{t-1} + \boldsymbol{b}_c)$$

其中,$\boldsymbol{f}_t$ 是遗忘门,$\boldsymbol{c}_{t-1}$ 是记忆单元在上一时刻的值,遗忘门决定了记忆单元上一时刻的值有多少会被传到当前时刻,即遗忘速度。遗忘门的计算公式为:

$$\boldsymbol{f}_t = \sigma(\boldsymbol{W}_{xf}\boldsymbol{x}_t + \boldsymbol{W}_{hf}\boldsymbol{h}_{t-1} + \boldsymbol{b}_f)$$

$\boldsymbol{i}_t$ 是输入门,控制着当前时刻的输入有多少可以进入记忆单元,计算公式为:

$$\boldsymbol{i}_t = \sigma(\boldsymbol{W}_{xi}\boldsymbol{x}_t + \boldsymbol{W}_{hi}\boldsymbol{h}_{t-1} + \boldsymbol{b}_i)$$

3 个门的计算公式都是一样的,分别使用了自己的权重矩阵和偏置向量,这 3 个值的计算都用到了 $\boldsymbol{x}_t$ 和 $\boldsymbol{h}_{t-1}$,它们起到了信息的流量控制作用。

隐藏层的状态值由遗忘门、记忆单元上一时刻的值,以及输入门、输出门共同决定。除了 3 个门之外,真正决定 $\boldsymbol{h}_t$ 的只有 $\boldsymbol{x}_t$ 和 $\boldsymbol{h}_{t-1}$。

LSTM 的计算过程是输入门作用于当前时刻的输入值,遗忘门作用于之前的记忆值,二者加权求和,得到汇总信息,最后通过输出门决定输出值。如果将 LSTM 在各个时刻的输出值进行展开,会发现部分最早时刻的输入值能够避免与权重矩阵的累次乘法,从而能缓解梯度消失问题。

12.8.6 GRU 网络

门控循环单元(Gated Recurrent Units,GRU)网络是解决循环神经网络梯度消失问题的另外一种方法,它也是通过门来控制信息的流动。与 LSTM 不同的是,GRU 只使用了两个门,把输入门和遗忘门合并成更新门。更新门的计算公式为:

$$\boldsymbol{z}_t = \sigma(\boldsymbol{W}_{xz}\boldsymbol{x}_t + \boldsymbol{W}_{hz}\boldsymbol{h}_{t-1} + \boldsymbol{b}_z)$$

更新门决定了之前的记忆值进入当前值的比例。另一个门是重置门,定义为:

$$\boldsymbol{r}_t = \sigma(\boldsymbol{W}_{xr}\boldsymbol{x}_t + \boldsymbol{W}_{hr}\boldsymbol{h}_{t-1} + \boldsymbol{b}_r)$$

记忆单元的值定义为:

$$\boldsymbol{c}_t = \tanh(\boldsymbol{W}_{xc}\boldsymbol{x}_t + \boldsymbol{W}_{rc}(\boldsymbol{h}_{t-1} \odot \boldsymbol{r}_t) + \boldsymbol{b}_c)$$

它由上一个时刻的状态值及当前输入值共同决定。隐藏层的状态值定义为:

$$\boldsymbol{h}_t = (1 - \boldsymbol{z}_t) \odot \boldsymbol{c}_t + \boldsymbol{z}_t \odot \boldsymbol{h}_{t-1}$$

GRU 算法比 LSTM 算法简单,但两者效果有时差别不大。详细介绍可以参照文献[3]、文献[4]。

12.9 R 语言实现

12.9.1 neuralnet 包实现前馈神经网络

R 语言实现神经网络有许多工具包，首先采用 neuralnet 包来实现，该包可以实现可视化神经网络结构。

(1) 回归问题

构造一个一元二次函数的训练样本和测试样本，建立神经网络回归模型。

```
> library(neuralnet)
> set.seed(2021)
> x = sample(seq( - 2,2,length = 50))    # 产生输入样本.
> y = x^2                                 # 生成输出样本.
> data = cbind(x,y)
> fit = neuralnet(y~x,data = data,hidden = c(3,3),threshold = 0.01)
# 包含两个隐藏层,每层由三个神经元组成的 DNN,threshold 用于设置作为停止条件的误差函数偏导数阈值.
> testdata = sample(seq( - 2,2,length = 10))
> testdata = data.frame(testdata)
> pred = compute(fit,testdata)
> yc = pred $ net.result
> sj = testdata^2
> sum((yc - sj)^2)
[1] 0.008863779                           # 误差平方和.
> plot(x,y)
> test = as.matrix(testdata)              # 转化成矩阵形式,保持与变量 yc 类型一致才能画图.
> points(test,yc,pch = 8)                 # 如图 12.10 所示,"＊"号为预测值,"○"为实际值.
> plot(fit)                               # 画神经网络结构图,见图 12.11.
```

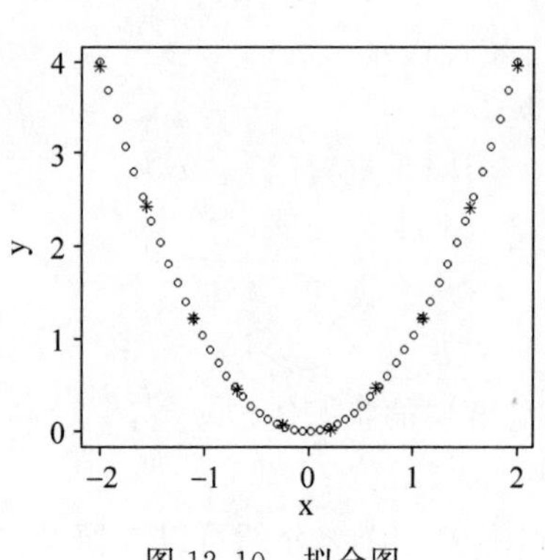

图 12.10 拟合图

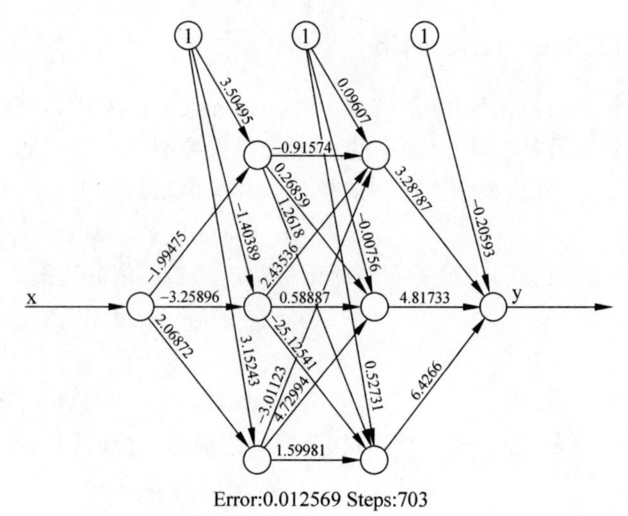

图 12.11 神经网络结构图

（2）分类问题

采用自带的 iris 数据集，建立神经网络分类模型。

```
> set.seed(1)
> train = sample(150,100)
> dat = iris
> fit2 = neuralnet(Species~.,data = dat[train,],hidden = 6)
> plot(fit2)                                  # 画神经网络结构图，如图 12.12 所示.
> pre = compute(fit2,dat[ - train,1:4])       # 预测的是属于各类的概率值.
> pr = apply(pre $ net.result,1,which.max)    # 提取概率最大的类，1 表示按行提取，2 表示按列
                                              # 提取.
> a = dat[ - train,5]                         # 测试样本的实际类别.
> b = table(a,pr)                             # 生成混淆矩阵.
> sum(diag(b))/sum(b)                         # 计算正确率.
[1] 0.98
```

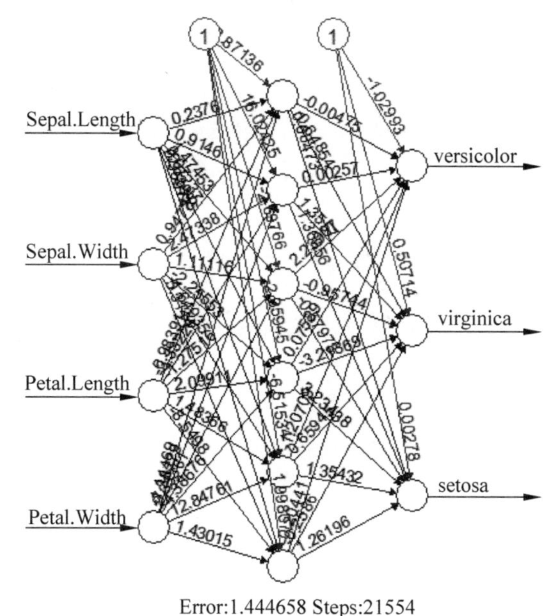

图 12.12　估计的神经网络结构

12.9.2　Keras 包创建神经网络

要想实现更复杂的神经网络，Python 语言一般更具优势。R 语言为了更方便地实现深度学习神经网络，建立了与 Python 语言的接口，可以借助 Keras 和 TensorFlow 等技术实现复杂的神经网络。Keras 是神经网络的高层 API，Keras 由纯 Python 编写而成，可基于 TensorFlow、Theano 及 CNTK 等后端，能够快速地实现神经网络构建。安装 Keras 之前需要安装 Python 3.x 版本，可以安装其发行版本 anaconda，其下载网址为：https://www.anaconda.com/download，选择 Windows 版本。然后在 R 语言环境中安装 keras 包。

```
> install.packages("keras")                   # 安装 Keras 包.
> library(keras)                              # 加载 Keras 包.
```

```
> install_keras()                    # 安装核心 Keras 库和 TensorFlow.
```

这将提供基于 CPU 的默认 Keras 和 TensorFlow 安装。如果安装基于 GPU 的 TensorFlow 版本后端引擎版本，方式如下：

```
> install_keras(tensorflow = "gpu")        # 需要具备 GPU 配置相关资源才能执行该操作.
```

Keras 构建神经网络一般包括构造数据、构造模型、编译模型、训练模型和测试模型等步骤。Keras 的序列式建模方式实现比较简单，采用 keras_model_sequential()开始，然后逐步使用管道(%>%)运算符添加网络的层结构。管道运算符是将左边的值作为右边函数的第一个参数传递的简写，使用%>%会产生更具可读性和紧凑性的代码。下面采用 keras 包创建几种神经网络模型。

(1) 构建前馈神经网络求解异或问题

```
library(keras)
X = matrix(c(0,0,1,1,0,1,0,1),4,2)
Y = c(0,1,1,0)
Y = matrix(Y)
model <- keras_model_sequential()          # 构建网络结构,包括输入维数,每层的神经元个
数以及激活函数等.
model %>%
layer_dense(units = 3,activation = 'sigmoid',input_shape = c(2)) %>%
layer_dense(units = 5,activation = 'sigmoid') %>%
layer_dense(units = 1,activation = 'sigmoid')
# 采用 binary_crossentropy 损失函数时设置 units = 1.
model %>% compile(
loss = 'binary_crossentropy',
optimizer = optimizer_rmsprop(),
metrics = c('accuracy')
)
# 该段代码为编译步骤,compile()函数进一步修改网络,而不是返回一个新的网络对象.
history <- model %>% fit(X,Y,epochs = 2000,batch_size = 4)  # 训练网络.
model %>% evaluate(X,Y)                    # 评估网络,这里用训练样本测试.
class = model %>% predict(X)               # 计算预测值.
class = ifelse(class > 0.5,1,0)            # 将概率值转换成类别.
class                                      # 输出结果.
     [,1]
[1,]    0
[2,]    1
[3,]    1
[4,]    0
```

结果显示全部预测准确。

(2) 构建前馈神经网络进行手写体识别

```
library(keras)                             # 加载工具包.
mnist <- dataset_mnist()                   # 加载手写体数据集.
x_train <- mnist $ train $ x
y_train <- mnist $ train $ y
x_test <- mnist $ test $ x
```

```
y_test <- mnist $ test $ y
x_train <- array_reshape(x_train, c(nrow(x_train),784))
#将 28×28 的灰度图展成一维,与后面的 input_shape = c(784)一致.
x_test <- array_reshape(x_test,c(nrow(x_test),784))
x_train <- x_train / 255                    #将数据变换到 0~1 区间.
x_test <- x_test / 255
y_train <- to_categorical(y_train,10)       #将类别转换为 10 维向量表示.
y_test <- to_categorical(y_test,10)
#建立卷积神经网络结构.
model <- keras_model_sequential()
model %>%
layer_dense(units = 256, activation = 'relu', input_shape = c(784)) %>%
layer_dropout(rate = 0.4) %>%               #dropout 是在训练过程中按一定比例随机丢弃部
分神经元的正则化方法,可以克服过拟合和学习时间开销大的问题.
layer_dense(units = 128, activation = 'relu') %>%
layer_dropout(rate = 0.3) %>%
layer_dense(units = 10, activation = 'softmax')  #输出层是 10 维,意味着将返回由 10 个概
率分数组成的数组.每个分数是当前数字图像属于 10 个数字类别之一的概率.
#编译步骤.
model %>% compile(
loss = 'categorical_crossentropy',
optimizer = optimizer_rmsprop(),
metrics = c('accuracy')
)
#训练卷积神经网络.
history <- model %>% fit(
x_train, y_train,
epochs = 30, batch_size = 128,
validation_split = 0.2
)
plot(history)
model %>% evaluate(x_test, y_test)          #网络评估.
```

评估结果输出

```
  loss      accuracy
0.1069764  0.9818000
```

识别精度达到 98.18%。

(3) 构建卷积神经网络用于图像识别

```
library(keras)
model <- keras_model_sequential() %>%
    layer_conv_2d(filters = 32, kernel_size = c(3, 3), activation = "relu",
                  input_shape = c(28, 28, 1)) %>%
layer_max_pooling_2d(pool_size = c(2, 2)) %>%
layer_conv_2d(filters = 64, kernel_size = c(3, 3), activation = "relu") %>%
layer_max_pooling_2d(pool_size = c(2, 2)) %>%
layer_conv_2d(filters = 64, kernel_size = c(3, 3), activation = "relu")
summary(model)                              #网络结构如下.
```

```
Layer(type)                      Output Shape          Param#
=============================================================
conv2d_2(Conv2D)                 (None,26,26,32)       320
_____________________________________________________________
max_pooling2d_1(MaxPooling2D)    (None,13,13,32)       0
_____________________________________________________________
conv2d_1(Conv2D)                 (None,11,11,64)       18496
_____________________________________________________________
max_pooling2d(MaxPooling2D)      (None,5,5,64)         0
_____________________________________________________________
conv2d(Conv2D)                   (None,3,3,64)         36928
=============================================================
Total params:55,744
Trainable params:55,744
Non-trainable params:0
_____________________________________________________________
```

结果展示了网络的各层数量结构，第一个卷积层是 28－3＋1＝26；第一个平滑层是 26÷2＝13；第二个卷积层是 13－3＋1＝11；第二个平滑层是 11÷2＝5.5，然后取整得到；第三个卷积层是 5－3＋1＝3。

＃在卷积网络上添加分类器。

```
model <- model %>%
layer_flatten() %>%
layer_dense(units = 64, activation = "relu") %>%
layer_dense(units = 10, activation = "softmax")
#加载手写体图像数据集.
mnist <- dataset_mnist()
x_train <- mnist $ train $ x
y_train <- mnist $ train $ y
x_test <- mnist $ test $ x
y_test <- mnist $ test $ y
x_train <- x_train / 255
x_test <- x_test / 255
x_train <- array_reshape(x_train, c(60000, 28, 28, 1))  #重塑输入张量的维数.
x_test <- array_reshape(x_test, c(10000, 28, 28, 1))
y_train <- to_categorical(y_train,10)
y_test <- to_categorical(y_test,10)
#编译模型.
model %>% compile(
optimizer = "rmsprop",
loss = "categorical_crossentropy",
metrics = c("accuracy")
)
#训练网络.
model %>% fit(
x_train, y_train,
epochs = 5, batch_size = 64
)
#评估模型.
results <- model %>% evaluate(x_test, y_test)
> results
        loss   accuracy
0.02618031 0.99140000
```

识别精度达到 99.14％，较前馈神经网络效果要好。

(4) 构建卷积神经网络实现回归问题

下面建立卷积神经网络用于波士顿房价预测。

```
#加载相关包.
library(keras)
library(caret)
library(MASS)
set.seed(123)
boston = Boston
indexes = createDataPartition(boston $ medv, p = .85, list = F) #随机选取 85%的训练样本
标签.
train = boston[indexes,]
test = boston[ - indexes,]
xtest = test[,1:13]
ytest = test[,14]
xtrain = train[,1:13]
ytrain = train[,14]
xtrain = as.matrix(xtrain)                          #转换成矩阵格式.
ytrain = as.array(ytrain)
dim(ytrain) = c(length(ytrain),1)                   #将输出数据增加一维.
dim(xtrain) = c(nrow(xtrain),ncol(xtrain),1)        #将输入数据集增加一维.
xtest = as.matrix(xtest)
dim(xtest) = c(nrow(xtest),ncol(xtest),1)
#构建一维卷积核的卷积神经网络.
model <- keras_model_sequential()
model %>%
layer_conv_1d(filter = 64,kernel_size = c(2),input_shape = c(13,1),activation = ("relu"))
%>%
layer_flatten() %>%
layer_dense(32,activation = ("relu")) %>%
layer_dense(1,activation = ("linear"))
## 编译模型.
model %>% compile(
optimizer = 'adam',
loss = 'mean_squared_error',
metrics = c('accuracy')
)
#训练模型.
model %>% fit(xtrain,ytrain,epochs = 100,batch_size = 16,verbose = 0)
#模型预测与评估.
ypred = model %>% predict(xtest)
cat("RMSE:",RMSE(ytest,ypred))                      #计算误差.
#画拟合图形,见图 12.13.
x_axes = seq(1:length(ypred))
plot(x_axes,ytest,ylim = c(min(ypred),max(ytest)),col = 1,type = "l",lwd = 2,ylab = "medv")
lines(x_axes,ypred,col = 2,type = "l",lwd = 2)
legend("topleft",legend = c("测试集","预测集"),col = c(1,2),lty = 1,cex = 0.7,lwd = 2,
bty = 'n')
```

12.9.3 循环神经网络

(1) rnn 包实现循环神经网络

首先采用"rnn"包进行时间序列预测。时间序列数据如表 12.1 所示,共计 168 个数据,按照从上至下从左到右顺序排序,该数据存于工作目录 milk.csv 文件中。

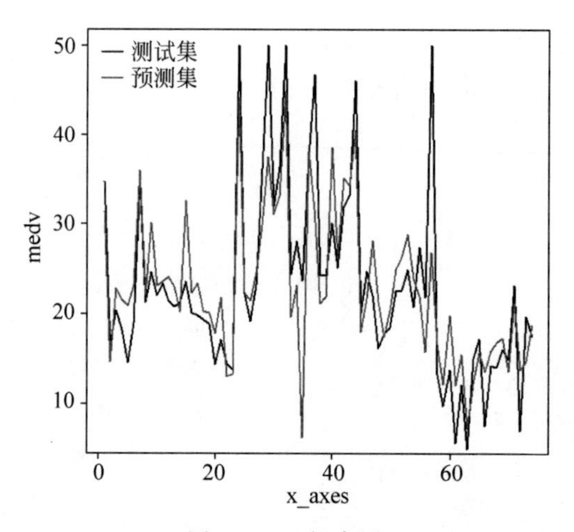

图 12.13　拟合图

表 12.1　时间序列数据

序号	数据	序号	数据	序号	数据	序号	数据
1	589	28	705	55	735	82	706
2	561	29	770	56	697	83	677
3	640	30	736	57	661	84	711
4	656	31	678	58	667	85	734
5	727	32	639	59	645	86	690
6	697	33	604	60	688	87	785
7	640	34	611	61	713	88	805
8	599	35	594	62	667	89	871
9	568	36	634	63	762	90	845
10	577	37	658	64	784	91	801
11	553	38	622	65	837	92	764
12	582	39	709	66	817	93	725
13	600	40	722	67	767	94	723
14	566	41	782	68	722	95	690
15	653	42	756	69	681	96	734
16	673	43	702	70	687	97	750
17	742	44	653	71	660	98	707
18	716	45	615	72	698	99	807
19	660	46	621	73	717	100	824
20	617	47	602	74	696	101	886
21	583	48	635	75	775	102	859
22	587	49	677	76	796	103	819
23	565	50	635	77	858	104	783
24	598	51	736	78	826	105	740
25	628	52	755	79	783	106	747
26	618	53	811	80	740	107	711
27	688	54	798	81	701	108	751

续表

序号	数据	序号	数据	序号	数据	序号	数据
109	804	124	900	139	881	154	812
110	756	125	961	140	837	155	773
111	860	126	935	141	784	156	813
112	878	127	894	142	791	157	834
113	942	128	855	143	760	158	782
114	913	129	809	144	802	159	892
115	869	130	810	145	828	160	903
116	834	131	766	146	778	161	966
117	790	132	805	147	889	162	937
118	800	133	821	148	902	163	896
119	763	134	773	149	969	164	858
120	800	135	883	150	947	165	817
121	826	136	898	151	908	166	827
122	799	137	957	152	867	167	797
123	890	138	924	153	815	168	843

```
library(rnn)
library(Metrics)
#Monthly Milk Production: Pounds Per Cow
data <- read.table("milk.csv", header = TRUE, sep = "")
dad = (data - min(data))/(max(data) - min(data))
x1 = dad[1:165,]
x2 = dad[2:166,]
x3 = dad[3:167,]
x4 = dad[4:168,]
x = cbind(x1,x2,x3)                               #输入数据为3维,即自回归阶数为3.
y = x4                                            #输出数据为1维数据.
train_x <- x
train_y = y
#RNN Model
RNN <- trainr(Y = as.matrix(train_y),
                   X = as.matrix(train_x),
                  learningrate = 0.04,
                  momentum = 0.1,
                  network_type = "rnn",     #类型也可改为"lstm",但改后本例效果不佳.
                  numepochs = 700,
                  seq_to_seq_unsync = T,    #有这个参数可以多维输入.
                  hidden_dim = c(3))
y_h <- predictr(RNN, as.matrix(train_x))    #用训练样本进行预测.
#Comparing Plots of Predicted Curve vs Actual Curve: Training Data
plot(train_y, col = "blue", type = "l", main = "Actual vs Predicted Curve: Test Data", lwd
 = 2)
lines(y_h, type = "l", col = "red", lwd = 2)#拟合结果如图12.14所示.
cat("Test MSE: ", mse(y_h, train_y))
Test MSE:  0.01146106                       #均方误差.
```

(2) keras 包实现 LSTM 循环神经网络

数据采用(1)中的时间序列数据。

图 12.14 拟合效果

```
library(keras)
library(Metrics)
data = read.table("milk.csv", header = TRUE,
sep = ",")
dad = (data - min(data))/(max(data) - min
(data))
plot(dad)
x1 = dad[1:165,]
x2 = dad[2:166,]
x3 = dad[3:167,]
x4 = dad[4:168,]
x = cbind(x1,x2,x3)
y = x4
train_x = x
train_y = y
dim_train <- dim(train_x)
dim(train_x) <- c(dim_train[1], 1, dim_train[2])   #重塑张量维数,加入时间步长,这是
keras 包实现 LSTM 网络的输入数据格式要求.
train_y = as.matrix(train_y)
model <- keras_model_sequential()
model %>%
   layer_lstm(
        units = 4,
        input_shape = c(1, 3)) %>%
   layer_dense(
        units = 1) %>%
   compile(
        loss = 'mean_squared_error',
        optimizer = 'adam') %>%
   fit(train_x,
        train_y,
        epochs = 100,
        batch_size = 1,
        verbose = 2)
y_h<- model %>%
   predict(
        train_x,
        verbose = 2)
plot(train_y,col = "blue",type = "l")
lines(y_h,type = "l",col = "red",lwd = 2)
cat("Test MSE:",mse(y_h,train_y))
Test MSE: 0.009669096
```

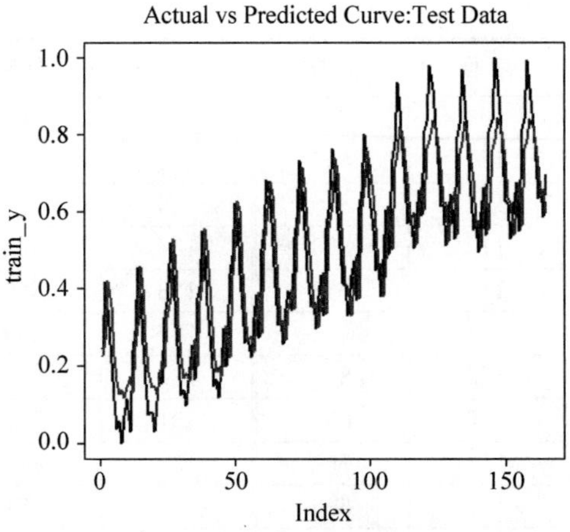

图 12.15 显示了拟合结果,拟合效果较(1)有所提升。

(3) LSTM 神经网络用于正弦波预测

为了方便,可以先自定义一个函数,能够根据自回归阶数将时间序列构建为输入输出数据格式。如果程序中包含自定义函数,可以在后面的语句中直接调用;如果在其他程序中调用自定义函数,需要先执行预装自定义函数命令。(1)和(2)中的数据也可以采用

该自定义函数构建训练样本的输入输出。自定义构建函数为 data_make(),参数 order 表示回归阶数。

```
source('D:/data_make.R')  # 预装函数,假设函数存于目录"D:"中.
```

自定义函数为:

```
data_make = function(dataset,order)
{
  m = length(dataset)
  data_x = array(dim = c(m - order,order))
  for (i in 1:order)
  {
  data_x[,i] = dataset[i:(m - order + i - 1)]
  }
  data_y = dataset[(order + 1):m]
  dim(data_y) = c(m - order,1)
  return(
  list(
  data_x = data_x,
  data_y = data_y))
}
```

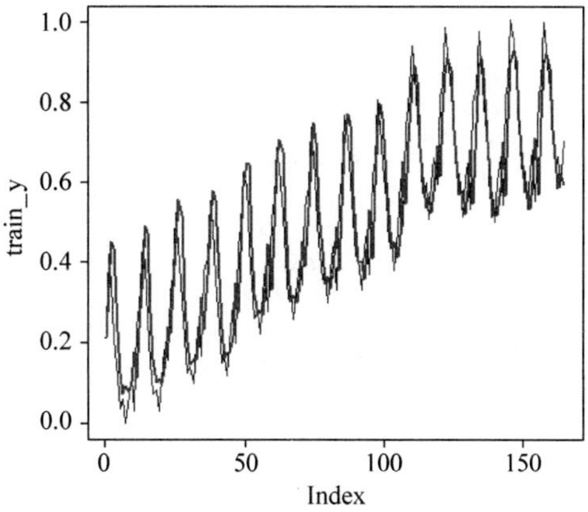

图 12.15 拟合图

下面采用 keras 包构建 LSTM 网络进行正弦波的预测。

```
#加载相关包.
library(keras)
library(dplyr)
library(ggplot2)
library(ggthemes)
library(lubridate)
set.seed(7)
source('D:/data_make.R')                          #预装自定义函数.
x1 = seq(0,2 * pi,0.01)
y1 = sin(x1)
order <- 4
dat <- data_make(y1, order)
x2 = seq(0.035,2 * pi,0.17)
y2 = sin(x2)
test = y2
testdat <- data_make(test,order)
dim_train <- dim(dat $ data_x)
dim_test <- dim(testdat $ data_x)
# 将输入重构适合网络输入的格式:[样本, 时间步, 特征].
dim(dat $ data_x) <- c(dim_train[1], 1, dim_train[2])
dim(testdat $ data_x) <- c(dim_test[1], 1, dim_test[2])
model <- keras_model_sequential()
#构建网络结构、编译和训练.
model %>%
    layer_lstm(
         units = 4,
         input_shape = c(1, order)) %>%
    layer_dense(
```

```
        units = 1) %>%
    compile(
        loss = 'mean_squared_error',
        optimizer = 'adam') %>%
    fit(dat$data_x,
        dat$data_y,
        epochs = 100,
        batch_size = 1,
        verbose = 2)
# verbose = 0 为不在标准输出流输出日志信息.
# verbose = 1 为输出进度条记录.
# verbose = 2 为每个 epoch 输出一行记录, 默认为 1.
#测试样本预测.
trainPredict <- model %>%
    predict(
        testdat$data_x,
        verbose = 2)
#计算误差及画图,拟合结果如图 12.16 所示.
m = length(trainPredict)
plot(x1,y1)
points(x2[(order + 1):(m + order)],trainPredict)
mse = sum((testdat$data_y - trainPredict)^2)/m
> mse
[1] 0.00247047
```

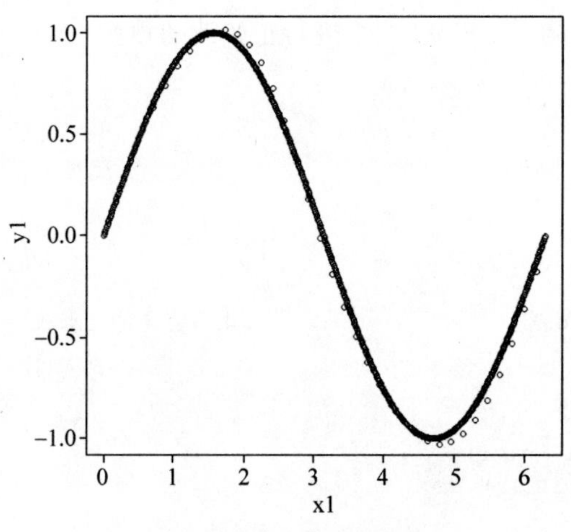

图 12.16 正弦波拟合图

12.9.4 自编码器网络

```
> library(autoencoder)                    #加载实现自编码器网络工具包 autoencoder.
> library(keras)
> mnist <- dataset_mnist()
> x_train <- mnist$train$ x
> test = x_train[8,,]                     #取出第 8 个数字图像为例.
> image(t(test))                          #显示原始图像,见图 12.17.
> fit = autoencode(X.train = test, X.test = NULL, nl = 3, N.hidden = 15, unit.type = "logistic",
lambda = 1e - 5, beta = 1e - 5, rho = 0.3, epsilon = 0.1, max.iterations = 100, optim.method =
c("BFGS"),rel.tol = 0.01,rescale.flag = TRUE,rescaling.offset = 0.001)
```

```
#nl 代表层数设置为 3,隐节点数目为 15.
> fit $ mean.error.training.set
> features = predict(fit,X.input = test,hidden.output = TRUE)  #模型预测.
> image(t(features $ X.output))  #隐藏层可视化,如图 12.18 所示.
> pred = predict(fit,X.input = test,hidden.output = FALSE)  #重构原始图像.
> recon = pred $ X.output
> image(t(recon))                          #重构图形结果如图 12.19 所示.
```

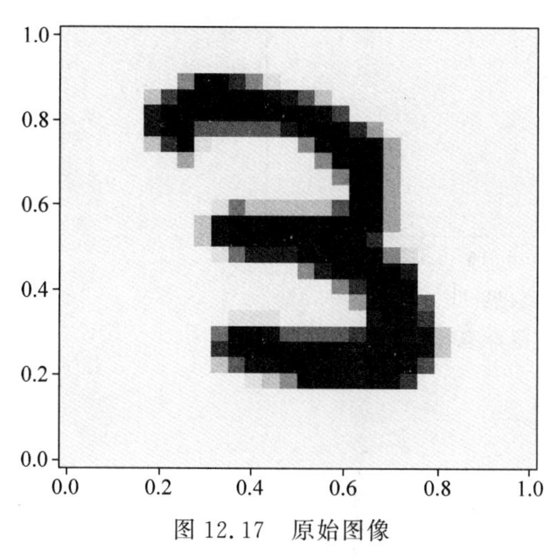

图 12.17 原始图像

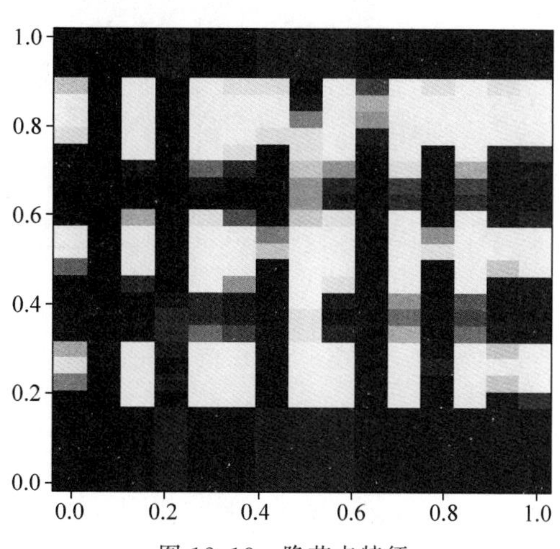

图 12.18 隐节点特征

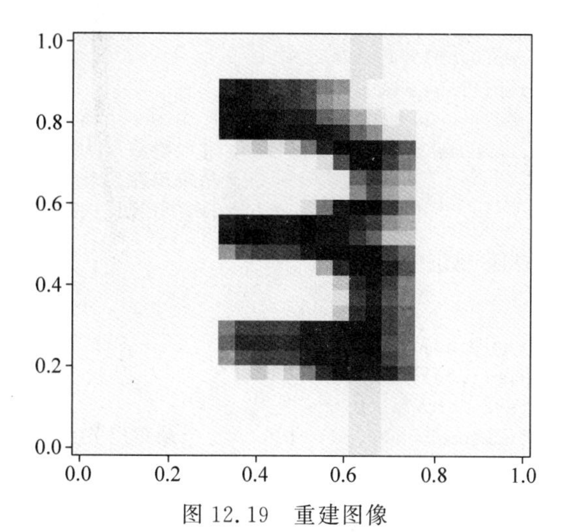

图 12.19 重建图像

同样应用自编码器可以将 iris 数据压缩到 2 维,见图 12.20。

```
>x_train = iris[,1:4]
>x_train = as.matrix(x_train)
>image(x_train)
>fit = autoencode(X.train = x_train, X.test = NULL, nl = 3, N.hidden = 2, unit.type = "
logistic",lambda = 1e-5,beta = 1e-5,rho = 0.3,epsilon = 0.1,max.iterations = 100,optim.
method = c("BFGS"),rel.tol = 0.01,rescale.flag = TRUE,rescaling.offset = 0.001)
#nl 代表层数设置为 3,隐节点数目为 2.
>pred = predict(fit,X.input = x_train,hidden.output = TRUE)
>plot(pred $ X.output,col = iris[,5])
```

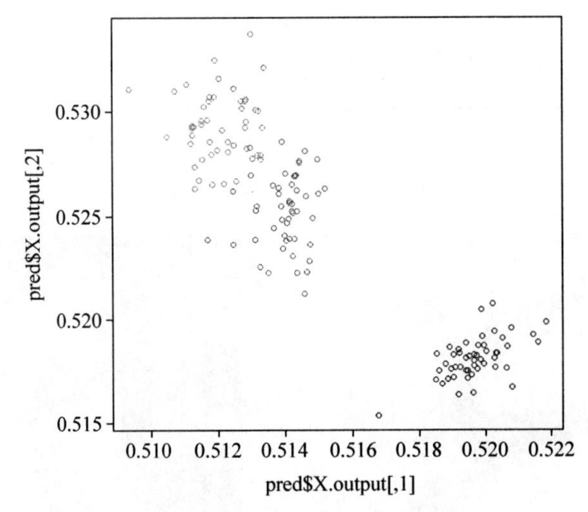

图 12.20 iris 数据自编码压缩

12.9.5 受限玻尔兹曼机

这里采用 deepnet 工具包实现。

（1）根据隐藏层状态值产生可视层向量

```
> library(deepnet)
> var1 = c(rep(1,50),rep(0,50))
> var2 = c(rep(0,50),rep(1,50))
> x3 = matrix(c(var1,var2),nrow = 100,ncol = 2)  # 产生 100 个样本.
> r1 = rbm.train(x3,3,numepochs = 20,cd = 10)    # 选取隐藏层为 3 个节点进行网络训练.
> h = c(0.2,0.8,0.1)                             # 给定隐藏层状态值.
> v = rbm.down(r1,h)                             # 计算可视层向量.
```

（2）根据可视层计算隐藏层

```
> library(deepnet)
> var1 = c(rep(1,50),rep(0,50))
> var2 = c(rep(0,50),rep(1,50))
> x3 = matrix(c(var1,var2),nrow = 100,ncol = 2)
> r1 = rbm.train(x3,3,numepochs = 20,cd = 10)    # 3 个隐藏层节点.
> v = c(0.2,0.8)
> h = rbm.up(r1,v)
# 将原样本带入,可以进行特征提取,特征提取后可以进行分类等实验.
> H = rbm.up(r1,x3)
```

12.9.6 深度信念网

```
> library(RcppDL)
> var1 = c(rnorm(50,1,0.5),rnorm(50, - 0.6,0.2))
> var2 = c(rnorm(50, - 0.8,0.2),rnorm(50,2,1))
> x = matrix(c(var1,var2),nrow = 100,ncol = 2)
> y1 = c(rep(1,50),rep(0,50))
> y2 = c(rep(0,50),rep(1,50))
```

```
> y = cbind(y1,y2)
> hidden = c(12,5)
> fit = Rdbn(x,y,hidden)
> pretrain(fit)
> finetune(fit)
> test_var1 = c(rnorm(50,1,0.5),rnorm(50, - 0.6,0.2))
> test_var2 = c(rnorm(50, - 0.8,0.2),rnorm(50,2,1))
> test_x = matrix(c(test_var1,test_var2),nrow = 100,ncol = 2)
> test_y = c(rep(1,50),rep(0,50))
> pred = predict(fit,test_x)
> pr = ifelse(pred[,1]> = 0.5,1,0)              #提取概率最大的类别.
> b = table(pr,test_y)
> jd = sum(diag(b))/sum(b)                     #计算正确率.
> jd
[1] 0.94
```

12.9.7 Jordan 网络

```
> library(RSNNS)
> library(quantmod)
> library(Metrics)
> data = read.table("milk.csv",header = TRUE,sep = ",")
> dad = (data - min(data))/(max(data) - min(data))
> plot(dad)
> x1 = dad[1:165,]
> x2 = dad[2:166,]
> x3 = dad[3:167,]
> x4 = dad[4:168,]
> x = cbind(x1,x2,x3)
> y = x4
> train_x = x
> train_y = y
> fit = jordan(train_x,train_y,size = 3,learnFuncParams = c(0.01),maxit = 1000)  #隐藏层3
个;学习率0.01;最大迭代次数1000.
> plotIterativeError(fit)
> y_h = predict(fit,train_x)
> plot(train_y, col = "blue", type = "l", main = "Actual vs Predicted Curve: Test Data",
lwd = 2)
> lines(y_h, type = "l", col = "red", lwd = 2)  #拟合结果如图12.21所示.
> cat("Test MSE: ", mse(y_h, train_y))
Test MSE:  0.01034064
```

12.9.8 Elman 网络

修改12.9.7节中的一条语句即可实现。

```
> library(RSNNS)
> library(quantmod)
> library(Metrics)
> data = read.table("milk.csv",header = TRUE,sep = ",")
> dad = (data - min(data))/(max(data) - min(data))
> plot(dad)
```

```
> x1 = dad[1:165,]
> x2 = dad[2:166,]
> x3 = dad[3:167,]
> x4 = dad[4:168,]
> x = cbind(x1,x2,x3)
> y = x4
> train_x = x
> train_y = y
> fit = elman(train_x,train_y,size = 3,learnFuncParams = c(0.01),maxit = 1000) #隐藏层 3 个;学习率 0.01;最大迭代次数 1000.
> plotIterativeError(fit)
> y_h = predict(fit,train_x)
> plot(train_y, col = "blue", type = "l", main = "Actual vs Predicted Curve: Test Data", lwd = 2)
> lines(y_h, type = "l", col = "red", lwd = 2)     #拟合结果如图 12.22 所示.
> cat("Test MSE: ", mse(y_h, train_y))
Test MSE:  0.01007112
```

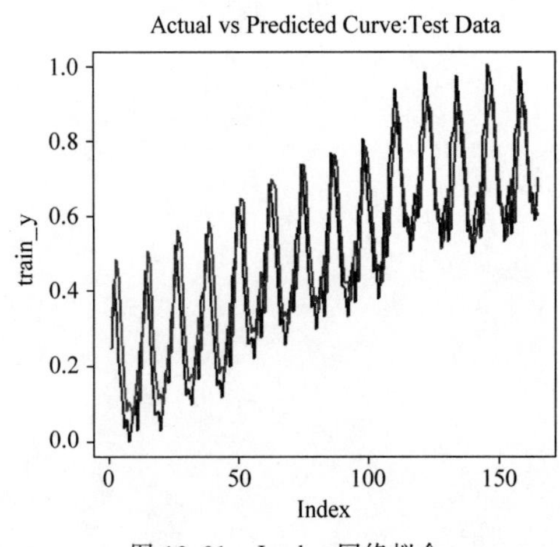

图 12.21 Jordan 网络拟合

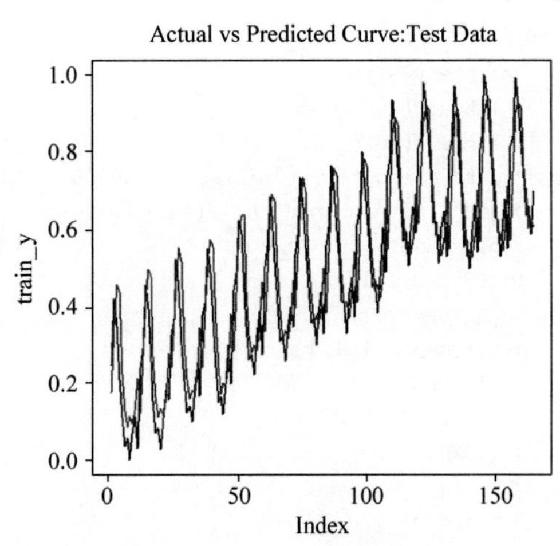

图 12.22 Elman 网络拟合

附录A

向量和矩阵函数的导数

1. 设 $\boldsymbol{x}$ 是 $n\times1$ 维变量，$\boldsymbol{a}$ 是 $n\times1$ 维常向量，则

$$\frac{\partial(a'\boldsymbol{x})}{\partial x_i}=a_i\text{，写成向量形式为：}\frac{\partial(a'\boldsymbol{x})}{\partial \boldsymbol{x}}=\frac{\partial(x'\boldsymbol{a})}{\partial \boldsymbol{x}}=\boldsymbol{a}$$

2. 设 $\boldsymbol{x}$ 是 $n\times1$ 维变量，$\boldsymbol{A}$ 是 $n\times n$ 维常向量(不要求对称)，则

$$\begin{aligned}\frac{\partial(\boldsymbol{x}'\boldsymbol{A}\boldsymbol{x})}{\partial x_i}&=\frac{\partial}{\partial x_i}\left(\sum_{\alpha=1}^{n}\sum_{\beta=1}^{n}a_{\alpha\beta}x_\alpha x_\beta\right)\\&=\frac{\partial}{\partial x_i}\left(a_{ii}x_i^2+\sum_{\alpha\neq i}\sum_{\beta\neq i}a_{\alpha\beta}x_\alpha x_\beta+x_i\sum_{\beta\neq i}a_{i\beta}x_\beta+x_i\sum_{\alpha\neq i}a_{\alpha i}x_\alpha\right)\\&=2a_{ii}x_i+\sum_{j\neq i}(a_{ij}+a_{ji})x_j,\end{aligned}$$

又因为

$$(\boldsymbol{A}+\boldsymbol{A}')\boldsymbol{x}=\left[\begin{bmatrix}a_{11}&a_{12}&\cdots&a_{1n}\\a_{21}&a_{22}&\cdots&a_{2n}\\\vdots&\vdots&&\vdots\\a_{n1}&a_{n2}&\cdots&a_{nn}\end{bmatrix}+\begin{bmatrix}a_{11}&a_{21}&\cdots&a_{n1}\\a_{12}&a_{22}&\cdots&a_{n2}\\\vdots&\vdots&&\vdots\\a_{1n}&a_{2n}&\cdots&a_{nn}\end{bmatrix}\right]\begin{bmatrix}x_1\\x_2\\\vdots\\x_n\end{bmatrix}$$

$$=\begin{bmatrix}2a_{11}x_1+\sum_{j\neq1}(a_{1j}+a_{j1})x_j\\2a_{22}x_2+\sum_{j\neq2}(a_{2j}+a_{j2})x_j\\\vdots\\2a_{nn}x_n+\sum_{j\neq n}(a_{nj}+a_{jn})x_j\end{bmatrix}$$

所以$\frac{\partial(\boldsymbol{x}'\boldsymbol{A}\boldsymbol{x})}{\partial\boldsymbol{x}}=(\boldsymbol{A}+\boldsymbol{A}')\boldsymbol{x}$，当$\boldsymbol{A}=\boldsymbol{A}^{\mathrm{T}}$，结果为$2\boldsymbol{A}\boldsymbol{x}$。

3. 设$\boldsymbol{X}$是$n\times n$维变量，$\boldsymbol{A}$是$n\times n$维常向量，则

(1) $\frac{\partial\mathrm{tr}(\boldsymbol{X}\boldsymbol{A})}{\partial\boldsymbol{X}}=\frac{\partial\mathrm{tr}(\boldsymbol{A}\boldsymbol{X})}{\partial\boldsymbol{X}}=\boldsymbol{A}^{\mathrm{T}}$

证明：$\mathrm{tr}\left(\begin{bmatrix}x_{11} & x_{12} & \cdots & x_{1n}\\ x_{21} & x_{22} & \cdots & x_{1n}\\ \vdots & \vdots & & \vdots\\ x_{n1} & x_{n2} & \cdots & x_{nn}\end{bmatrix}\begin{bmatrix}a_{11} & a_{12} & \cdots & a_{1n}\\ a_{21} & a_{22} & \cdots & a_{1n}\\ \vdots & \vdots & & \vdots\\ a_{n1} & a_{n2} & \cdots & a_{nn}\end{bmatrix}\right)$

$$=\sum_{j=1}^{n}x_{1j}a_{j1}+\sum_{j=1}^{n}x_{2j}a_{j2}+\cdots+\sum_{j=1}^{n}x_{ij}a_{ji}+\cdots+\sum_{j=1}^{n}x_{nj}a_{jn}$$

所以$\frac{\partial(\mathrm{tr}(\boldsymbol{X}\boldsymbol{A})}{\partial x_{ij}}=a_{ji}$，$i=1,2,\cdots,n$，$j=1,2,\cdots,n$，因此得$\frac{\partial\mathrm{tr}(\boldsymbol{X}\boldsymbol{A})}{\partial\boldsymbol{X}}=\frac{\partial\mathrm{tr}(\boldsymbol{A}\boldsymbol{X})}{\partial\boldsymbol{X}}=\boldsymbol{A}^{\mathrm{T}}$。

(2) $\frac{\partial\mathrm{tr}(\boldsymbol{X}^{\mathrm{T}}\boldsymbol{A})}{\partial\boldsymbol{X}}=\frac{\partial\mathrm{tr}(\boldsymbol{A}\boldsymbol{X}^{\mathrm{T}})}{\partial\boldsymbol{X}}=\boldsymbol{A}$

(3) $\frac{\partial\mathrm{tr}(\boldsymbol{X}^{\mathrm{T}}\boldsymbol{A}\boldsymbol{X})}{\partial\boldsymbol{X}}=(\boldsymbol{A}+\boldsymbol{A}')\boldsymbol{X}$

证明：$\mathrm{tr}(\boldsymbol{X}^{\mathrm{T}}\boldsymbol{A}\boldsymbol{X})=\mathrm{tr}\begin{bmatrix}x_{11} & \cdots & x_{n1}\\ \vdots & & \vdots\\ x_{1n} & \cdots & x_{nn}\end{bmatrix}\begin{bmatrix}a_{11} & \cdots & a_{1n}\\ \vdots & & \vdots\\ a_{n1} & \cdots & a_{nn}\end{bmatrix}\begin{bmatrix}x_{11} & \cdots & x_{1n}\\ \vdots & & \vdots\\ x_{n1} & \cdots & x_{nn}\end{bmatrix}$

$$=\mathrm{tr}\begin{bmatrix}\sum_{k=1}^{n}x_{k1}a_{k1} & \cdots & \sum_{k=1}^{n}x_{k1}a_{kn}\\ \vdots & & \vdots\\ \sum_{k=1}^{n}x_{kn}a_{k1} & \cdots & \sum_{k=1}^{n}x_{kn}a_{kn}\end{bmatrix}\begin{bmatrix}x_{11} & \cdots & x_{1n}\\ \vdots & & \vdots\\ x_{n1} & \cdots & x_{nn}\end{bmatrix}$$

$$=\sum_{i=1}^{n}\sum_{k=1}^{n}x_{k1}a_{ki}x_{i1}+\cdots+\sum_{i=1}^{n}\sum_{k=1}^{n}x_{kj}a_{ki}x_{ij}+\cdots+\sum_{i=1}^{n}\sum_{k=1}^{n}x_{kn}a_{ki}x_{in}$$

$$=\sum_{j=1}^{n}\sum_{i=1}^{n}\sum_{k=1}^{n}x_{kj}a_{ki}x_{ij}=\sum_{j=1}^{n}\sum_{i=1}^{n}x_{ij}\sum_{k=1}^{n}x_{kj}a_{ki}$$

因此

$$\frac{\partial\mathrm{tr}(\boldsymbol{X}^{\mathrm{T}}AX)}{\partial x_{ij}}=2a_{ii}x_{ij}+\sum_{k\neq i}x_{kj}a_{ki}+\sum_{k\neq i}x_{kj}a_{ik}=\sum_{k}(a_{ki}+a_{ik})x_{kj},$$

$i=1,2,\cdots,n,j=1,2,\cdots,n,$

又因为

$$(\boldsymbol{A}+\boldsymbol{A}')\boldsymbol{x}=\left[\begin{bmatrix}a_{11} & a_{12} & \cdots & a_{1n}\\ a_{21} & a_{22} & \cdots & a_{2n}\\ \vdots & \vdots & & \vdots\\ a_{n1} & a_{n2} & \cdots & a_{nn}\end{bmatrix}+\begin{bmatrix}a_{11} & a_{21} & \cdots & a_{n1}\\ a_{12} & a_{22} & \cdots & a_{n2}\\ \vdots & \vdots & & \vdots\\ a_{1n} & a_{2n} & \cdots & a_{nn}\end{bmatrix}\right]\begin{bmatrix}x_{11} & x_{12} & \cdots & x_{1n}\\ x_{21} & x_{22} & \cdots & x_{2n}\\ \vdots & \vdots & & \vdots\\ x_{n1} & x_{n2} & \cdots & x_{nn}\end{bmatrix}$$

$$=(\boldsymbol{A}+\boldsymbol{A}')\boldsymbol{x}=\begin{bmatrix} a_{11}+a_{11} & a_{12}+a_{21} & \cdots & a_{1n}+a_{n1} \\ a_{21}+a_{12} & a_{22}+a_{22} & \cdots & a_{2n}+a_{n2} \\ \vdots & \vdots & & \vdots \\ a_{n1}+a_{1n} & a_{n2}+a_{2n} & \cdots & a_{nn}+a_{nn} \end{bmatrix}\begin{bmatrix} x_{11} & x_{12} & \cdots & x_{1n} \\ x_{21} & x_{22} & \cdots & x_{2n} \\ \vdots & \vdots & & \vdots \\ x_{n1} & x_{n2} & \cdots & x_{nn} \end{bmatrix}$$

$$=(\boldsymbol{A}+\boldsymbol{A}')\boldsymbol{x}=\begin{bmatrix} \sum_k (a_{1k}+a_{k1})x_{k1} & \sum_k (a_{1k}+a_{k1})x_{k2} & \cdots & \sum_k (a_{1k}+a_{k1})x_{kn} \\ \sum_k (a_{2k}+a_{k2})x_{k1} & \sum_k (a_{2k}+a_{k2})x_{k2} & \cdots & \sum_k (a_{2k}+a_{k2})x_{kn} \\ \vdots & \vdots & & \vdots \\ \sum_k (a_{nk}+a_{kn})x_{k1} & \sum_k (a_{nk}+a_{kn})x_{k2} & \cdots & \sum_k (a_{nk}+a_{kn})x_{kn} \end{bmatrix}$$

其中第 i 行第 j 列为 $\sum_k (a_{ik}+a_{ki})x_{kj}$，因此

$$\frac{\partial \operatorname{tr}(\boldsymbol{X}^{\mathrm{T}}\boldsymbol{A}\boldsymbol{X})}{\partial \boldsymbol{X}}=(\boldsymbol{A}+\boldsymbol{A}')\boldsymbol{X}$$

4. 矩阵范数定义

对于矩阵 $\boldsymbol{A}=[\boldsymbol{a}_1,\boldsymbol{a}_2,\cdots,\boldsymbol{a}_N]$，其中 $\boldsymbol{a}_i$ 是列向量，定义矩阵的范数为：

$$\|\boldsymbol{A}\|^2=\|\boldsymbol{A}^{\mathrm{T}}\|^2=\operatorname{tr}(\boldsymbol{A}^{\mathrm{T}}\boldsymbol{A})=\sum_{i=1}^{N}\boldsymbol{a}_i^{\mathrm{T}}\boldsymbol{a}_i=\sum_{i=1}^{N}\|\boldsymbol{a}_i\|^2$$

5. 设 $\boldsymbol{y}=\boldsymbol{W}\boldsymbol{x}$，其中 $\boldsymbol{y}=\begin{bmatrix} y_1 \\ y_2 \\ \vdots \\ y_m \end{bmatrix}$，$\boldsymbol{W}=\begin{bmatrix} w_{11} & w_{12} & \cdots & w_{1n} \\ w_{21} & w_{22} & \cdots & w_{2n} \\ \vdots & \vdots & & \vdots \\ w_{m1} & w_{m2} & \cdots & w_{mn} \end{bmatrix}$，$\boldsymbol{x}=\begin{bmatrix} x_1 \\ x_2 \\ \vdots \\ x_n \end{bmatrix}$，设函数

$z=f(\boldsymbol{y})$，$\frac{\partial f}{\partial \boldsymbol{W}}=\begin{bmatrix} \frac{\partial f}{\partial w_{11}} & \frac{\partial f}{\partial w_{12}} & \cdots & \frac{\partial f}{\partial w_{1n}} \\ \frac{\partial f}{\partial w_{21}} & \frac{\partial f}{\partial w_{22}} & \cdots & \frac{\partial f}{\partial w_{2n}} \\ \vdots & \vdots & & \vdots \\ \frac{\partial f}{\partial w_{m1}} & \frac{\partial f}{\partial w_{m2}} & \cdots & \frac{\partial f}{\partial w_{mn}} \end{bmatrix}$，$\frac{\partial f}{\partial \boldsymbol{y}}=\begin{bmatrix} \frac{\partial f}{\partial y_1} \\ \frac{\partial f}{\partial y_2} \\ \vdots \\ \frac{\partial f}{\partial y_m} \end{bmatrix}$，将 $\boldsymbol{x}$ 看成常数，$\boldsymbol{W}$ 看成变量，则

$$\frac{\partial f}{\partial \boldsymbol{W}}=\frac{\partial f}{\partial \boldsymbol{y}}\boldsymbol{x}^{\mathrm{T}}$$

证明：由于 w_{ij} 只和 y_i 有关，和其他 $y_k(k\neq i)$ 无关，因此有

$$\frac{\partial f}{\partial w_{ij}}=\sum_{k=1}^{m}\frac{\partial f}{\partial y_k}\frac{\partial y_k}{\partial w_{ij}}=\frac{\partial f}{\partial y_i}\frac{\partial y_i}{\partial w_{ij}}=\frac{\partial f}{\partial y_i}\frac{\partial \sum_{l=1}^{n} w_{il}x_l}{\partial w_{ij}}=\frac{\partial f}{\partial y_i}x_j,$$

$$i=1,2,\cdots,m,\ j=1,2,\cdots,n$$

则

$$\frac{\partial f}{\partial \boldsymbol{W}}=\begin{bmatrix}\frac{\partial f}{\partial w_{11}} & \frac{\partial f}{\partial w_{12}} & \cdots & \frac{\partial f}{\partial w_{1n}}\\ \frac{\partial f}{\partial w_{21}} & \frac{\partial f}{\partial w_{22}} & \cdots & \frac{\partial f}{\partial w_{2n}}\\ \vdots & \vdots & & \vdots\\ \frac{\partial f}{\partial w_{m1}} & \frac{\partial f}{\partial w_{m2}} & \cdots & \frac{\partial f}{\partial w_{mn}}\end{bmatrix}=\begin{bmatrix}\frac{\partial f}{\partial y_1}\\ \frac{\partial f}{\partial y_2}\\ \vdots\\ \frac{\partial f}{\partial y_m}\end{bmatrix}[x_1,x_2,\cdots,x_n]$$

即

$$\frac{\partial f}{\partial \boldsymbol{W}}=\frac{\partial f}{\partial \boldsymbol{y}}\boldsymbol{x}^{\mathrm{T}}$$

6. 将 5 中的 $\boldsymbol{W}$ 看成常数，$\boldsymbol{x}$ 看成变量，记$\frac{\partial f}{\partial \boldsymbol{x}}=\begin{bmatrix}\frac{\partial f}{\partial x_1}\\ \frac{\partial f}{\partial x_2}\\ \vdots\\ \frac{\partial f}{\partial x_n}\end{bmatrix}$，则

$$\frac{\partial f}{\partial \boldsymbol{x}}=\boldsymbol{W}^{\mathrm{T}}\frac{\partial f}{\partial \boldsymbol{y}}$$

证明：根据链式法则有

$$\frac{\partial f}{\partial x_i}=\sum_{j=1}^{m}\frac{\partial f}{\partial y_j}\frac{\partial y_j}{\partial x_i}=\sum_{j=1}^{m}\frac{\partial f}{\partial y_j}\frac{\partial\left(\sum\limits_{l=1}^{n}w_{jl}x_l\right)}{\partial x_i}=\sum_{j=1}^{m}\frac{\partial f}{\partial y_j}w_{ji}=[w_{1i},w_{2i},\cdots,w_{mi}]\frac{\partial f}{\partial \boldsymbol{y}},$$

写成矩阵形式为：

$$\frac{\partial f}{\partial \boldsymbol{x}}=\boldsymbol{W}^{\mathrm{T}}\frac{\partial f}{\partial \boldsymbol{y}}$$

7. 设有向量到向量的映射：

$$\boldsymbol{y}=\begin{bmatrix}y_1\\ y_2\\ \vdots\\ y_m\end{bmatrix}=g(\boldsymbol{x})=\begin{bmatrix}g(x_1)\\ g(x_2)\\ \vdots\\ g(x_m)\end{bmatrix}$$

其中，$y_i=g(x_i)$只和 x_i 有关，与其他 $x_j(j\neq i)$无关，且每个分量都采用相同的映射函数。设函数 $z=f(\boldsymbol{y})$，则$\frac{\partial f}{\partial x_i}=\frac{\partial f}{\partial y_i}\frac{\partial y_i}{\partial x_i}=\frac{\partial f}{\partial y_i}g'(x_i)$，$i=1,2,\cdots,m$，写成矩阵的形式为：

$$\frac{\partial f}{\partial \boldsymbol{x}}=\begin{bmatrix}\frac{\partial f}{\partial x_1}\\ \frac{\partial f}{\partial x_2}\\ \vdots\\ \frac{\partial f}{\partial x_m}\end{bmatrix}=\frac{\partial f}{\partial \boldsymbol{y}}\odot g'(\boldsymbol{x})$$

其中，$g'(x)=\begin{bmatrix} g'(x_1) \\ g'(x_2) \\ \vdots \\ g'(x_m) \end{bmatrix}$，$\odot$表示对应元素乘积。

8. 有下面的复合函数

$$\begin{aligned} \boldsymbol{u} &= \boldsymbol{W}\boldsymbol{x} \\ \boldsymbol{y} &= g(\boldsymbol{u}) \end{aligned}$$

其中，$\boldsymbol{W} \in \mathbf{R}^{m \times n}$，$g$ 是向量对应元素一对一映射，即

$$y_i = g(u_i)$$

设函数 $z=f(\boldsymbol{y})$，则$\dfrac{\partial f}{\partial \boldsymbol{x}}=\boldsymbol{W}^{\mathrm{T}}\left(\left(\dfrac{\partial f}{\partial \boldsymbol{y}}\right)\odot g'(\boldsymbol{u})\right)$。

证明：

法 1：

由于 f 是关于 $\boldsymbol{u}$ 的函数，根据 6 得$\dfrac{\partial f}{\partial \boldsymbol{x}}=\boldsymbol{W}^{\mathrm{T}}\dfrac{\partial f}{\partial \boldsymbol{u}}$，再根据 7 得$\dfrac{\partial f}{\partial \boldsymbol{u}}=\dfrac{\partial f}{\partial \boldsymbol{y}}\odot g'(\boldsymbol{u})$。

法 2：

$$\frac{\partial f}{\partial x_i}=\sum_{k=1}^{m}\frac{\partial f}{\partial y_k}\frac{\partial y_k}{\partial x_i}=\sum_{k=1}^{m}\frac{\partial f}{\partial y_k}\frac{\partial y_k}{\partial u_k}\frac{\partial u_k}{\partial x_i}=\sum_{k=1}^{m}\frac{\partial f}{\partial y_k}g'(u_k)\frac{\partial \sum_j w_{kj}x_j}{\partial x_i}=\sum_{k=1}^{m}\frac{\partial f}{\partial y_k}g'(u_k)w_{ki}$$

$$=[w_{1i},w_{2i},\cdots,w_{mi}]\begin{bmatrix} \dfrac{\partial f}{\partial y_1}g'(u_1) \\ \dfrac{\partial f}{\partial y_2}g'(u_2) \\ \vdots \\ \dfrac{\partial f}{\partial y_m}g'(u_m) \end{bmatrix},\quad i=1,2,\cdots,n$$

写成矩阵形式为：

$$\begin{bmatrix} \dfrac{\partial f}{\partial x_1} \\ \dfrac{\partial f}{\partial x_2} \\ \vdots \\ \dfrac{\partial f}{\partial x_n} \end{bmatrix}=\begin{bmatrix} w_{11} & w_{21} & \cdots & w_{m1} \\ w_{12} & w_{22} & \vdots & w_{m2} \\ \vdots & \vdots & & \vdots \\ w_{1n} & w_{2n} & \cdots & w_{mn} \end{bmatrix}\begin{bmatrix} \dfrac{\partial f}{\partial y_1} \\ \dfrac{\partial f}{\partial y_2} \\ \vdots \\ \dfrac{\partial f}{\partial y_m} \end{bmatrix}\odot\begin{bmatrix} g'(u_1) \\ g'(u_2) \\ \vdots \\ g'(u_m) \end{bmatrix}$$

即

$$\frac{\partial f}{\partial \boldsymbol{x}}=\boldsymbol{W}^{\mathrm{T}}\left(\left(\frac{\partial f}{\partial \boldsymbol{y}}\right)\odot g'(\boldsymbol{u})\right)$$

9. 设 $\boldsymbol{x}$ 是 n 维列向量，$\boldsymbol{y}$ 是 m 维列向量，$\boldsymbol{y}=g(\boldsymbol{x})$，即

$$y_i=g_i(x_1,x_2,\cdots,x_n),\quad i=1,2,\cdots,m$$

对于函数 $z=f(\boldsymbol{y})$，则有

$$\frac{\partial f}{\partial x_i}=\sum_{j=1}^{m}\frac{\partial f}{\partial y_j}\frac{\partial y_j}{\partial x_i}=\begin{bmatrix}\frac{\partial y_1}{\partial x_i} & \frac{\partial y_2}{\partial x_i} & \cdots & \frac{\partial y_m}{\partial x_i}\end{bmatrix}\begin{bmatrix}\frac{\partial f}{\partial y_1}\\ \frac{\partial f}{\partial y_2}\\ \vdots\\ \frac{\partial f}{\partial y_m}\end{bmatrix}$$

于是

$$\begin{bmatrix}\frac{\partial f}{\partial x_1}\\ \frac{\partial f}{\partial x_2}\\ \vdots\\ \frac{\partial f}{\partial x_n}\end{bmatrix}=\begin{bmatrix}\frac{\partial y_1}{\partial x_1} & \frac{\partial y_2}{\partial x_1} & \cdots & \frac{\partial y_m}{\partial x_1}\\ \frac{\partial y_1}{\partial x_2} & \frac{\partial y_2}{\partial x_2} & \cdots & \frac{\partial y_m}{\partial x_2}\\ \vdots & \vdots & & \vdots\\ \frac{\partial y_1}{\partial x_n} & \frac{\partial y_2}{\partial x_n} & \cdots & \frac{\partial y_m}{\partial x_n}\end{bmatrix}\begin{bmatrix}\frac{\partial f}{\partial y_1}\\ \frac{\partial f}{\partial y_2}\\ \vdots\\ \frac{\partial f}{\partial y_m}\end{bmatrix}$$

写成矩阵形式：

$$\frac{\partial f}{\partial \boldsymbol{x}}=\left(\frac{\partial \boldsymbol{y}}{\partial \boldsymbol{x}}\right)^{\mathrm{T}}\frac{\partial f}{\partial \boldsymbol{y}}$$

其中，$\frac{\partial \boldsymbol{y}}{\partial \boldsymbol{x}}=\begin{bmatrix}\frac{\partial y_1}{\partial x_1} & \frac{\partial y_1}{\partial x_2} & \cdots & \frac{\partial y_1}{\partial x_n}\\ \frac{\partial y_2}{\partial x_1} & \frac{\partial y_2}{\partial x_2} & \cdots & \frac{\partial y_2}{\partial x_n}\\ \vdots & \vdots & & \vdots\\ \frac{\partial y_m}{\partial x_1} & \frac{\partial y_m}{\partial x_2} & \cdots & \frac{\partial y_m}{\partial x_n}\end{bmatrix}$ 为雅可比矩阵。

附录B

拉格朗日对偶性

在约束优化问题中，常常利用拉格朗日对偶性将原始问题转化为对偶问题，通过解对偶问题而得到原始问题的解。

1. 对偶问题的基本思想

假设两人 P 和 D 进行博弈，可行策略分别为 X 和 Y，博弈规则如下：

P 在 X 中选择一个 $x \in X$，D 在 Y 中选择一个 $y \in Y$，同时公开，P 支付给 D 的金额 $F(x,y)$，其中 $F(x,y)$ 是公开的实值支付函数。

对于 P 希望支付给对方尽可能少，当 P 选择策略 $x \in X$ 时，在最坏的情况下支付给对方的金额为：

$$F^*(x) = \max_{y \in Y} F(x,y)$$

从 P 的角度看，希望这个函数越小越好，于是得到如下的极小一极大问题：

$$\min_{x \in X} F^*(x) = \min_{x \in X} \max_{y \in Y} F(x,y)$$

对于 D 希望获得尽可能多的支付，当 D 选择策略 $y \in Y$ 时，在最坏情况下得到的支付金额为：

$$F_*(y) = \min_{x \in X} F(x,y)$$

从 D 的角度看，希望这个函数越大越好，于是得到如下的极大一极小问题：

$$\max_{y \in Y} F_*(y) = \max_{y \in Y} \min_{x \in X} F(x,y)$$

极小-极大问题称为原问题，极大一极小问题称为对偶问题。

2. 拉格朗日对偶

(1) 原始问题

假设 $f(\boldsymbol{x})$，$c_i(\boldsymbol{x})$，$h_j(\boldsymbol{x})$ 是定义在 $\mathbf{R}^n$ 上的连续可微函数。考虑约束最优化问题：

$$\min_{x \in \mathbf{R}^n} f(\boldsymbol{x}) \tag{B.1}$$

$$\text{s.t.} \quad c_i(\boldsymbol{x}) \leqslant 0, \quad i=1,2,\cdots,k \tag{B.2}$$

$$h_j(\boldsymbol{x})=0, \quad j=1,2,\cdots,l \tag{B.3}$$

称此约束最优化问题为原始最优化问题或原始问题。

引进广义拉格朗日函数：

$$L(\boldsymbol{x},\boldsymbol{\alpha},\boldsymbol{\beta})=f(\boldsymbol{x})+\sum_{i=1}^{k}\alpha_i c_i(\boldsymbol{x})+\sum_{j=1}^{l}\beta_j h_j(\boldsymbol{x}) \tag{B.4}$$

其中，$\boldsymbol{x}=(x^{(1)},x^{(2)},\cdots,x^{(n)})^{\mathrm{T}} \in \mathbf{R}^n$，$\alpha_i$，$\beta_j$ 是拉格朗日乘子，$\alpha_i \geqslant 0$。

将拉格朗日函数 $L(\boldsymbol{x},\boldsymbol{\alpha},\boldsymbol{\beta})$ 看成支付函数，考虑 $\boldsymbol{x}$ 的函数：

$$\theta_P(\boldsymbol{x})=\max_{\boldsymbol{\alpha},\boldsymbol{\beta}:\alpha_i \geqslant 0} L(\boldsymbol{x},\boldsymbol{\alpha},\boldsymbol{\beta}) \tag{B.5}$$

这里，下标 P 表示原始问题。

假设给定某个 $\boldsymbol{x}$，如果 $\boldsymbol{x}$ 违反原始问题的约束条件，即存在某个 i 使得 $c_i(\boldsymbol{x})>0$ 或者存在某个 j 使得 $h_j(\boldsymbol{x}) \neq 0$，那么就有

$$\theta_P(\boldsymbol{x})=\max_{\boldsymbol{\alpha},\boldsymbol{\beta}:\alpha_i \geqslant 0}\left[f(\boldsymbol{x})+\sum_{i=1}^{k}\alpha_i c_i(\boldsymbol{x})+\sum_{j=1}^{l}\beta_j h_j(\boldsymbol{x})\right]=+\infty \tag{B.6}$$

因为若某个 i 使约束 $c_i(\boldsymbol{x})>0$，则可令 $\alpha_i \to +\infty$，若某个 j 使 $h_j(\boldsymbol{x}) \neq 0$，则可令 $\beta_j h_j(\boldsymbol{x}) \to +\infty$，而将其余各 α_i，β_j 均取为 0。

相反地，如果 x 满足约束条件式(B.2)和式(B.3)，则 $\theta_P(\boldsymbol{x})=f(\boldsymbol{x})$。因此，

$$\theta_P(\boldsymbol{x})=\begin{cases} f(\boldsymbol{x}), & \boldsymbol{x}\text{ 满足原始问题约束} \\ +\infty, & \text{其他} \end{cases} \tag{B.7}$$

所以如果考虑极小化问题

$$\min_{\boldsymbol{x}} \theta_P(\boldsymbol{x})=\min_{\boldsymbol{x}} \max_{\boldsymbol{\alpha},\boldsymbol{\beta}:\alpha_i \geqslant 0} L(\boldsymbol{x},\boldsymbol{\alpha},\boldsymbol{\beta}) \tag{B.8}$$

它与原始问题(B.1)～(B.3)等价，即它们有相同的解。问题 $\min_{\boldsymbol{x}} \max_{\boldsymbol{\alpha},\boldsymbol{\beta}:\alpha_i \geqslant 0} L(\boldsymbol{x},\boldsymbol{\alpha},\boldsymbol{\beta})$ 称为广义拉格朗日函数的极小-极大问题。为了方便，定义原始问题的最优值

$$p^*=\min_{\boldsymbol{x}} \theta_P(\boldsymbol{x}) \tag{B.9}$$

称为原始问题的值。

(2) 对偶问题

定义

$$\theta_D(\boldsymbol{\alpha},\boldsymbol{\beta})=\min_{\boldsymbol{x}} L(\boldsymbol{x},\boldsymbol{\alpha},\boldsymbol{\beta}) \tag{B.10}$$

再考虑极大化问题

$$\max_{\boldsymbol{\alpha},\boldsymbol{\beta}:\alpha_i \geqslant 0} \theta_D(\boldsymbol{\alpha},\boldsymbol{\beta})=\max_{\boldsymbol{\alpha},\boldsymbol{\beta}:\alpha_i \geqslant 0} \min_{\boldsymbol{x}} L(\boldsymbol{x},\boldsymbol{\alpha},\boldsymbol{\beta}) \tag{B.11}$$

该问题称为广义拉格朗日函数的极大-极小问题。

可将广义拉格朗日函数的极大-极小问题表示为约束最优化问题：

$$\max_{\boldsymbol{\alpha},\boldsymbol{\beta}} \theta_D(\boldsymbol{\alpha},\boldsymbol{\beta})=\max_{\boldsymbol{\alpha},\boldsymbol{\beta}} \min_{\boldsymbol{x}} L(\boldsymbol{x},\boldsymbol{\alpha},\boldsymbol{\beta}) \tag{B.12}$$

$$\text{s.t} \quad \alpha_i \geqslant 0, \quad i=1,2,\cdots,k \tag{B.13}$$

称为原始问题的对偶问题。定义对偶问题的最优值

$$d^* = \max_{\boldsymbol{\alpha},\boldsymbol{\beta}:\alpha_i\geqslant 0} \theta_D(\boldsymbol{\alpha},\boldsymbol{\beta}) \tag{B.14}$$

(3) 原始问题与对偶问题的关系

定理 1：若原始问题和对偶问题都有最优值，则

$$d^* = \max_{\boldsymbol{\alpha},\boldsymbol{\beta}:\alpha_i\geqslant 0} \min_{\boldsymbol{x}} L(\boldsymbol{x},\boldsymbol{\alpha},\boldsymbol{\beta}) \leqslant \min_{\boldsymbol{x}} \max_{\boldsymbol{\alpha},\boldsymbol{\beta}:\alpha_i\geqslant 0} L(\boldsymbol{x},\boldsymbol{\alpha},\boldsymbol{\beta}) = p^* \tag{B.15}$$

证明：由式(B.10)和式(B.5)得对任意的$\boldsymbol{\alpha},\boldsymbol{\beta}$和$\boldsymbol{x}$，有

$$\theta_D(\boldsymbol{\alpha},\boldsymbol{\beta}) = \min_{\boldsymbol{x}} L(\boldsymbol{x},\boldsymbol{\alpha},\boldsymbol{\beta}) \leqslant L(\boldsymbol{x},\boldsymbol{\alpha},\boldsymbol{\beta}) \leqslant \max_{\boldsymbol{\alpha},\boldsymbol{\beta}:\alpha_i\geqslant 0} L(\boldsymbol{x},\boldsymbol{\alpha},\boldsymbol{\beta}) = \theta_P(\boldsymbol{x}) \tag{B.16}$$

即

$$\theta_D(\boldsymbol{\alpha},\boldsymbol{\beta}) \leqslant \theta_P(\boldsymbol{x}) \tag{B.17}$$

由于原始问题和对偶问题均有最优值，所以，

$$\max_{\boldsymbol{\alpha},\boldsymbol{\beta}:\alpha_i\geqslant 0} \theta_D(\boldsymbol{\alpha},\boldsymbol{\beta}) \leqslant \min_{\boldsymbol{x}} \theta_P(\boldsymbol{x}) \tag{B.18}$$

即

$$d^* = \max_{\boldsymbol{\alpha},\boldsymbol{\beta}:\alpha_i\geqslant 0} \min_{\boldsymbol{x}} L(\boldsymbol{x},\boldsymbol{\alpha},\boldsymbol{\beta}) \leqslant \min_{\boldsymbol{x}} \max_{\boldsymbol{\alpha},\boldsymbol{\beta}:\alpha_i\geqslant 0} L(\boldsymbol{x},\boldsymbol{\alpha},\boldsymbol{\beta}) = p^* \tag{B.19}$$

推论 1：设$\boldsymbol{x}^*$和$\boldsymbol{\alpha}^*,\boldsymbol{\beta}^*$分别是原始问题(B.1)～(B.3)和对偶问题(B.12)～(B.13)的可行解，并且$d^*=p^*$，则$\boldsymbol{x}^*$和$\boldsymbol{\alpha}^*,\boldsymbol{\beta}^*$分别是原始问题和对偶问题的最优解。

在某些条件下，原始问题和对偶问题的最优值相等，这时可以用解对偶问题替代解原始问题。下面给出两个重要结论而不予证明。

定理 2：考虑原始问题(B.1)～(B.3)和对偶问题(B.12)～(B.13)。假设函数$f(\boldsymbol{x})$，$c_i(\boldsymbol{x})$是凸函数，$h_j(\boldsymbol{x})$是仿射函数；并且假设不等式约束$c_i(\boldsymbol{x})$是严格可行的，即存在$\boldsymbol{x}$，对所有i有$c_i(\boldsymbol{x})<0$，则存在$\boldsymbol{x}^*,\boldsymbol{\alpha}^*,\boldsymbol{\beta}^*$，使$\boldsymbol{x}^*$是原始问题的解，$\boldsymbol{\alpha}^*,\boldsymbol{\beta}^*$是对偶问题的解，并且

$$p^* = d^* = L(\boldsymbol{x}^*,\boldsymbol{\alpha}^*,\boldsymbol{\beta}^*) \tag{B.20}$$

定理 3：对原始问题(B.1)～(B.3)和对偶问题(B.12)～(B.13)，假设函数$f(\boldsymbol{x})$，$c_i(\boldsymbol{x})$是凸函数，$h_j(\boldsymbol{x})$是仿射函数；并且假设不等式约束$c_i(\boldsymbol{x})$是严格可行的，则$\boldsymbol{x}^*$和$\boldsymbol{\alpha}^*,\boldsymbol{\beta}^*$分别是原始问题和对偶问题的最优解的充分必要条件是$\boldsymbol{x}^*,\boldsymbol{\alpha}^*,\boldsymbol{\beta}^*$满足下面的KKT条件：

$$\nabla_{\boldsymbol{x}} L(\boldsymbol{x}^*,\boldsymbol{\alpha}^*,\boldsymbol{\beta}^*) = 0 \tag{B.21}$$

$$\alpha_i^* c_i(\boldsymbol{x}^*) = 0,\quad i=1,2,\cdots,k \tag{B.22}$$

$$c_i(\boldsymbol{x}^*) \leqslant 0,\quad i=1,2,\cdots,k \tag{B.23}$$

$$\alpha_i^* \geqslant 0,\quad i=1,2,\cdots,k \tag{B.24}$$

$$h_j(\boldsymbol{x}^*) = 0,\quad j=1,2,\cdots,l \tag{B.25}$$

式(B.22)称为KKT的对偶互补条件，由此条件可知：若$\alpha_i^*>0$，则$c_i(\boldsymbol{x}^*)=0$。

参考文献

[1] 朱建平.应用多元统计分析[M].北京：科学出版社，2006.

[2] 陈强.机器学习及R应用[M].北京：高等教育出版社，2020.

[3] 雷明.机器学习原理、算法与应用[M].北京：清华大学出版社，2019.

[4] 邱锡鹏.神经网络与深度学习[M].北京：机械工业出版社，2020.

[5] 周志华.机器学习[M].北京：清华大学出版社，2016.

[6] 茆诗松，程依明，濮晓龙.概率论与数理统计[M].3版.北京：高等教育出版社，2019.

[7] 贾壮.机器学习与深度学习算法基础[M].北京：北京大学出版社，2020.

[8] 费宇.多元统计分析——基于R[M].2版.北京：中国人民大学出版社，2020.

[9] 弗朗索瓦·肖莱，J.J.阿莱尔.R语言深度学习[M].黄倩，何明，陈希亮，等译.北京：机械工业出版社，2021.

[10] 李航.统计学习方法[M].2版.北京：清华大学出版社，2019.

[11] 程显毅，施佺.深度学习与R语言[M].北京：机械工业出版社，2017.

[12] 高惠璇.应用多元统计分析[M].北京：北京大学出版社，2005.

[13] 王斌会.多元统计分析及R语言建模[M].5版.北京：高等教育出版社，2020.

[14] 邓乃杨，田英杰.数据挖掘中的新方法——支持向量机[M].北京：科学出版社，2004.

[15] 吴喜之.复杂数据统计方法——基于R的应用[M].2版.北京：中国人民大学出版社，2013.

[16] 何晓群.多元统计分析[M].5版.北京：中国人民大学出版社，2019.

[17] 肖枝洪，朱强，苏理云.多元数据分析及其R实现[M].北京：科学出版社，2013.

[18] Vladimir N. Vapnik.统计学习理论的本质[M].张学工，译.北京：清华大学出版社，2000.

[19] 左飞.统计学习理论与方法——R语言版[M].北京：清华大学出版社，2020.

[20] 吴今培，孙德山.现代数据分析[M].北京：机械工业出版社，2006.

[21] 吕晓玲，宋捷.大数据挖掘与统计机器学习[M].北京：中国人民大学出版社，2016.

[22] 薛震，孙玉林.R语言统计分析与机器学习[M].北京：中国水利水电出版社，2020.

[23] 刘硕.Python机器学习算法原理、实现与案例[M].北京：清华大学出版社，2019.

[24] 朱塞佩·查博罗，巴拉伊·温卡特斯瓦兰.神经网络R语言实现[M].李洪成，译.北京：机械工业出版社，2018.

[25] 托威赫·贝索洛.深度学习R语言实践指南[M].潘怡，译.北京：机械工业出版社，2018.

[26] 刘凡平.神经网络与深度学习应用实践[M].北京：电子工业出版社，2018.

[27] Mangasarian O L. Arbitrary-norm separating plane[J]. Operations Research Letters[J]. 1999，1(24)：15-23.

[28] Burges C J C. A tutorial on support vector machines for pattern recognition[J]. Data Mining and Knowledge Discovery，1998，2(1)：121-167.

[29] Smola A J，Schölkopf B. A tutorial support vector regression[J]. Statistics and Computing，2004，14(3)：199-222.

[30] 胡越，罗东阳，花奎，等.关于深度学习的综述与讨论[J].智能系统学报，2019，14(1)：1-19.

[31] Maaten L Van Der. Accelerating t-SNE using Tree-Based Algorithms[J]. Journal of Machine Learning Research[J]. 2014，15：3221-3245.

[32] van der Maaten，L. J. P. & Hinton，G. E.. Visualizing High-Dimensional Data Using t-SNE.

Journal of Machine Learning Research[J]. 2008,9: 2579-2605.

[33] Vapnik V N. Statistical Learning Theory[M]. New York: Wiley, 1998.

[34] Freund Y, Schipare RE. A decision-theoretic generalization of on-line learning and an application to boosting[C]//Computational Learning Theory: Second European Conference,1995.

[35] Freund Y, Schipare RE. Experiments with a new boosting algorithm[C]//International Conference on Machine Learning,1996.

图书资源支持

感谢您一直以来对清华版图书的支持和爱护。为了配合本书的使用，本书提供配套的资源，有需求的读者请扫描下方的“书圈”微信公众号二维码，在图书专区下载，也可以拨打电话或发送电子邮件咨询。

如果您在使用本书的过程中遇到了什么问题，或者有相关图书出版计划，也请您发邮件告诉我们，以便我们更好地为您服务。

我们的联系方式：

清华大学出版社计算机与信息分社网站：https://www.shuimushuhui.com/

地　　址：北京市海淀区双清路学研大厦 A 座 714

邮　　编：100084

电　　话：010-83470236　010-83470237

客服邮箱：2301891038@qq.com

QQ：2301891038（请写明您的单位和姓名）

资源下载：关注公众号“书圈”下载配套资源。

资源下载、样书申请

书圈

图书案例

清华计算机学堂

观看课程直播